中国建筑口述史文库

【第一辑】

抢救记忆中的历史

主编 陈伯超 刘思铎

同济大学 出版社
TONGJI UNIVERSITY PRESS

訪直光存史
索隱鉤深

馬國馨敬書

馬国馨院士题词

目 录

建筑行政

· 张钦楠先生谈个人经历与中国建筑的改革开放（李华、董苏华）

张钦楠先生谈个人经历与中国建筑的改革开放 [1]

受访者简介

张钦楠

男，1931 年 7 月生于上海，1951 年毕业于美国麻省理工学院土木工程系，同年回国。1952 年至 1980 年先后在上海华东建筑设计公司（下称"华东院"）、西安西北建筑设计院（下称"西北院"）及建筑工程部第一综合设计院等单位从事工程设计和设计管理工作，历任技术员、室主任、副院长。1980 年调任北京，主要从事建筑行业和职业管理工作。1980 年至 1988 年在国家建工总局、城乡建设环境保护部历任技术处处长、设计局局长。1988 年至 1994 年在中国建筑学会担任秘书长、副理事长。1994 年至 1999 年曾担任国际建筑师协会国际建筑师职业实践委员会联合书记。中国建筑学会资深会员，美国建筑师学会、英国皇家建筑师学会、澳大利亚皇家建筑师学会名誉资深会员，日本建筑家学会、俄罗斯建筑师学会、香港建筑师学会名誉会员。为《现代建筑：一部批判的历史》[2]《人文主义建筑学：情趣史的研究》《20世纪建筑学的演变：一个概要陈述》等著作中文版译者，《20 世纪世界建筑精品集锦》（中文版、英文版，各 10 卷）策划人和副总主编，并著有《建筑设计方法学》《槛外人言：学习建筑理论的一些浅识》《阅读城市》《阅读建筑》《中国古代建筑师》《特色取胜》等。

采访者： 李华（东南大学建筑学院）、董苏华（中国建筑工业出版社）

访谈时间： 2017 年 7 月 1 日

访谈地点： 北京张钦楠先生家中

整理时间： 2018 年 1 月 22 日整理，2018 年 2 月 18 日初稿

审阅情况： 经张钦楠先生审阅，2018 年 3 月 1 日定稿

访谈背景： 2017 年 7 月初，我们对张钦楠先生做了三次采访。这些采访既是对中国现当代建筑历史的一个记录，也希望为编纂张钦楠先生口述史积累基础资料。此文为采访的第一部分，主要是张钦楠先生对个人工作经历的叙述。

2017年7月1日张钦楠夫妇（前排）与董苏华（后排左二）、李华（后排右二）等人在家中合影。摄影：刘腾

李 华　以下简称李
张钦楠　以下简称张

李 张先生，您好！我叫李华，在东南大学建筑学院教书，做建筑历史与理论研究。我们这代人是读着您翻译的第一本书《现代建筑：一部批判的历史》成长起来的。那本书20世纪80年代末出版，是比较早的历史理论译著。

｜**张** 第二版是最早翻译出版的，没有用我的名字，用的笔名原山。

李 后来我才知道译者是您。书中提到的"后锋派"和"批判的地域主义"在当时产生了很大的影响，我们那个时候正好读大学。还读了您的不少文章，包括对"文脉"翻译的讨论。

｜**张** 我给你的光盘里都是我在各个刊物上发表过的文章，正好100篇。

李 因为做中国现当代建筑和建筑理论方面的研究，觉得您的经历，从出国学习、归国、在设计单位工作，一直到从事行业管理，包括中国建筑师职业制度的建立、对理论的翻译和研究等，也反映了中国建筑发展这一段历程，所以我们想对您这些年来的经历做一个访谈，请您谈谈那些书、文章、工作背后的想法，包括您当时为什么会选弗兰姆普敦的书翻译。我们想多了解这些以前没有呈现的东西。您20世纪50年代回国以后到1980年，在很多设计单位工作过，包括华东院、西北院等，这段历史现在我们了解得也不够，也希望您能够谈一下。我们基本想法是沿着三条线索，一个是关于您的理论、著述方面的研究；一个是关于职业化的，中国建筑师的职业化您做了很多推动性的工作，包括和国际建筑界的交流，您在中国最早提出建筑节能等；第三条线索是想请您谈谈您的经历，您的学习和工作经历，包括您读的书，对您有影响的事和人。可以吗？

张钦楠于美国麻省理工学院（MIT），1951 年

| 张　可以。我对建筑是门外汉，槛外人。所以从建筑来谈，最好是从 1980 年开始，我调到北京以后才开始接触建筑，在这以前结构、建材、管理都有（所接触），就是一般的技术人员，对我来说就是增加一些实际经验。1980 年，"文化大革命"已经过去，把我调到了北京，之后我才开始真正接触建筑学这个专业。以前我的工作虽然叫建筑设计，实际上搞的是结构设计和建材设计，后来做设计管理，当院长，跟建筑有一定接触可是不太多，所以我的意思是你要了解我的经历，最好前一段稍微淡化一点，重点还是放在 1980 年以后，怎么接触到建筑学的、怎么理解建筑学的、怎么理解建筑职业的，同意吗？

李　没问题，这也是我们想了解的事情。

| 张　我们总共谈三个半天。今天上午我先跟你介绍一些总的情况，明天和星期二分几个专门的（话题），谈谈我的体会和一些观点。几个专题，一是城市建设方面，特别是城市设计；二是住宅、住宅建设，特别是房地产，中国的房地产；三是现代建筑，建筑传统跟建筑风格。

李　还包括您很早提出过的中国建筑理论体系的建构问题。

| 张　这都是理论，我是讲不了实践就讲理论了。四是建筑师，建筑师的职业建设。把这三天就分在这几个题目里，后面你们有什么问题再提出来。有什么不清楚，咱们再在其他里头讲。

我是 1951 年大学毕业，念的是土木工程，那个时候因为我绝不可能在美国太长时间，就准备在回国以前多念一些，所以我在学校里拼命选课，学了结构、水利、水文、水力发电、污水处理。回来以后，就给华东院要了，那时候华东院刚成立。我去了以后主要做结构设计，搞飞机场设计，从山东一直到福建，后来华东院提拔我当了室主任，我也不太愿意，还是愿意做设计。再后来部里又把我调到北京，因为有苏联专家来。建筑工程部设计总局局长阎子祥[3]，非常好的一位老同志，点名从各个设计院抽一些年轻人跟着专家学，我跟的是一名计划专家，这个细节就不谈了。过了一段时间后，我对在部里工作很不满意，觉得自己很年轻，不适合做管理工作，还是应该在设计院多干一点。我跟阎子祥说了，他表示同意，就把我派到西北院去了。

李　您为什么没回华东院呢？

| 张　那时候正好建工、建材两个部合并。建材有三大专业，水泥、玻璃、陶瓷，他们保留了水泥、玻璃，因为陶瓷专业里带了砖瓦，就把陶瓷专业交给建工部了，建工部又交给西北院。把我派去是为了把这个专业搞起来，所以我在西北院就是搞建材专业。国内很不重视砖瓦，觉得砖瓦就是个土窑。其实砖瓦是每个国家建设都要用的，亚非拉国家一谈援助就请中国援助砖瓦厂。所以，1963 年我到尼泊尔给

阎子祥（左一）与张钦楠（左二）合影

他们搞了第一个砖瓦厂，做好后，他们非常满意，又要搞第二个，但这次不是我去。在非洲和拉丁美洲也都要搞，西北院就做了 4 个援外砖厂的设计。

那时候毛主席提出搞"三线建设"，建工部决定成立两个野战军设计院，从东北院、西北院、北京院借调一批年轻人成立一个"第一综合设计院"；从华东院、中南院、西南院借调人成立"第二综合设计院"，我被调到第一综合设计院当副院长。在那干了一年，由于决策上的问题，什么都没做成，就又把我们调回去了。

李 您参加三线建设的时候大概是什么时间，20 世纪 60 年代末还是 70 年代？

｜张 70 年代了吧，已经是"文革"时期了。我调回来时正好是"文化大革命"，斗得一塌糊涂，我就靠边站了。后来解放干部，又把我调出来管院里生产，一直到 1980 年。"文革"期间撤销建工部，归到国家建委。国家建委管的东西太多，根本管不过来，所以到 1980 年又成立国家建工总局，全部从零开始，（因此）把我调到了北京。

李 所以您是从西北院调到建工总局的？

｜张 是，建工总局虽然叫总局，参照的还是原来建工部的摊子，也有设计局，我被调到了设计局，开始是技术处处长。那个时候已经内定要把我提为副局长，所以大概一两年以后，我 1980 年调去，1982 年就任命我当设计局副局长了。当时的局长王挺不是正局级，也是副局长，人很好，等于是副局级的正局长。王挺后来心脏病发作离世了。那时已经成立了城乡建设环境保护部，不叫建设部。成立后万里（时任副总理）点名要戴念慈当副部长。开始部长有李锡铭、芮杏文，换了好几个，最后也是万里定的，要共产党员、清华（大学）的、"文革"以前毕业的，就任命叶如棠[4]当正部长，戴念慈任副部长，

1963年，张钦楠（左）赴尼泊尔从事援外项目

把龚德顺调来当设计局局长，又配了两名副局长，把抗震办公室也交给设计局管，再有一个管市政的，这下局长就多了起来。

　　龚德顺从1982年到1984年当局长的时候，他最先考虑建筑风格，20世纪50年代要搞社会主义新风格，"文化大革命"时被批得够呛，说是"封资修"。

李　我曾经看到过一篇您写的关于刘秀峰的文章。

　｜张　刘秀峰在"文化大革命"中被批得一塌糊涂，他的那篇文章[5]也成了"大毒草"。那时候有个单位正式发文，说今后任何会议不准提建筑创作，只能提建筑设计。建筑设计不能提建筑创作，龚德顺非常不服气，他说咱们开个会把这个顶掉。我说咱们找个地方开会，不要声张，在会上就吹这个风。他说好好好，就挑了敦煌。大家对这个事高兴得不得了，都抢着要来。在那个会上提出建筑创作，写了一个会议纪要，请部里转发。"建筑创作"四个字重新提出来，龚德顺是有功劳的。后来我说要给刘秀峰平反。你批了他，谁都不敢谈建筑创作，建筑风格都不敢谈。刘秀峰的文章虽然有缺陷，可是基本上他是肯定建筑创作这个方向的。我就写了一篇文章，在《建筑学报》上发表了。发表后，陈植看了写信给我，说你这篇文章写得很好。我在华东院跟他一个院，但我一天到晚在外边搞飞机场建设，根本没有跟他打过交道。后来我到上海，罗小未带我去看他。这以后我每次到上海都要到他家去看他，他也很欢迎。那个时候出了一套什么丛书，讲了1949年以来的一些建筑活动，陈植说里头错误太多，他要更正，但他不愿意用陈植的名字，他说张钦楠，用你的名字写怎么样？我说好呀，你写的、你的观点我还能不支持。[6]

后来，杨永生把这个事捅出来，说这个不是张钦楠写的是陈植写的。杨永生也不知道怎么把陈植的信找到了，把原稿找出来了。我无所谓，本来就是帮陈植的忙。

1984 年以后要"打到外边去"，在深圳成立华森（公司），龚德顺就离开了设计局，去搞华森。华森你知道吗？

李 知道，就是建设部建筑设计研究院的深圳分院。

张 龚德顺去了华森后，1985 年我被提为正局长，从 1985 年到 1988 年。那时是城乡建设环境保护部。事实上，我从 1980 年到 1988 年都在设计局工作，干了 8 年。"文革"以后，设计院都是半死不活的，因为是吃大锅饭，设计院没有收入，像机关一样给设计人员发工资。加上"文革"中你斗我，我斗你，弄得干部们都很胆小，当时设计院的情况很乱。要搞活，首先要解决收入分配问题。那时候设计院吃的是事业费，像机关干部一样拿工资，干活又要出差又要完成任务、出图，都没有钱的。那时不收设计费，干得越多越吃亏，奖金也控制得很厉害。我记得华东院有一次大概给几名设计人员发了两三百块钱奖金，全国通报批评。所以要把设计院搞活，就要把设计人员的收入跟他们的业绩挂钩。怎么挂呢？财政上管得很严，发一点奖金就得要挨批。正好万里副总理说了一句："建筑部门奖金上不封顶，下不保底。"我们在南宁开了一个设计工作会议。设计院院长都抱怨得厉害，再不改就干不下去了，要散伙了，人都不想干了。下边的呼声很高，我感觉压力很大，就想豁出去吧。我跟几个处长商量，就以万里的话为依据提出个"433"方案。那时候已经恢复收设计费了，可是设计费很低，但完成任务好就有收入、有利润。我们将单位的利润分为"4+3+3"，即 40% 交给国家、30% 给单位、30% 作为奖金发给个人。这个方案提出以后，设计院院长说你们赶快去通过。我也不能自己通过，我哪有这么大胆子，提出这个方案已经够胆大了。我就找了当时也在南宁开会的一位总局的副局长汇报，说了我们这个事情。他不是管设计的，不好正式表态。他只问我，张钦楠你怕不怕没饭吃啊？我说我怎么会怕没饭吃。他说，我们不懂技术的，一罢官就吃不上饭了，你不一样，你可以去打工。他也不说同意你的方案，就问了这一句，我说行吧，

陈植（左）与张钦楠（右）合影

13

我就报出去吧。结果就在南宁会议上通过了，设计院都赞成这个方案，回来以后跟部里汇报，部里也同意，就下发了文件。文件下发后不得了，各设计院形势大变，产值大升，随后有关部门来检查了——"谁叫你们这么弄，也不跟我们事先研究。"我想，事先跟你们研究还得通得过啊！结果他们找我们的副部长、党组书记，党委书记说这是我们党组决定的，这就把我保了。

李 这是什么时间？八几年？

｜张 那是1986、1987年左右。当时邓小平谈改革，大家是很拥护的。当时主管部门颁布了全国性的勘察设计改革方案，从这以后设计院都活起来了。我想这个问题解决了，接下来就得解决设计质量。大家都去抢产值了，设计质量怎么办？所以我从那时候开始考虑怎么提高设计质量。正好我是设计局局长，许溶烈[7]是科技局局长，我们两个配合得很好。那时陕西省科技出版社找许溶烈说要出一套建筑丛书，许溶烈说好，张钦楠你写一本设计的吧。我说行，我写吧。我那时正好在看一本诺贝尔奖得主西蒙写的《人工科学》[8]，很受震动。他说所有的设计，不管是建筑设计也好，还是工程设计，都是个解题过程，你首先要知道自己要解决什么问题。他把题目分成确定性的和非确定性的。我看了以后就想建筑设计是什么性的。结构设计我是知道是确定性的，梁、柱多大就是多大，是肯定的，而建筑是非确定性的，可以有多个选择性方案。非确定性是不是就可以随便设计呢？我就写了一本《建筑设计方法学》，提出建筑有三个层次。第一个层次是掩蔽物，最早的人盖个房子能够挡风避雨就行了，那是掩蔽物；到第二个层次就成为一个工业产品，它要讲效益，要赚钱，要节能；第三个层次是文化。在写《槛外人言——学习建筑理论的一些浅识》时，我就理解了，这不仅是三个层次，还是三个时代。第一个时代是农业经济时代，大家盖一个房子能避风挡雨就行了，帝王将相盖房子最终的目的也还是避风挡雨，不过搞得豪华

南宁改革会留影：张钦楠（右三），1985年

一点，这是第一个层次，是农业社会的时候，是掩蔽物。第二个时代是工业社会的时候，建筑物就不光是挡风避雨，它像机械产品一样，是一个产品，必须有效益，房地产开发也好，建筑开发也好，要有利润、有收入，这是第二个时代。第三个（时代）我那时候没意识到，就是现在的信息时代，是文化。建筑不光是个工业产品，它还是个文化作品。三个层次实际上代表了三个时代的要求，我写《建筑设计方法学》的时候只是理解到建筑设计要解题，怎么解题，我说解题要解决一个产品的要求。

建工系统曾搞过苏联计划经济那一套，国家计委把住宅、商业建筑都给了一个名称叫"非生产建筑"，工厂是"生产建筑"，基本建设重点要保证工厂，非生产建筑采取的是低标准。我在西北院的时候就是这样，工厂建筑150多项都是苏联设计的，苏联设计得漂漂亮亮的，马路对面就是住宅，低标准。那时候北京、上海都搞这种低标准，标准越低越好，砖墙越来越薄。我当时就有一个想法，如果要这样做的话，就必须有一个最低标准，没有最低标准那房子就完了。所以，当时在设计局我就提出来要定设计规范，规范的任务就是确定最低标准。当时要找人来制定这个标准，我就从西北院借了我的老同事钱可权，请上海市民用建筑设计院（简称"民用院"）开始搞医院建筑的规范。民用院积极性非常高，这个设计规范[9]搞得还是不错的，因为医院设计不能乱搞，得要保证人的生命健康，不能标准越低越好。后来我想把钱可权调到北京，但北京户口卡得很厉害，我进来已经不容易了，没办法再把他调过来。那时候就找了曹善琪[10]，我们技术处的处长，他很厉害，组织了一批设计院，给各类民用建筑都定了规范，几年之内规范就都定出来了。所以我们设计局抓质量第一件事就是定设计规范。

定规范的同时，我觉得第一层次的问题靠这个来解决了，那么第二层次怎么弄？因为中国已经在搞工业化了，不能光是搞低标准，还得讲效益。当时国家能源委员会有一个科技局，局长叫做张皓若[11]。1983年，他们正好在组织考察日本的节能，人组织起来快要出去了，张皓若一看怎么没有建筑界的人，能源也应该包括建筑节能。他就提出国家建工总局要派一个人，就挑了我。我去以后印象非常深，日本的工厂、矿山、码头、住宅，节能搞得非常科学，非常规范。回来我看了一下，咱们中国的建筑节能是一塌糊涂，墙越来越薄。本来墙有一个最低标准，北京至少是三七墙，结果很多地方减少到二四墙。有的地方到了冬天房子里头滴滴答答地都结露了，钢窗的杆件节约得不能再节约，装上以后就变形、漏风，根本谈不上节能，我们跟国外的节能起码差了几倍。我就写了报告要解决节能问题。那还是建工总局的时候，（国家建工总局副局长，兼中国建筑科学研究院院长）袁镜身[12]就把我这个报告给各个处看了，但他讲了也没有什么用。我们从日本考察回来后，张皓若来找我，说给你50万元你们搞几个课题，把建筑节能搞起来。50万元那时候对我们来说简直是发财了。我就报了4个课题，其中一个课题就定采暖地区的《建筑节能规范》。结果申报上去，50万元马上就拨来了。我拿了这笔经费就去找中国建筑科学研究院（简称"建研院"），建研院也很积极。我就组织了一个节能研究小组，把建研院、北京院、北京市科委、哈尔滨建筑工程学院几个单位的专家请来，每月开一次会，商量中国建筑节能怎么搞。很快规范就制定出来了。那时候国家计委、经委都非常积极，但我胆子小，说："试行吧。"他们说："什么试行，必须执行！"标准就发下去了，还得了建设部的一个科技一等奖。

那时候我看一些资料，有一个概念叫"全寿命费用"，就是说一个建筑物的费用不光是造价，不光是房子建起来就完了，建成以后还不断地有开支，其中很重要的一项是能源支出。在国外，建成以后的支出是第一次投资的几倍，我们标准压得太低，还没有这个概念。我就提出中国也应该推行全寿命经济费用。结果一位经济专家、预算专家反对，发表文章说这不符合中国国情，咱们中国是一次性投资，咱们中国现在太穷了。

我在《建筑设计方法学》里就提出了"全寿命费用"这个概念。那时候资料很少，一次投资的资料还可以收集到，能源耗费多少钱没有资料，虽然国外非常全，我们得要慢慢积累。咱们这些专家讨论这个问题的时候说，定几个目标吧，等规范出来节能30%，到2000年节省50%，到21世纪咱们要向国际指标看齐。我们当时随便一讲，结果组里的人到省里开会的时候就这么讲，我们打算分三步走，一下子各个省都说三步走、三步走。部里还没有发过文件，就变成了口号。第一步是做到了，我觉得第二步也能做到，特别是在北京，北京的内保温、外墙保温搞得挺好的。这是第二步。

1988年又发生一个变化，国家建委的设计司跟城乡建设环境保护部的设计局合并，他们的人都过来。两个局合并出现了干部问题，干部怎么安排，谁当正局长、谁当副局长？戴念慈找我说，你别在部里机关里待了，你到建筑学会来吧。我想在建筑学会也好，就去当了秘书长。戴念慈说，我给你两个任务：第一个是活跃建筑学会的学术活动，第二个是发展国际合作关系。去了以后，我先考虑的一个问题是，学会什么性质？学会是不是只搞学术？要不要管职业问题？

到了建筑学会，我就考虑两个问题，一个就是建筑的第三层次：文化。以前我是学结构的，跟建筑没什么关系。现在考虑的节能问题实际上也不完全是建筑问题。跟龚德顺开会，给刘秀峰平反，就是在解决建筑文化的问题。那时候我开始感觉到建筑师地位的要紧。建筑师在中国没有地位，被人看不起，房子盖好了以后，旁人都要表扬，就是不提建筑师的名字。中国几千年来房子这么好那么好，就是不知道谁设计的，也不提谁设计的，有的明明知道也不提。我就说咱们要提高建筑师的地位。怎么提高呢？我就提出把建筑学会改造成"联合国"，成立建筑师学会、结构师学会、设备师学会，每一家都既管学术又过问职业，具有行业协会性质。学会内部马上就同意了。那时候戴念慈好像已经不在了，我就找了张开济几位老人征求他们的意见。他们说我们早就有这个要求了，中国20世纪30年代成立过建筑师学会，后来就叫建筑学会没有"师"了。我们就这样在杭州开了一个成立大会，开完了以后，人事部、民政部还有科协都群起而攻之。后来去做工作，说服上面。但是不能搞两个一级学会，就变成二级学会，叫分会，可是要把"师"字加进去，叫建筑师分会，这样大家就都同意了，把"建筑师"叫出去了。

叫出去了也没多大用处，我就开始了解国外建筑师是怎么搞的，美国、日本、英国是怎么搞的。我发现美国的制度比较适用于中国。美国政府有一种建筑师的职业制度，是从教育开始的。建筑学是五年制，五年毕业以后不叫工学学士，叫建筑学学士。学校要评估，他们学校自己组织起来轮流评估，每两年评估一次。五年制毕业以后工作三年，这三年之内有一个计划，必须做初步设计，做施工图，必须到现场去；最后是考试。我觉得这个制度比较好，就去跟设计司司长吴奕良谈了，吴奕良非常支持，就跟叶如棠汇报了，叶如棠也赞成，就开始搞注册建筑师制度。

李 这是1992年的时候？

｜张 是1992年。后来经过试点，这个制度就建立了。我现在再谈谈建筑文化、建筑风格的问题，建筑风格要怎么弄。

21世纪跟20世纪有什么不同？20世纪是现代主义的世纪。现代主义是什么？现代主义的思想实际上是把建筑当作一个机器，所以勒·柯布西耶说住宅是住人的机器；那时候叫极简主义，密斯的极简主义风格都是个方盒子。后来对它不太满意了，后现代主义、解构主义出来了。到了21世纪，我觉得应该以文化为主，要超越20世纪。以文化为主就有几个特征，我提出来四五条。我总的感觉到21世纪国际上的建筑有三大特征，第一个是个性化。写多元化我还不太赞成，因为多元化就好像有几个派别，现在已经没有派别，建筑没有派别只有个性，个人的个性化。第二是理性跟非理性结合，21世纪各行各业重要的课题就是探讨非理性。20世纪大家搞理性，可是理性不能解释所有的问题，所以新理性就提出人有意识也有潜意识，也有无意识。就像一座冰山，有意识的只是水面上的一小圈，水面以下一大片是潜意识和无意识，我们自己意识不到，我们意识到的只是一小部分。所以理性的负载面很小，而非理性却解释不了。现在的生物学都在向非理性进军，谈怎么挖掘非理性。而国外建筑师除了理性之外，总要搞一些非理性的东西，让你看不懂，让你去思考，去探索，这是21世纪的第二个特征。第三个特征就是高技术，用电脑、用新材料。现在盖一栋房子，早上到晚上玻璃窗的颜色都要变化。所以，21世纪跟20世纪的建筑不同，是个性化、非理性、高技术。

从这个问题我开始想跟中国传统结合，就是我写的那本《特色取胜》。因为建筑界辩论得很厉害，中国传统是什么？形似还是神似？大屋顶到底怎么看待，怎么继承中国传统，是不是把大屋顶搬过来就继承了？我在《特色取胜》中提出，传统就是要挖掘本地、本时的资源，把资源利用到最好。中国人就是自然而然地在挖掘资源，实际这就是咱们要继承的传统。我后来接触的很多建筑界的人都同意我这个观点。中国是个贫瘠的国家，人口多，相对来说人均资源贫乏，怎么用贫乏资源来建设一个高度的文明，是我们的任务。我们要打进世界，要在世界上占领先地位，就要看我们这个工作解决得怎么样，解决得好自然而然会在国际上产生影响。日本建筑界在这个方面比我们强，得奖的人也多，中国就一个王澍。我碰到普利兹克奖评委会的一名委员，他说他们事先确定要在中国找一个人，他们来中国看了这个好的那个好的，但他们要树立有特色的，就选了王澍。后来我到杭州去看了王澍的建筑，他做的东西是有特色，很有他自己的特色。

成立了建筑学会建筑师分会以后，我写了一本书叫《中国古代建筑师》。中国的传统是见物不见人，故宫也好，北京城也好，其他的建筑也好，谁设计的？摆在面前你都不说，种种限制。我写《中国古代建筑师》就是想提出这个问题。文艺复兴的时候意大利有个人叫瓦萨里，写了一本书叫《绘画师、雕塑师、

UIA-PPC 在墨西哥开会：张钦楠（右一），约 1996 年前后

建筑师》[13]，给建筑师树碑立传，咱们中国没有。朱启钤编过《哲匠录》，把建筑、设计、施工都整理了一遍。后来，杨永生重新合编出版，我很赞成。我们现在老是谈建筑，这座建筑怎么样，结构怎么样，但是对谁设计的，设计思想是什么，他为什么这么设计，却缺乏研究。

1994 年国际建筑师协会决定成立一个建筑师职业委员会"UIA–PPC"（国际建协职业实践委员会）。那时候因为全球化，建筑师都要去国外做设计，碰到很多问题，所以成立一个职业委员会，研究存在的问题。它指定美国、中国两个学会来组织。中国建筑学会派的是我，美国建筑师学会派的是詹姆斯·席勒。1994 年在香港，我们两个人见面。他说你们中国的规定，外国建筑师进来一定要跟中国本地建筑师合作，这个不符合市场规律。我说你别一开始成立就搞内部矛盾，我建议你搞一个建筑师的国际标准。我写了个提纲，他看了说不行，他自己又写了一个，我看了，也赞成，就把这个委员会成立起来了，各个国家自由参加，每次都有十几个人。英国皇家建筑师学会副会长最积极。那时候美国人想不要中国人，把我们踢开，就说张钦楠太忙了，要搞国际建协的建筑师大会，咱们美国一家就可以了，结果委员会上大家都反对他，说这个委员会由中国跟美国两家组织，有象征意义。我们 1994 年、1995 年开始搞，起草、讨论、返工，不断修改章程，1999 年在北京国际建协的代表大会上，100 个国家的代表全部投票通过。合作设计后来是通过了，写进章程里了。所以，外国建筑师到哪个国家做设计，都应该跟当地的建筑师合作。这个章程通过了以后，我就宣布，我的工作完成了，21 世纪开始我跟建筑脱钩了。我做完了，就交给深圳大学建筑系的许安之[14]。许安之干了几年，又交给清华大学建筑设计院的庄惟敏，他们都搞得很好。

我今天就跟你大致说一说这个过程，我就这么一点东西。从 1980 年开始，20 年就这么过来了。

李 您今天讲的个人经历是到 2000 年，实际上 2000 年之后您写了不少有关建筑的著作，那么，2000 年之后您主要的工作是什么？

张 21 世纪没有我的事了。21 世纪，我学历史，学哲学，建筑跟我没关系了，我就写了一本书叫《槛外人言——学习建筑理论的一些浅识》，跟建筑界再见了。

（除已注明摄影师外，其余图片均为张钦楠先生提供）

1　本研究受国家自然科学基金项目（51678128）资助。

2　《现代建筑——一部批判的历史》第一版于 1988 年 8 月由中国建筑工业出版社出版，原山等译，"原山"即为张钦楠先生的笔名。

3　阎子祥（1911—2000），山西临猗县人。1927 年加入中国共产党，参加过抗日战争、解放战争。1949 年后，曾担任长沙市第一任市长。1953 年调入国家机关工作，先后任建筑工程部中央设计院院长、建筑工程部设计总局副局长、局长，建筑工程部设计局局长、党委委员，建筑工程总局党组副书记、副局长。1966 年始，曾先后任中国建筑学会第四届理事会理事长，第五届、第六届理事会副理事长，第七届、第八届理事会顾问。1983 年离休。来自中国建筑学会官网：http://www.chinaasc.org/news/47237.html，20180218。

4　叶如棠，1940 年出生，1965 年 7 月毕业于清华大学建筑系，1984 年任北京市建筑设计院院长，1985 年被任命为城乡建设环境保护部部长，1988 年改任建设部常务副部长，长期分管设计、科技、教育等方面的工作。曾担任建设部职业注册领导小组组长，中国建筑学会第八届、第九届理事会理事长，中国建筑学会第十届理事会名誉理事长及国际建筑师协会理事。为香港建筑师学会、日本建筑家学会、美国建筑师学会授予荣誉会员。来自中国建筑学会官网：http://www.chinaasc.org/news/47240.html，20180226。

5 即刘秀峰的《创造中国的社会主义的建筑新风格》。

6 即张钦楠，"记陈植对若干建筑史实之辨析"，《建筑师》，第 46 期，1992 年 6 月。

7 许溶烈，1931 年出生，浙江绍兴人。1953 年毕业于南京工学院土木系。1956—1958 年初在苏联建筑科学研究院地基与地下构筑物科研所进修。回国后，先后从事科研工作、工地施工工作。1972 年调任国家建工总局科技局副局长，1982 年任建设部科技局局长兼中国建筑技术发展中心党委书记兼主任，1986—1994 年任建设部总工程师，1994—1998 年任建设部科技委员会副主任，1998 年 12 月起任建设部科技顾问。来自中国建筑业协会深基础与地下空间工程分会网站：http://www.sjcxh.com/news/?6937.html，20180226。

8 《人工科学》有两个中译本。此处提及的是 1987 年 10 月由商务印书馆出版的第一版中译本。[美] 赫伯特 A. 西蒙著，武夷山译。赫伯特·A. 西蒙（Herbert Alexander Simon，1916—2001），政治学博士，1978 年获诺贝尔经济学奖。

9 即《综合医院建筑设计规范》，1984 年开始编纂，上海市民用建筑设计院为主编单位，北京医科大学为医疗技术咨询单位。1988 年 10 月 4 日由建设部、卫生部以（88）建标字第 263 号文批准为专业标准，发布施行。陶师鲁，"《综合医院建筑设计规范》简介"，小城镇建设，1989 年第 2 期，22-23 页。

10 曹善琪，曾任职于城市建设部勘测设计局、建筑工程部设计局，1964 年参加筹建建筑工程部建筑标准设计研究所，"文革"中下放到辽宁省委，1980 年调回北京，任职于国家建工总局设计局，后任中国勘察设计协会秘书长。主编《当代城乡建设实用词汇》（2014）。（参见曹善琪："深切怀念老领导阎子祥同志"，袁镜身、曹善琪、张祖刚等编《阎子祥传》，内部发行，2000 年）

11 张皓若（1932—2004），河南省巩县人。1952 年毕业于清华大学化工系，1954 年赴苏联巴库炼油厂实习。1956 年至 1978 年历任兰州炼油厂副总工程师、石油部生产司处长、石化部炼油化工组副组长。后任化工部计划司司长，国家能源委员会科技局局长，中国石化总公司副总经理、党组成员。1986 年起，历任对外经济贸易部副部长、党组成员，中共四川省委副书记，四川省省长，轻工业部副部长、党组副书记，国内贸易部部长、党组书记。1995 年任国家经济体制改革委员会副主任、党组书记。

12 袁镜身（1919—2010），河北邢台人，1938 年任邢台抗日县政府文科教员，1940 年加入中国共产党，1948 年担任《石家庄日报》总编辑，1950 年担任中共华北局副书记兼组织部长刘秀峰的秘书，1954 年任建筑工程部北京工业建筑设计院党委书记兼副院长。1970 年参与创建中国建筑科学院，1973 年任院长。参与过北京图书馆新馆、毛主席纪念堂、新唐山规划、深圳特区规划、北京国际饭店等重要工程的设计、深圳华森设计公司的香港华艺设计顾问公司的创建、《中国古代建筑史》的编写等重要建筑工程和学术项目的组织工作。主编《中国当代的乡村建设》（1987）、《刘秀峰风雨春秋》（2002），著有《建筑漫记》（1991）、《建筑美学的特色与未来》（1992）、《城乡规划建筑纪实录》（1996）、《中外建筑风采记》（1999）、《袁镜身文集》（内部发行，2004 年）。

13 即乔尔乔·瓦萨里（Giorgio Vasari，1511—1574），该书英文译名为 The Lives of the Artists，中文也译作《意大利艺苑名人传》。

14 许安之，1940 年出生，浙江余姚人，1965 年毕业于清华大学建筑系，后留校读研究生，1968 年到第一机械工业部第八设计院工作。1970 年从北京到长沙；1984 年秋赴加拿大麦吉尔大学作访问学者；1986 年后任教于深圳大学，历任建筑系主任、建筑与土木工程学院院长、建筑设计研究院院长；《世界建筑导报》社社长，中国建筑学会副理事长，国际建筑师协会职业实践委员会联合主任，2002 年夏卸任主要行政职务，成立设计公司。（见《班门弄斧集：清华大学建筑系建五班（1959—1965）诗文集》，北京：清华大学出版社，2003 年）

建筑教育

罗小未先生谈同济大学西方建筑史教学的历程

**受访者
简介**

罗小未

女，广东番禺人。1925 年生于上海市。1948 年毕业于上海圣约翰大学建筑系，在上海美商德士古洋行工程部任绘图员，工程师助理。1951 年在圣约翰大学建筑系任教，1952 年院系调整至同济大学建筑系任教，直至 2000 年后退休。1980 年升为教授，1985 年由国务院学位委员会授予博士生导师资格，1996 年获得中华人民共和国一级注册建筑师资格，1998 年被美国建筑师学会授以荣誉资深会员（FAIA）称号。曾兼任国务院学位委员会第二届学科评议组成员，国家教委学位委员会第二届学科评议组成员，中国建筑学会第四至第八届理事会理事，上海市建筑学会第七、八届理事会理事长，中国科学技术史学会第一届理事会理事，上海市科学技术史学会第一届理事会副理事长，泉州华侨大学建筑系名誉系主任等，同时也是《时代建筑》杂志创办人及第一任主编，国际建协建筑评论委员会委员及意大利《空间与社会》国际杂志顾问。1991 年起获政府特殊津贴待遇。退休后，任同济大学建筑与城市规划学院顾问、同济大学建筑设计研究院顾问、上海建筑学会名誉理事长。2005 年获全国建筑学学科专业指导委员会颁发"建筑历史与理论及建筑教育杰出贡献"荣誉证书，2006 年获第二届中国建筑学会颁发"建筑教育特别奖"。

从事建筑学教育与实践 50 余年，专长于建筑理论、建筑历史、建筑评论与建筑设计方法的教学与研究。主要著作有《外国近现代建筑史》（主编与参著）、《外国建筑历史图说》（第一作者）、《20 世纪世界建筑精品集锦》（主编）、《现代建筑奠基人》（作者）和《产品、设计、现代生活》（第二作者）均被广泛采用为高校建筑学专业教材和主要教学参考书，论文《上海建筑风格与上海文化》获中国建筑学会 1988 年、1991 年优秀论文奖。20 世纪 90 年代之后，致力于发掘中国传统建筑中的理论遗旨，开展上海建筑与上海文化研究以及近代建筑遗产保护研究的多项工作，主编《上海建筑指南》和《上海弄堂》等书，著有在国内外获得好评的《中国建筑的空间概念》和《中国乡土建筑概要》等论文，担任多个上海近代建筑保护修复工程的顾问。2015 年出版学术回顾性的专著《罗小未文集》。

采访者： 卢永毅

访谈时间： 2006 年深秋

访谈地点： 上海市控江路同济绿园罗小未先生家中

整理时间： 2007 年初，2018 年更新注释（凡已有出版文献涉及的人物，本文未做注释）

审阅情况： 经罗小未先生审阅

访谈背景： 罗小未教授自 20 世纪 50 年代初起即致力于西方建筑史的教学与研究，尤其是为在我国建筑教育体系中如何建立一个相对完整的西方现代建筑史的教学课程和教材建设，作出长期不懈的努力和极为重要的贡献。1982 年，由罗小未、刘先觉、吴焕加、沈玉麟以及陈婉和蔡婉瑛共同编著的《外国近现代建筑史》出版，成为全国各高等院校建筑学专业教育的专用教材而被广泛使用。它不仅呈现了西方现代建筑产生、发展和传播的丰富知识，也标志着一种西方现代建筑史的中国叙述已经形成。20 世纪 90 年代末起，罗小未教授将建筑历史课程的日常教学工作移交给她培养的学生伍江和卢永毅，同时作为主编，邀约刘先觉、吴焕加和沈玉麟三位教授，吸收卢永毅、彭怒、李翔宁等年轻教师，重启对于教材的修编增补工作。在这个过程中采访者进一步了解到，1982 年出版的教材是编写者们在过去几十年对西方建筑史的不断学习、移植和消化过程中积累的成果，而这个过程既体现了特殊历史时期的意识形态对建筑领域的影响，也体现出史学观和方法论的多元和差异，构成了 20 世纪后半叶中国建筑史学进程的部分形态特征，也是反映整个建筑学学科和发展进程的一个侧影。

20 世纪 40 年代的罗小未

2008 年罗小未先生在《时代建筑》杂志社
百期纪念会上致辞，摄影：吕恒中

卢永毅 以下简称卢
罗小未 以下简称罗

卢 这期《时代建筑》选择了"同济的建筑之路"这个主题，约我做一篇对同济前辈的访谈。我曾是您的学生，知道您在同济工作的 50 多年里对于西方建筑历史与理论教学付出的心血和建树的成就，也深知这方面的教学与研究对中国建筑界的广泛影响。我觉得自己很应该做这个访谈。

学习历史喜欢追根溯源。知道您开始是在上海圣约翰大学（简称"约大"）学习建筑的，您的教学生涯也从那时开始，而约大建筑系与同济建筑系又有众所周知的渊源关系，所以就从约大开始吧。

｜罗 我们那时在圣约翰大学，对西方建筑史很不重视，是一个匈牙利老师在教，名字叫 Hajek（哈耶克）[1]。他的历史课被排在礼拜六下午，老实说到礼拜六下午大家都心不在焉了。那时我没想到过自己以后也会教历史。

卢 您说当时这个不重视是对西方建筑史不重视，还是对建筑史整个不重视？

｜罗 整个不重视。那时约大还没有中国建筑史课，只有西方建筑史。建筑课里讲的都是 Modern Architecture（现代建筑）。年轻人非常向往系主任黄作燊所讲的那一套。他那时就已经讲四个大师了。当时没多少人知道毕加索，他就专门开了一个毕加索的讲座。还有现代音乐，讲马勒、德彪西，听说马勒的夫人后来就是格罗皮乌斯的夫人。

卢 这样可以说黄作燊受现代建筑运动，尤其是他的老师格罗皮乌斯的影响非常大。因为讲到教学不重视历史课，我马上联想到当时包豪斯也没有历史课，而且是公开反对教历史的。那么，Hajek 讲课有教材吗？

罗 没教材，他也不叫我们看书。上课就在黑板上画很多图，画得非常细。其实他讲的是历史建筑，不是建筑史。

当时没有中文的建筑历史课本。唯一看到的是一本丰子恺的《西洋建筑史》，薄薄的，就二三十页，半个小时就看完啦！书里的建筑主要是金字塔、希腊神庙、古罗马建筑与哥特教堂，等等。当然我后来就知道了，他们那些人啊，自己有很丰富的建筑历史知识，包括黄作燊，欧洲很多地方他都去过，亲眼看见过。但是，他们坚持的是，不要被历史的知识框住，要创新。但是，对于没有建筑历史知识的学生来说，就不应该单是创新这个事了。

卢 所以，他是认为当时的建筑教学中不应该多讲历史，这与学院派教学传统完全不同。

罗 那时约大建筑系对选择什么人担任教学也很挑剔，所以自 1942 年成立后的前几年大概只有黄作燊一位专职老师。但他请了很多老师来上课，基本是他在英国和美国留学时的志同道合者，其中不少外国人，像 Richard Paulick（理查德·鲍立克），还有教构造的 A. J. Brandt（A. J. 布兰德）[2]，还有王大闳、郑观宣、钟耀华[3] 等，都是黄在英国 AA 与美国哈佛的同学，大多是格罗皮乌斯的学生。

约大建筑系在当时的确被认为是另类，教学气氛非常活跃，老师和学生常常一起搞活动，像一个大家庭一样，经常办展览、演出和搞体育活动。演出都是自己编剧、自己搞舞美。

不过人们常说约大的建筑是现代派，事实上黄作燊说 Modern Architecture 已经过去了，应该提的是新建筑。新建筑永远是进步的，每个时候有每个时候的新的建筑，新建筑永远是在变化的，我们要做的是新建筑。

卢 看来黄先生领会现代建筑是很深层的，关键的不是风格，而是"时代精神"，这是西方现代建筑运动本质的思想。

罗 实际上就是"与时俱进"啊！

卢 知道后来陈从周先生也来上课了，他讲的是中国建筑史。也是黄作燊先生请他来的吗？

罗 对，他是 1950 年来的。陈从周先生是自学成才的，他自学中国建筑文献很有心得，后来就教中国建筑史了。

卢 您那时听过他的课吗？您何时开始在约大任教的？

罗 没有。我四八年就毕业了，五一年回到约大教书。四九年后，约大的师资力量有很大的改变，外国教师都离开了，黄的中国朋友里也有不少离开的。好在他在四七、四八年就把李德华、王吉螽[4]、翁致祥[5] 等留下来了。后他又招了一批人，我就是那时候进去的。当时李滢[6] 从国外回来了，还有白德懋[7]、樊书培[8] 等，但后来李、白、樊都去北京了。Hajek 走了以后，西方建筑史就没人教了，黄作燊就叫我顶上。

卢 所以实际上您来同济之前就已经教这门课了。那时候您有教材吗？开始接触弗莱彻的那本书了吗？

罗 那时我就捧了一本弗莱彻的书来教的，不单是我，别的学校都是这样。我那时候就认为建筑历史是不会受欢迎的，但自己却越教越有兴趣，所以我就一直想把课讲好。我教了半年以后，李滢回来了，她给了我一本 N. Pevsner（N. 佩夫斯纳）的 *An Outline of European Architecture*（《欧洲建筑学纲要》，1943）。这本书对我影响很大。我一看就觉得了，建筑史不同于历史建筑。弗莱彻的书是前面讲背景，但不直接联系到建筑，后面就是建筑实例。而 Pevsner 的那种方式我非常喜欢。他讲的是建筑历史，你可以从历史看到实例，从实例看到历史，密切相关。所以我为什么后来说我当时讲的建筑历史可能和其他学校的不大一样。

卢 那么，您五一年教西方建筑史的时候，其他院校呢？

┃**罗** 从来没跟他们联系过。我们（指约大）从来不跟人联系，自己干自己的。五二年院系调整后才开始联系。那就出现了"建筑史是什么"的问题了，这个问题一直让我很困惑。

卢 五二年院系调整后，同济建筑系的人才来源是很丰富的，有冯纪忠、黄作燊、吴景祥、谭垣、黄家骅，等等。他们中许多都是受过西方建筑教育的，有些在外国还待了很长的时间，他们对您的教学有影响吗？

┃**罗** 到了同济以后发现图书馆的建筑历史书要比约大的多，这对我有很大帮助。再有，就是你提起的这些老师都对我有很大的帮助。因为我教的内容都是从书本上来的，从来没看过实物，很缺乏感性认识。所以我总是找那些这方面比较理解的人请教。

首先找的是黄家骅，因为听说他已经教过好几年的西方建筑史。以后我找得最多的是黄作燊和冯纪忠。黄作燊总是旁敲侧击地给我一些启发，冯纪忠会很热烈地与我讨论问题。

当时，我在学习中觉得应该对建筑历史的一些术语要搞得很清楚，对建筑的各种现象要有识别能力，要识别就必定要了解、要比较，然后才能辨别。有一次我就和冯纪忠讨论什么叫 Classical Architecture（古典建筑），什么叫 Renaissance（文艺复兴），什么叫作 Classicism（古典主义），然后又有个 Classical Revival（古典复兴），这些概念我都不很清楚。我们谈到卢浮宫东翼，我说大家都说它是 Classicism（古典主义），冯先生当时没说什么。结果第二天一早啊，冯先生上班，下了车后不到同济校园，而是跑到同济新村我家里来了。他专门跟我说，其实这个 Classicism 已经带有 Baroque（巴洛克）了。他说在意大利是 Baroque，而法国的古典主义实际上已经接受了 Baroque 的一些东西。你看，这种事情只要有人帮你这么一点啦，你就通了。

卢 那还是 50 年代的事？

┃**罗** 我估计是 50 年代中。所以有人问，你出国要到 80 年代，你怎么坚持（教西方建筑史）那么久？我觉得一个就是看书，还有一个就是请教了。我刚好就是有这么一些老师可以请教，那些老师对我帮助很大。

卢 当时系里还有位罗维东先生[9]，他是密斯的学生，对您的教学有影响吗？

┃**罗** 他不仅曾是密斯的学生，还在密斯的事务所工作过。五三年他到同济来后，在师生间掀起了对密斯的很大兴趣。因此我想到建筑史应该有近现代的内容，于是开设了西方近现代建筑史课。过去各个大学都只有古代建筑史，我估计我们同济是第一个正式开设西方近现代建筑史课的。

卢 那您讲讲那时教学的一些具体情况吧。

┃**罗** 我先讲讲教学方法上我赞成什么。首先我觉得，讲建筑历史要有很丰富的图像，要是没有图片的话没办法讲明白。所以我一方面给学生发用珂罗版制作的活页图片，同时在课堂上放幻灯片。我们同济可能是最早用 135 幻灯片的。我记得 50 年代刘敦桢先生到我们学校来时，他一看到我们的幻灯片，很欣赏。他说他们做的还是玻璃的幻灯片。

卢 那么教材呢？

罗 大概在五三、五四年就有了，开始是油印的。50 年代我写的教材就有好几个版本。一两年就要写一份教材。同样地，我对图像十分重视。六一年出版的《外国建筑史参考图集——近现代资本主义国家建筑史附册》是我们国家第一本关于西方近现代建筑史的教材。六三年出版的《外国建筑史参考图集——原始、古代、中世纪、资本主义萌芽时期建筑史部分》的图片比较齐全，这两本书都是我们长期的活页图片积累而成的。编写过程中，我的助教陈婉、王秉铨对我的帮助很大。

在 1956 年左右，来了梁友松 [10]，他是梁思成的研究生，很有才华，学的是西方建筑史，但中国建筑史也很好。那时候我们就让他教西方近现代史。但是，他只教了一两个学期，最多一年，就被划为右派了，听说是清华来信通知同济的。他当时很活跃，跟学生一起搞了一个"我们要现代建筑"小组，很受学生欢迎。批判他的时候，开了很多会，当然就免不了要批评西方建筑史了。

卢 1957 年以后发生了这么多的事情，您是否觉得要当心了？那么您觉得在教书的过程中要当心的有那几点？

罗 其实自到了同济后我就一直觉得像我们这样没有老师教的，不是正统出来的，既要补建筑的知识，还要补哲学的知识。因此我就自学马列主义，特别是历史唯物主义。还特别学上层建筑与经济基础的关系。再有就是黑格尔的和普列汉诺夫的书以及其他一些美学的书。我觉得就算我了解了一些史实，但我不会批判 (当时很强调对外国的东西要批判)，因此我尽量学习。我觉得黑格尔对我的帮助是非常大

1956 年罗小未先生给学生上课

的。例如他提出的任何事情都有产生、发展和衰落的过程，给了我一个历史是变迁的、任何事情都要放在一定的时间和空间里面去看的基本观点。

卢 那这对您教历史课的影响是非常大的。

丨**罗** 是的。其实我那时基本上是自学过来的，没有老师，也不像现在那样有很多书。没有人向我提出要求，也没人审查我批评我，我只能学一步走一步。

在这几年当中，我最大的困惑是建筑史到底是什么的问题，因为那时候我经历过几个对我压力很大的观点。50 年代中，有一次我们到兄弟院校访问时，有一位老师很郑重地提出来，我们必须用阶级斗争的观点来看建筑。这其实是无可非议的，但是他接着说，有人在形容埃及大金字塔时，喜欢说白颜色的金字塔在黄色的沙漠里、蔚蓝色的天空下显得很美，他说这是什么阶级感情。他说，应该想到的是，建造金字塔时有很多很多的奴隶死在里面，因而我们看到金字塔时应该看到的是一个血淋淋的金字塔，怎么能说它美呢？我听到这些话，一方面感到很恐慌（因为是个政治问题），另外感到很困惑。后来我总算从《共产党宣言》里看到，马克思、恩格斯也在赞扬古代罗马建筑的成就，就舒了一口气。

另外一个问题也给了我一定的压力，这就是，我们学校有位年轻教师提出说，建筑历史是社会发展史的注解，所以我们应该按照社会发展史的顺序来看待建筑史，并且用建筑历史来注释社会发展史。那么我就想，建筑历史应该要反映建筑自身的发展规律，假如只用它来解释原始社会如何进入奴隶社会，奴隶社会又如何进入封建社会，那么建筑自身的许多内容以及建筑自身的发展规律又到哪里去了呢？

有一次，一位国内很受尊敬的资深教授来访问我们，当我们问到如何在教建筑历史中贯彻批判的继承的时候，他说，其实你们教建筑历史，只要让学生掌握 100 个例子就好了。那么学生在设计广场的时候，脑子里马上就有四五个广场跳出来，设计市政厅的时候，马上又有几个市政厅的实例跳出来……他说这样就可以了。我想，这好像是历史建筑，而不是建筑历史了。

还有，大约五八年的时候，一位老师真心地跟我说，我们中国每一次推动历史进步的都是农民斗争，斗争后就改朝换代，那你能不能从农民斗争的角度来讲一讲建筑史？大概在 60 年代初期，有一位兄弟院校的教师写了一些批判性的文章，比如批判勒·柯布西耶的"住宅是居住的机器"和赖特的古根海姆美术馆。我们系里有一位好心的总支书拿着文章来很诚恳地对我这样说，你看，这些文章都登在大报上了，你教了几十年的建筑史，怎么就写不出这样的文章来呢？当时我真是纳闷了，我到底怎么了，怎么就写不出来这样的文章来啊！

这些事情都使我很困惑，而且思想压力很大，认为自己可能真的是有问题了。所以我就一直在想，建筑史到底是什么？后来我就想，其实建筑历史是最好的理解建筑的东西。就如我们想知道一个人是什么样的人，就常常从他的身世和他过去做过的事情去了解他。所以，建筑史就是建筑本身的历史。那建筑是什么呢？其实建筑是一种文化现象，它和绘画、雕塑是不一样的，它是人们生活的载体，它还要用工程技术来实现，它的形象不仅要美观，还要能表达意义。

那么我们又是如何针对学生的需要来教建筑历史呢？须知，每个社会以及每个社会中不同的人群对建筑都有他一定的要求，而每个时代、每个社会又存在着不同的物质技术条件，建筑历史告诉我们，每个时代都有这样的一批人——我们今天所说的建筑师、工程师。他们充分利用，而且是创造性地利用与他们相应时代的物质技术条件，来达到和满足社会对建筑的物质与精神需要。因此，建筑是文化史，是思想史。所以，血淋淋的金字塔你可以提，但是最重要的是要让学生了解这个金字塔来自什么样的观念，又是如何建造的。

卢 从 50 年代后期一直到"文革"结束，我们国家经历了许多不平凡的历史时期，尤其是一系列政治运动。那么，西方建筑史教学有什么遭遇呢？

罗 "文革"中我被批斗、隔离，那时叫我"洋门女将"、资产阶级的孝子贤孙、帝国主义的走狗、国际间谍、与党争夺接班人……课当然是不能上了。隔离了八个月之后回到学校，重点做文远楼的清洁工作和教研室的后勤工作。但是，当时我每天八小时一个人待在教研室的时候，倒给了我一个看外文杂志的机会，如 *Architecture Record* [11]，*Architecture Review* [12]，*Architecture Forum* [13] 等，我每期都看，而且看得非常仔细，使我有可能跟踪了当时国外建筑发展的情况，把缺的东西补回来了。

卢 改革开放后，我们国家的形势发生了极大的变化，从闭关自守到向世界打开大门走向现代化建设，从这一点上看，我们西方建筑历史的教学开始了一个全新的历史时期。您是改革开放后最早去国外进行访问交流的建筑界学者之一，率先将西方战后以及当代的各种建筑思潮与倾向介绍进来，并直接参与了《外国近现代建筑史》教材的建设，这一切对教育界甚至对中国建筑界产生了很大影响。

罗 70 年代末期国家开始搞教材建设。那时，全国教外国建筑史的主要教师陈志华、吴焕加、刘先觉、沈玉麟、张似赞和马秀之等先生到上海来，讨论教材的事。当时大家都同意陈志华负责外国古代史的编写，《外国近现代建筑史》由四个学校合作编写，我当召集人与负责统稿工作。那时候我和蔡婉英每天都要做到很晚。交稿后我就出国了，后来的校对工作都是蔡婉英完成的，所以我说蔡婉英帮我很多忙。

卢 就是说，您是写完这些思潮，甚至简要地提到"后现代"以后，才第一次出国的。

1959 年罗小未先生（前排右一）与梁思成先生（前排左一）及学生座谈

29

　　| **罗**　是的。现在还得感谢那时一个人在教研室看书的经历。我出国是 1980 年 9 月份，先到圣路易斯的华盛顿大学访问。我的导师是 Udo Kultermann（乌多·乌特曼），他后来成为该校的终身教授。

　　我感到最幸运的是，我把我的教材提纲拿给他时，他很认真地看了以后说，可以这样写，我一下子就放心了。第二个比较幸运的是，回来后看到我们国内建筑界对外国建筑发展很感兴趣，热情很高。我先后被请到哈尔滨、重庆、西安、杭州的兄弟院校讲课，反映都很好。

卢　80 年代初我在浙大学习，您来做的讲座给我极深的印象，那时看到您放的幻灯就觉得还有这么蓝的天和这么美的建筑。

　　| **罗**　之后我有八个月在 MIT（麻省理工学院）的 Stanford Anderson（斯坦福·安德森）那里，他对我帮助也很大。同时，我还到美国的好几个大学去讲过课，如麻省理工学院、哈佛大学、哥伦比亚大学等。我还结识了不同国家的许多学者，很高兴的是，他们后来都成了我的朋友。

卢　您那时访问了许多建筑师，我们都知道最有意思的是访问文丘里。

　　| **罗**　是的。文丘里人很好，我认识他后，有一次，他热情地在自己生日的那天邀请我和关肇邺一起到费城他家里去。我们先到他的办公室，看到他办公室同仁送给他一个很滑稽的 Postmodern（后现代）蛋糕。下午，他事务所里的一个人带我们去看他在费城的作品，包括他母亲的住宅。他妈妈当时已经不在了，是宾大一个地理学教授住在里面。教授说，这是一个很有名的建筑师设计的房子，所以他全力保护它，连墙上挂的画他都没动，这种保护办法给了我很深的印象。

卢　后来您问他是不是 Postmodern 之父，他说不是？

　　| **罗**　他否认了自己是一个后现代建筑师，只说我是一个现代建筑师。当时我怕回去后说不清，就马上把这句话录下来了。

　　回来后我发现有不少人在批判"后现代"建筑。好在我在美国时就争取访问了几位后现代的建筑师，如 Graves（格雷夫斯），Stern（斯特恩），Eissenman（埃森曼）和 Hejduk 等，我就认为，后现代的出现是时代的必然。

卢　后现代建筑思潮当时对我们的思想和实践都有很直接的影响，那么您现在回过头来看国内的这种情况有什么感受？您觉得去接受他们的理论到指导实践，是不是会出现肤浅的作为或者甚至是一种误解。

　　| **罗**　我认为 Postmodern 有很大的功劳，确实使得大家脑子开窍了，脱离了现代主义教条的羁绊。我觉得它的理论比它做出来的作品要好。现在，误解肯定是有的，因为任何一个事都有前因后果的，后面发生的总是在前面的事情内部孕育过来的，现在有些人连 Mordern Architecture 都没有理解，他如何理解后现代呢？所以我一直说后现代是时代与社会发展的必然性，我赞成对待思潮和对待历史一样要用变化的眼光来看它。

　　我觉得你越搞历史，就越会客观地看待事情。比如学生问你，到底是格罗皮乌斯好呢还是赖特好？你能说吗？其实，你要看在什么情况才能说。他们使命不一样。赖特要提高中产阶级的生活品质，从城里搬出来，去接触自然；格罗皮乌斯却想要解决城里人一些非常基本的生活问题。两个人的客观使命不一样。

　　所以学生要问我该走哪条路，我跟他有这么一些路，但这是人家的路，人家是这么走过来的，我们的路就要我们自己走出来。

卢 讲到理论，"文革"之前，国内还没有什么真正的外国理论书翻译过来。80年代组织出版了一套《建筑理论译丛》，汪坦先生是主编，您和刘开济先生是副主编。这套书的出版应该是有划时代意义的。

| **罗** "文革"之前是没办法做啊！提到这套译丛，主要还是应该归功于汪坦先生。从提出方案、策划内容一直到最后的审稿都是他亲历亲为的。

卢 您在国外也接触一些理论家的吧！

| **罗** 是的。那就是像 Joseph Rykwert（约翰夫·里克沃特），Kenneth Frampton（肯尼斯·弗兰姆普顿）和 Stanford Anderson。他们都是大理论家，但他们的理论都不一样，这说明研究建筑史道路很宽广，有很多角度。比如 Rykwert，他是用极其精密的考据和研究来维护西方建筑理论传统的精华。这对中国人来说，可以用这样的态度来研究自己的东西，但你永远没有办法研究别人的东西做得如此深透。Frampton 特别精于对建筑与文化的纵向联系和横向联系。事实上历史上有许多事情好像是过去了、湮没了，但后来又会以另外一种形式出现，Frampton 就特别善于挖掘这些事情，特别是思想上的渊源与线索。这对我在理论上的启发很大。

那么 Stanford 呢，他有很多研究是将建筑现象和行为联系在一起，这对认识建筑与人的关系上是比较透彻的。当然他也写人物，像 Peter Behrens（彼得·贝伦斯）、Shinkel（辛克尔）等等，写得非常深入细致，但是像我这样一个主要对学生进行入门教育的教师来说，我觉得和他们差得很远。建筑历史是门很复杂的课，要编一本教材是个很大的工程。现在我们20年修编一次，现在事物变化很快，我希望10年后，伍江和你能够再重新编写。

卢 那么，最后一个问题吧。经过多年努力，《外国近现代建筑史》教材增补版终于出来了。作为主编，对这本20多年前的书做修编增补，您觉得增加的最重要的东西是什么？

罗小未先生与学生伍江、支文军在教研室（1984）

罗 首先我不可能、也不打算推翻第一版的东西，我能保留的就尽量保留，但应该增加的内容就尽量增加。比如第六章，我很高兴地找到你写。除了第六章，我们还增加了许多东西，比如沈玉麟先生增加了许多内容，刘先觉先生也做了增补。

在我负责的部分，主要增加两个内容，一个是现代主义如何转到第二次世界大战后既讲物质功能又讲精神功能的各种思潮（第五章第一节），另一个就是增加了第三世界的内容。前者主要参考 Frampton 的《现代建筑：一部批判的历史》，它帮助我把第二次世界大战以前的现代建筑和二次大战以后的现代建筑区别开了。后者我要感谢建筑学会出的那本《20 世纪世界建筑精品集锦》，由于我有机会参加了那本书而得益不少。

再有，我在这一版的前言中明确地提出了我曾想了很久而不敢说的话——建筑历史是建筑文化史，建筑思想史。

这里我想到了一个问题，建筑历史是个复杂的学科，编写历史教材是个巨大的工程。现在我们 20 年修编一次，但事物变化越来越快，可能不到 10 年，你们就要重新编了。我希望伍江和你能带头把工作继续下去。

卢 那您觉得还有什么遗憾的地方吗？

罗 我觉得有些章节还缺乏思想性，讲了是什么，没有讲为什么。这就不太符合我所认为的建筑历史应该是建筑文化史和建筑思想史的理念了。

卢 谢谢您接受采访，并为我们后辈提供了这么多有价值的历史信息、教学经验和建筑思想。

（本文原载于《时代建筑》，2007 年第 3 期）

1　Haje，也译作"海杰克"，上海圣约翰大学建筑系教师，匈牙利人，由系主任黄作燊先生聘请，教授建筑历史课程。

2　A. J. Brandt，也译作"白兰德"，英国人，上海圣约翰大学建筑系系主任黄作燊先生曾聘请他作建筑系的教师，教授建筑构造课程。

3　钟耀华，我国早期的城市规划专家。他曾留学美国哈佛大学，专修城市规划。抗战胜利后，任职于赵祖康负责的上海市工务局和上海市都市计划委员会，与陆谦受、鲍立克、金经昌、黄作燊、程世抚等参与编制"大上海都市计划"，其间负责编制"闸北西区支区计划"，在这些规划中他们应用及传播了有机疏散、卫星城镇、邻里单位等新的规划理论。

4　王吉螽，1924 年 1 月 10 日生，1946 年 1 月上海圣约翰大学土木工程系毕业；1948 年 1 月上海圣约翰大学建筑系毕业，曾在鲍立克建筑设计事务所（Paulick and Paulick, Architects and Engineers, Shanghai）和时代室内设计公司（Modern Homes, Interior designers）任设计师，1949—1952 圣约翰大学建筑系助教，1952 年后任同济大学建筑系讲师、副教授、教授；1958 年后任同济大学建筑设计院第三室主任，副院长、院长，总建筑师。曾任上海市建设委员会科学技术委员会委员，上海建筑学会第七届室内设计分会理事长，上海生活美学学会副会长兼环境美学部主任等；作品有（上海）虹桥淮阴路 200 号姚有德住宅室内（与鲍立克、李德华）、同济大学教工俱乐部（1957，与李德华等，1993 年被中国建筑学会评为新中国四十年优秀建筑创作）、"波兰华沙英雄纪念碑"国际竞赛二等奖方案（1957，一等奖空缺，与李德华）、"上海三千人歌剧院"方案设计（1959，获上海市先进集体奖）、上海华侨业余剧团舞美（Volpone, Grand National Night，与李德华等）、扬州市"扬州宾馆"建筑及室内（与陆凤翔）等；发表文章"同济大学教工之家"（与李德华合著）、"上海郊区先锋农业社农村规划""一般大型客轮的室内设计""现代室内设计浅谈"等。

5　翁致祥，1924 年 1 月生，1945 年 7 月上海圣约翰大学土木系毕业，1948 年 1 月上海圣约翰大学建筑系毕业，学习期间曾在上海都市计划委员会作绘图员工作，曾在五联营建计划所任助理建筑师。1952 年后任同济大学建筑系助教、讲师、副教授、教授。为 EAROPH（世界东部地区规划与住房组织）理事会常务理事、副主席。1990 年作品双层外壳太阳能住宅（与王薇）获 1990 中国建筑学会全国太阳能学术研究会荣兴奖；著作有《建筑学专业英语》《太阳能住宅》《长江三角洲地区被动式太阳能住宅》（获 1986 澳大利亚阿德雷德 EAROPH 国际会议杰出论文奖）；译著有《建筑的未来》（弗兰克·劳埃德·赖特著）、《建筑与文脉》（布罗林著）等。

6   李滢，1924 年 5 月 29 日生，1945 年 6 月上海圣约翰大学建筑系毕业，1945 年 9 月上海圣约翰大学土木系毕业，1947 年 6 月美国麻省理工学院建筑系硕士毕业，1949 年 3 月哈佛大学建筑硕士，1946 年 10 月—1947 年 6 月跟从（芬兰、美）Alvar Alto 学习，1947 年 6 月—1947 年 9 月跟从（美）Marcel Breuer 学习，1949 年 2 月—1949 年 8 月跟从（美）A. D. Schumacher 学习，1949 年 12 月—1950 年 4 月跟从（丹麦）Preban Hanse 学习，1950 年 4 月—1951 年 1 月跟从（丹麦）Kay Fisker 学习。回国后 1951 年任上海圣约翰大学建筑系教师，后前往北京，任北京市都市计划委员会、北京市建筑设计院建筑师。

7   白德懋，1923 年 2 月 9 日生，1941 年 1 月入上海圣约翰大学土木工程系，1942 年 9 月转入建筑工程系，1945 年毕业；1946—1947 年（民国）行政院善后救济总署福建分署技术室技士，1947—1950 上海德士古煤油公司工程部助理工程师，1949—1951 年兼任上海圣约翰大学建筑系助教，1951—1953 年北京市都市计划委员会建筑师及规划师，1953—1957 年北京市建筑事务管理局地用室副主任，1957—1961 年北京市城市规划管理局分区规划室副主任 .1961 年后，历任北京市建筑设计院建筑设计室副主任、技术管理室副主任、院副总建筑师、院顾问总建筑师。北京城市规划学会顾问、中国土木工程学会工程指导工作委员会委员、澳大利亚皇家建筑师学会名誉会员，曾任北京市政府第七届专家顾问团城市规划与建筑艺术顾问。作品有北京恩济里小区（荣获建设部城市住宅小区建设试点综合金牌奖和规划设计、建筑设计、施工质量、科技进步四项一等奖）、北京龙泽苑小区等；著有《居住区规划与环境设计》《恩济里小区规划设计理论与实践》《城市空间环境设计》"大城市中居住规划布局的建议""卫星城能起到控制城市的作用吗？""从世界大城市的人口运动看北京的城市发展"等。

8   樊书培，1925 年 4 月生，1948 年 1 月上海圣约翰大学建筑系毕业，1946—1947 年上海市工务局都市计划委员会工读实习生，1949—1954 年北京市都市计划委员会技术员、工程师，1954—1960 年北京市城市规划管理局工程师、地用组组长，1960—1981 年北京市建筑设计院建筑师、高级建筑师、副室主任，1981—1987 年北京建筑工程学院建筑系教授、城市规划教研室主任、系副主任。设计作品有四川东南土家族苗族自治州酉治及黔江县城规划设计、白洋淀温泉城建设发展规划、商丘市中心区街道及广场规划设计等；著有"城市整体形象结构设计"等。

9   罗维东，1924 年 10 月 12 日生，广东三水人，1945 年重庆中央大学建筑系毕业，学士学位，1945—1952 年上海中国银行建筑科、中国海关总署建筑科工作；1952—1953 年于美国芝加哥伊利诺理工学院建筑系获硕士学位，师从密斯凡德罗，1953—1957 年 2 月，任同济大学建筑系副教授，1957 年 6 月在香港创立"香港建业工程设计公司"（King YIP Engineering & Architectural Co.），1976 年在台湾创立"台湾罗维东建筑师事务所"；作品有北京瑞士饭店（又名"港澳中心"）、上海维多利亚广场、青岛世界贸易中心、香港九龙尖沙咀新世界中心、香港九龙美丽华大饭店、高雄汉来大饭店、台北市来来喜来登大饭店等。

10   梁友松，1930 年 2 月出生，长沙人。1952 年毕业于清华大学建筑系，1952—1953 年任清华、北大、燕京三校建委会技术员，1953—1956 年为清华大学建筑系研究生；1956—1958 年任同济大学建筑系助教，1979—1990 年历任上海园林设计院建筑师、总建筑师，1990 年以来任上海园林设计院顾问，享受政府特殊津贴。在清华大学研究生院时，参与梁思成教授主持编写的"中国建筑史"部分工作，在梁思成先生向全国高校建筑系教师进修班讲授中国建筑史时，梁友松担任其助教。研究生毕业论文为《西方现代建筑》。在同济大学合作讲授西方建筑史，负责希腊、罗马和近现代时期的建筑史部分，同时担任建筑系三年级课程设计"机车制造厂"的教学指导。译作有"在全苏建筑工作大会上的报告"（布尔加宁），发表于《建筑学报》；论文有"上海的园林绿化""我看徽州民居""论明清园林"（香港建筑署召开的学术会议上的报告）等。主持了国家银奖项目"大观园"仿古建筑群和园林的规划和设计、埃及开罗的"秀华园"设计、海口市东湖的琼仙阁宾馆设计、"大观园"招待所（宾馆）设计、上海龙华烈士陵园等。

11   *Architectural Record*，美国建筑月刊杂志，主要内容关于建筑和室内设计，由 BNP 媒体出版。

12   *Architectural Review*，英国建筑月刊杂志，1896 年开始在伦敦出版。

13   *Architectural Forum*，美国建筑杂志，开始于波士顿出版，在 1892 年刊名为 *The Brickbuilder*。1938 年合并了杂志 *Architect's World*，于 1974 年停刊。

钟训正院士关于东南大学建筑教育的回忆

受访者
简介

钟训正

男，1928 年生，湖南省武冈县人，1952 年毕业于南京大学，1954 年调入南京工学院（东南大学前身）建筑系。东南大学教授，博士生导师。长期致力于建筑教学、创作和研究工作。早年所作的北京火车站综合方案及南京长江大桥桥头堡方案均经周恩来总理选定而实施。主持设计的"无锡太湖饭店新楼""甘肃画院"及"海南三亚金陵度假村"，在建筑传统与创新、建筑与自然环境以及建筑技术与艺术的辩证统一关系上创出特色。在担任南京古城区中华雨花南路的改建总建筑师期间，为改善古城区市容和环境作出有效的贡献。其著作《建筑制图》等多次在国内外再版、获奖。培养硕士、博士研究生百余人。1997 年当选为中国工程院院士。

采访者： 单踊、顾大庆、汪妍泽、刘学超
访谈时间： 2013 年 05 月 01 日
访谈地点： 南京市钟训正院士家中
审阅情况： 未经钟训正先生审定
访谈背景： 本文为整理东南大学建筑学院学科发展史料所做的教师采访系列之一

钟训正院士近照 2014 年秋摄于钟宅书房，
摄影：东南大学建筑学院摄影室钟昊

入学

　　我 1948 年进校时正值南京解放时期，在学校只上了一两个月的课就被疏散回去，等于是休学了。原本我是和戴复东一届的，他家在上海，一解放就回来了，而我们家那边解放得比较晚。1948 年进校时，我就比别人晚了一个多月，后来又休学耽误了一年。1949 年，我回学校时已经是 11 月份了。

在校学习

　　进校后，我印象最深刻的是投影几何，那时是和土木系、机械系等一起在丁家桥（南京城北）上的课，教材是英文的，那个书写得很简明。但因为我进校比较晚，错过了一些课程，开始学得很艰难。那个课程是讲课一个小时，当堂画两个小时，作业当时就交，没有交的就是零分。建筑系比较特殊，一个学期就将投影几何学完了，别的系都规定是两个学期。

　　素描课是杨老（杨廷宝）教的，也在丁家桥上。另外还有一个助教巫敬桓[1]，他手头功夫也很好，他会带一些兽吻过来让我们画。当时我们对于杨老布置的任务很不上心，四小时的任务我们只花一个小时就完成了。杨老是很严格的，他看到我们的表现很生气，说："你们要是再这么下去就不要读建筑学了"，还说一定要把课上的时间用足。画素描用的是软铅笔。

　　还有印象比较深刻的就是设计初步，多立克柱头的渲染相当难画，方形和圆鼓形的交接很难掌握。那时，我们很不耐心，画得很不细致。这是在四牌楼上的。渲染之前还有过仿宋字、方块渲染、柱头渲染等基础练习。一年级上学期都是基础练习。

　　首先是测绘图书馆侧门，画墨线图，这个和第一年相同，只是我第二年进校时已经错过了。然后是墨线字体练习，包括仿宋字和罗马字，竖排版，图幅比 A3 还要大。渲染先是方块、柱式渲染（法国退晕）练习，然后是多立克柱头。当时只有两个人及格，61、62 分的样子。这就是第一学期的学习内容，大约20 周，杨老、巫敬桓为主，童老（童寯）也会来看看。

　　西古构（西方古典建筑构图）是在大背景中将一些内容抽出来，画柱头到柱础的放大图。参考的原图中有一些希腊文的花纹，我原本想省略，受到杨老很严厉的批评。好在及时改正过来，大家的学习风气也渐渐转好，杨老很高兴，向童老、徐中[2]、刘光华[3]表扬了我们。那次我们作业的得分都很高，我的得了 95 分。古典柱式的资料我们都是参考蓝皮书[4]，将书上的范例按比例放大，再根据一些作图原理绘制到图板上。其实西古构也是先收集资料做好全景构图，再将其中的细部放大放在前景位置。首先要画草图，给老师修改，反复几次才能定稿。蓝皮书中"布扎"体系的图都画得很精细，印刷效果也很好。

　　一年级下学期就开始做设计了，公园桥、茶亭、小车站，最后一个是灯塔。第一个设计公园桥要求是西方古典的，后面的设计不限制是"中古"（中式古典）或是"西古"（西式古典），也可以做现代风格的。每个作业时间不长，车站是快图，其他作业大概四五个星期。主要是杨老和巫敬桓教，公园桥是杨老教的，最后一个灯塔是徐中先生教的。童老是一（年级）下开始教的，没有带过我。做公园桥的时候，杨老要求能够将古典形式应用于设计中，这个作业我也被批评了。还有一个就是柱式渲染。

　　二、三年级作业我记不太清了，那时刘先生（刘敦桢）、童先生都来教了，当时国家刚解放，急需建设人才，所以我们提前一年毕业，毕业时也没有毕业设计一说。后来我们做的设计都不是古典的了，古典装饰比较烦琐，都做成现代风格。资料来源于系里的杂志。我们都是用打字纸钢笔抄图，当时学习风气也是如此，同学们课下有空的时候就去抄图。当时杂志种类很多，有 PA（*Progressive Architecture*）、Record（*Architectural Record*）、Review（*Architectural Review*）、AD（*Architectural Design*）以及一些苏联的杂志，都可以借。开始也不管好和不好的设计都抄下来，后来慢慢看多了就有所取舍了。抄图的风气应该是从前面延续下来的，因为我们日常生活中接触不到什么好作品，即使是上海人在上海看到的也是很有限的，所以我们只有从各式各样的书籍、杂志中获取资料，我们都尽量多写多抄。我当时抄的图完成后就装订在一起，现在大多都丢掉了。那时对大师没有概念，只是看着觉得好的就抄下来，审美能力是这样慢慢形成的。杨老、刘老并没有推荐什么建筑，我们只知道杨老喜欢规矩的、可实现的建筑，对于我们抄的一些花哨的建筑并不是很赞同。

　　对于柯布西耶等现代主义建筑大师，我们是在建筑史课上才知道的，平时看书也有一些了解，最感兴趣的还是赖特。中建史、西建史都是刘先生讲授的，他的板书很漂亮、很有条理，图和标注都画在黑板上，方便我们做笔记。我们平时也会组织去参观杨老在南京的一些建成作品。他平时上课也会说一些自己的设计，印象最深的是他做的专题讲座讲解和平宾馆（1951 设计，1953 建成，北京）的设计思路，包括交通组织、景观营造以及当时的多方案比较，我们也很希望杨老多讲讲这些内容。那时还没有公私合营，杨老业余还在基泰（工程司），事务所里还有巫敬桓。南京的一些作品他也讲过，但是没有这么详细了。童老思维比较跳跃，想到哪讲到哪，改图都是从大体上改改。杨老改图比较细致，他教灯塔的时候，杨老画的铅笔图像渲染图一样，包括配景都画上了。我当时倒是不希望老师改图特别仔细，希望能够自己发挥。那时老师们还有自己的事务所，杨老有，童老也有，但是实践活动都不是很多了。

　　当时我们的设计都不做古典风格的，除了基本训练里有古典的，其他基本没有了。主要是古典的建筑各方面都比较完善，作为基础训练比较合适，而现代建筑还有很多方面还不成熟。童老改图是不怎么动笔，渲染的时候会动笔大体画画。童老自己画图是很快的，他当时做过省政府大楼、大桥桥堡等。

我们从初步设计开始都是做一个简单的单体，处理建筑和环境的关系，组织里面的空间，就这样慢慢从小到大、从里到外训练。一、二年级我们都是做小建筑，积累小的知识点慢慢扩大。关于巴黎美院第一次草图不能修改的传统，我们是这样，最后评图的时候会要求把以前上交的草图拿出来看，如果出入太大，就会扣分。但我们不是很在意，最后的结果与开始不同也是一个学习的过程，开始如果是错误的还一再坚持我感觉是没有必要的，应该是逐步推进、逐渐完善。开始在一无所知的情况下做出的方案和经过学习产生的方案肯定有所不同，所以我不是很在意这个。评图是老师关门评分，评完了我们自己去看，当时也不会去问高分低分的原因，分数相对是比较合理的。我们当时在大平房，高年级在门口，低年级每天经过就看看高年级在做什么，慢慢地有所熏陶，这是很合理的。我在校的时候，在校总人数才二三十人，各个年级交流非常频繁，某个年级交图时，其他年级的同学会过去帮忙。过年过节的时候，各年级还会经常一起聚餐。后来到中山院（1952年，建筑系系馆自图书馆西侧的平房移至此）以后，各年级分开了，这个传统也就没有了。

我们在上学期间都在教室里做设计，并没有实践环节。实践不应该是学生实践，而应该是老师的实践去影响学生，所以我觉得学生去实践并不是一个特别好的办法，成功的案例很少。学生去实践也并没有机会去经历一个完整的项目，再者我们那时国家经济也不是很好，所以没必要将时间浪费在实践上。

留系任教

我毕业的时候先是分配到湖南，后来到武汉，还是杨老出面到教育部见到部长杨秀峰，下文到武汉大学水利学院要求把我调回来，反复了两次。因为当时跨区调任是不允许的，我是在中南区，开始是要调我去华南工学院。8个人中3个人调去湖南大学，这是因为柳士英等留日的老师想成立建筑学，但是后来教育部没有批准。我在那边教的是建筑学，属于土木系的，后来变成建筑专修科，就是胡伯骞、唐厚炽一班，两年毕业后分配到东大来。我在武汉的时候，恰逢要建立武汉大学水利学院、华中工学院（今华中科技大学），华中工学院后来建成了，我在那里设计了一栋建筑（现华中科技大学化学与化工学院、材料科学与工程学院所在的"东三楼"），算是我的处女作了。

关于生产劳动相结合，1959年"十大工程"、南京四大博物馆、长江大桥、雨花台都是我当老师带学生做的。1954年，我开始是当三年级助教，三年级童老、杨老、刘光华几位都在。助教是不分组的，帮忙组织、收图等，也要一个一个看图。设计初步我没有教过，开始教郑光复[5]一班（五六届），后来到杨德安[6]一班（五七届，刘叙杰是1949年进校，后来病休和杨德安一班）就不是助教了，正式带几个学生。我当时没有试做过，后来才有试做这个方法。

中古构（中国古典建筑构图）在我一年级的时候是没有的，1953年，那时我离开学校了，批判崇洋媚外、学习苏联也宣扬"民族形式、社会主义内容"，开始了中古构。1952年以前可能也有了，孙钟阳[7]一班已经有了，按照西方构图，将建筑的檐口、柱础细部拿出来画，到了歇山一角就是统一样式的了。

制图课编教材是孙钟阳、王文卿[8]主导的，我编了开头和结尾部分。我们当时综合了英美的一些资料。我们读书的时候投影几何是与其他系一起上的，阴影透视是自己上的。后来我们将两者统一编写成《建筑制图》。我们有一些是参考 *Graphic Standard*，当时编写的时间也很短。苏联阴影透视很复杂，同济也出了一本很厚的教材，也是过于复杂、不实用。徐中先生教阴影透视，之后是龙（希玉）[9]先生，程丽[10]也教过，后来是王文卿教。徐中教得比较实用，而龙先生、程丽教的内容比较复杂。我们的教材对于建筑系来说实用性很强，教材编写在"文革"前就开始了。最早是工农兵学员在用，你们刚拿到的时候是蓝印本，还没有印刷，但是格式都很清楚。1958年提倡"走向社会""理论联系实际"，学校都停课了，低年级（卫兆骥[11]班，1958级）是"小设计院"，高年级是"大设计院"。贺镇东[12]他们那届成立了"中设计院"，我是带"中设计院"。这个持续了几年时间，教学很不正常。鲍家声[13]班是做南京四大博物馆，刘光华先生是他们的指导教师。我带贺镇东他们去参加北京车站设计，也有其他年级的参与。"小设计院"可以做一些小品类的小建筑，连基础课都没有。那时就是把工程拿回学校来做，没有出去做的，除了大桥桥堡设计贺镇东班参与了一些，其他学生参与的项目都没有建成。太湖建筑工作者之家（1959年）、曙光电影院也是在同一时期，这些项目全部是老师参与的，不同于学生没有建成的项目。那时也没有什么解决老百姓生活问题的工程，都是一些纪念性的大工程。所以说"联系实际"事实上并不实际。

我在校这班还没有开始学苏联，到黄伟康他们就开始了。那时我还在武汉，所以对这些印象不是很深。不过，学苏联只是在教学计划、教学文件管理、教研组等方面有一些调整，而对设计教学的影响不是很大。形式上有一些变动，比如西古构变成中古构，实际内容变化不大。

1953年以后，有一些联系中国古典民居形式做设计的（项秉仁[14]），应用坡顶、山墙等。但是学生还是看欧美杂志为主，这也是苏联杂志所不能比的。几位先生对苏联的影响也多少有一些抵触。

"正阳卿"这个说法是1984年我从美国回来后才渐渐产生的。我们的合作也是自"文革"后开始的。之前我们只合作做过"丁山宾馆"，这也是我们合作的开始。方案阶段我们合作完成，施工图阶段孙钟阳把关，他的工程概念很清楚，善于解决技术问题。"大桥饭店"是贺镇东、陈湘他们做的，"太湖饭店"更晚一些，很多人参与过。

《建筑画环境表现与技法》1985年4月出版，
至2018年2月共印刷46次，销量247 926册

"文革"前，贺镇东就留校跟随郑光复带设计初步，后来孙钟阳、王文卿、陈励先[15]、陈湘[16]等带着蒋桂全、朱坚[17]带一年级。我毕业后离开学校两年，教学和工程兼顾。

"文革"前，各学校之间交流很少，和现在不同，并没有学术圈的概念。交流主要还是从"文革"以后开始的。"文革"前各个学校的风格很明显，同济比较开放，清华也有自身的一套理论，到现在各学校的特色就不是很明显了。天津大学建筑系和我们风格相似，主要领导刘福泰[18]、徐中都是从我们这边过去的，徐中的影响力后来相对大一些。

"文革"前，做设计的机会很多，有"北京站""长江大桥""雨花台"，但是还是"文革"后的建成作品比较多。

我做学生时比较喜欢画画、抄图，但没有给杨老他们看过，他们也没有给予什么意见。我在武汉大学的时候经常画画，在那边我用 Kautzky（考茨基）的方法画中国传统建筑大家都觉得很好。1954 年暑假我来这边，也给杨老看了我的图。1954 年 11 月，我调回这边，又画了一些给杨老看，他不以为然，觉得年轻人不应该只攻一家，这样是不可能超越别人的多年积累的，应该多风格探索，不要急于建立自己的风格，最后会水到渠成。这对我的影响很大，我就放弃 6B 铅笔换成 2B 铅笔画了一些东西，后来觉得这个也是可以发展下去的。但是以前画的也作为基础，用起来也得心应手。后来我比较欣赏的是 Otto R. Eggers（奥托·埃格斯，美国教师），他对质感、空间的表达很细致。

1　巫敬桓（1919—1997），四川重庆人，1945 年毕业于国立中央大学建筑系并留系任助教、讲师。1951 年加盟北京兴业公司建筑设计部，1954 年该部并入北京市建筑设计院，先后主持或参与了多项重大工程的设计工作。（详见《建筑师巫敬桓张琦云》，中国建筑工业出版社，2015 年）

2　徐中，（字时中，1912—1985），江苏常州人，1937 年美国伊利诺伊大学硕士毕业。先后担任军政部城塞局技士，中央大学建筑工程系讲师，重庆兴中工程司建筑师。1949 年后先后任教南京大学建筑系、北方交通大学唐山工学院建工系、天津大学建筑系教授。见赖德霖主编，王浩娱、袁雪平、司春娟合编《近代哲匠录——中国近代重要建筑师、建筑事务所名录》，北京：中国水利水电出版社，知识产权出版社，2006 年，164—165 页。

3　刘光华，（LIU, Laurence G. 1918—?），江苏南京人。1940 年中央大学建筑工程系毕业，1944—1945 年美国宾夕法尼亚大学建筑系学习，1947 年哥伦比亚大学建筑与城市规划研究生院硕士毕业。先后在南京兴华建筑师事务所、中央大学、南京大学建筑系，上海文华建筑师事务所，上海联合顾问建筑师工程师事务所任职。来源同上，89 页。

4　"蓝皮书"是东南大学建筑学院外文图书室所藏一类图书的统称。该图书出版于 1925 年，因后期装裱封面的色彩而得名。其中包括纽约建筑图书出版社出版的英文版 4 本、巴黎美术学院出版社出版的法文版 10 本，共计 14 本。这批画面精美的原版古典建筑测绘、渲染作品集，充分反映了 20 世纪初学院派的严谨遗风。

5　郑光复（1933—2009），四川重庆人，1956 年毕业于南京工学院建筑系，后留校任教。1988 年任教授，1993—1996 年任三江大学建筑系主任。长期担任建筑设计初步及建筑设计、建筑装饰、内外环境及中国古建筑测绘等课程。（详见"郑光复教授生平简介"，http://yiyi631.blog.sohu.com/137894907.html）

6　杨德安，1957 年毕业于南京工学院本科，1962 年硕士毕业后留校任教。现为东南大学建筑设计院高级建筑师。

7　孙钟阳，1955 年毕业于南京工学院，去世前为东南大学建筑学院教授。父亲孙光远为中国著名数学家，南京大学数学系主任、理学院院长。中国近代数学奠基人之一，中国微分几何与数理逻辑研究的先行者、国内近代数学奠基人之一。

8　王文卿，1960 年毕业于南京工学院，去世前为东南大学建筑学院教授，国家一级注册建筑师。

9 龙希玉，（1917—2002），1940年毕业于中央大学建筑工程系。曾在南京兴华建筑师事务所任职，1949年后在南京大学、东南大学建筑系任教。见赖德霖主编，王浩娱、袁雪平、司春娟合编《近代哲匠录——中国近代重要建筑师、建筑事务所名录》，97页。

10 程丽，1956年毕业于南京工学院，东南大学建筑学院教师，建筑构造教学小组和房屋建筑学教学小组成员。

11 卫兆骥，1963年毕业于南京工学院，东南大学建筑学院教授。

12 贺镇东，1961年毕业于南京工学院，东南大学建筑学院教授，著名医院建筑专家。

13 鲍家声，1959年毕业于南京工学院建筑系。1981年公派赴美国麻省理工学院作访问学者，为期一年。1985—1992年任东南大学建筑系系主任，1993年创建东南大学开放建筑研究发展中心。现为南京大学建筑与城市规划学院教授。（详见 https://baike.baidu.com/item/%E9%B2%8D%E5%AE%B6%E5%A3%B0）

14 项秉仁，1966年毕业于南京工学院，1985年获博士学位，是中国第一位建筑学博士，同济大学教授。（详见 https://baike.baidu.com/item/%E9%A1%B9%E7%A7%89%E4%BB%81）

15 陈励先，1963年毕业于同济大学建筑系，东南大学建筑系教授，从事建筑教育20年。执教的同时，还在东南大学建筑设计研究院任职，著名医院建筑专家，上海励翔建筑设计公司的总建筑师。（详见 http://m.lixiang-arch.com/nd.jsp?mid=5&id=7）

16 陈湘，1962年南京工学院毕业后留校任教，后曾调任南京工业大学建筑系、三江学院教授、系主任。

17 朱坚，1976年毕业于南京工学院，现任东南大学建筑设计研究院副总建筑师。

18 刘福泰，（LAU, Fook-Tai, 1899—1952），广东宝安人，美国俄勒冈州立大学建筑系毕业。曾先后在中央大学建筑工程系、北洋大学建筑工程系（创办）、唐山工学院建筑工程系任教。见赖德霖主编，王浩娱、袁雪平、司春娟合编《近代哲匠录——中国近代重要建筑师、建筑事务所名录》，88页。

高亦兰教授谈清华大学早期建筑教育 [1]

受访者
简介

高亦兰

女，1932 年 3 月生，1952 年毕业于清华大学建筑系，毕业后留校任教，长期从事建筑设计的教学、设计实践和研究工作，为清华大学教授、博士生导师、校长教学顾问。1988 年至 1992 年任清华大学建筑学院建筑系系主任。中国建筑师学会建筑理论与创作委员会委员、全国高等学校建筑学专业教育评估委员会主任委员、国际女建筑师协会会员。曾参加或主持过多项重大设计项目如中国革命历史博物馆、清华大学中央主楼、毛主席纪念堂、燕翔饭店（1989 年获教委系统优秀设计二等奖）等。1993 年获全国优秀教师称号，其教学成果（合作）获 1993 年全国普通高等学校优秀教学成果奖国家级一等奖。

采访者： 钱锋（同济大学）
访谈时间： 2003 年 10 月 29 日
访谈地点： 北京市清华大学高亦兰教授家中
整理时间： 2018 年 1 月 28 日
审阅情况： 未经高亦兰教授审阅修改，2018 年 2 月 10 日定稿
访谈背景： 采访者为了撰写博士学位论文《现代建筑教育在中国（1920s ～ 1980s）》，采访了国内各高校建筑学专业的一些老师，以了解各校现代建筑教育发展的历史情况。在清华大学时访谈了高亦兰教授。

1959年，汪坦先生（中）与建筑学专业叶茂煦（左一）、
徐伯安（左二）、高亦兰（右二）、竺士敏（右一）

钱　锋　以下简称钱
高亦兰　以下简称高

钱 梁思成先生在 1946—1947 年应邀前往美国耶鲁大学和普林斯顿大学讲授中国艺术和建筑。访美期间他调研了美国一些高校建筑教育的情况，了解到不少学校都已实施了对于现代建筑的教育，回到清华大学后，他也在教学中进行了一系列改革，从"布扎"体系的教学方法转换为包豪斯式的现代建筑教育方法，强调"体形环境"的思想。您当时是学生，后来又成为教师，可否请您谈一谈有关教学的具体情况？

| 高 1946 年是清华大学建筑系的第一班，我是 1949 年建筑系第四班，王其明[2] 属于第二班，她比我早一些入校。梁先生 1946 年出国，1947 年回来，回来以后就陆续在教学中有些改革了。我们的上一班（1948 年那一班），有部分内容可能也改过，我们入学后，教学计划就完全不是布扎（Beaux-Arts）了。一个明显的例子就是以前学生都要学五种柱式，我们一点儿也不学。

刚开始时有一个像现在（被称为）"建筑初步"的课程，当然那时候不叫"建筑初步"，好像叫"建筑画"，学一些画图的基本内容，包括阴影、透视等。后来很重要的是学了一门课叫"抽象构图"。在我的印象中，第一次由莫宗江先生[3]给我们讲过一门课，叫"视觉与图案"，带点心理学的内容。当时的第一次作业是让我们拿六个圆点儿，贴在纸上，看谁摆得好。圆点是一样大小的，圆是没有方向性的，所以这个最简单。后来用了正方形，几何形带一点方向性，比圆复杂一点。再后来就用了一些特殊形体。我记得有个作业是让我们表现不同的"texture"（肌理），当时我们不知道"texture"怎么表现，这时一些老师，可能是受了西方的一些新思想的影响，对我们说："你们可以在垃圾堆里找艺术嘛。"后来我记得我捡了一块皮子，和铁丝网结合在一起，完成了这个作业。当时也不是很清楚，好像理论不太多，不过肯定是没有让我们学一点古典柱式。这一系列的作业最后还有一个立体形状的构图。当然这些和今天的构图练习比较起来，成熟度要差很多，但起码 1949 年时能这样，已经是很大的不同了。

钱 您当时美术课程的情况是怎样的？是不是还有木工方面的课程？

高 我们当时素描、水彩还是学的，一年级素描，二年级水彩。我们还学木工，跟包豪斯一样。我们有一个小平房，是一个车间，高庄先生 4 教我们。他是雕塑家。那位老先生的眼睛可厉害了，教我们用刨子刨木头，又是做毛巾架，又是做小凳子。助教是徐沛贞老师 5，她是美术老师，后来院系调整以后，调到别的地方去了。他们同时也是雕塑老师。雕塑课好像当时是选修课，我们也学过，用泥来塑。木工是一年级学的，当时也不是很明白，事后回过去一想，这其实就是现代主义的一套方法。但那时的理论不多，没有人给我们系统地讲理论，我唯一记得就是莫宗江先生讲的"视觉与图案"跟这个有点关系。具体讲课内容已经记不太清楚了，我记得讲一个抛物线之类的东西，视觉坠力现象，往前延长……当时也不是很明白，一年级的学习还好，还比较正常，后来抗美援朝，运动很多，学习不是很正规也不很稳定，经常是"上山下乡"作宣传，不像后来学生学习时间那么多，但整个体系是这样的。

钱 梁思成先生当时提出了"体形环境"的思想，对此您是怎么理解的？

高 "体形环境论"是梁先生的一个看法。过去我们，特别是没学过的人，头脑中的印象，建筑就是盖房子，是管一个"building"（房子）。但是梁先生从国外回来以后，他的眼光放得很广，他起个名字叫"体形环境"，就是"physical environment"，一切有形有体、实实在在的环境，建筑师都应该管，建筑学都应该管，所以这样"体形环境"一下就扩大到城市、建筑群、建筑物，在建筑内部，一直到装饰、到工艺美术。另外，建筑和建筑之间的这个"landscape"（景观），在他的心中也是有形有体的东西。

关于他的思想，你可以看那本纪念他八十五周年诞辰的文集。6 当时他还没有力量办出很多系，城市规划系、园林系等，都是不可能的。他做了几件事，一个是他想办城市规划，培养一些城市规划的学生。他在我们高班中分出一部分学生叫作"市政组"，这就是城市规划专业的雏形。但是清华后来一直没有成立城市规划专业，一直到现在，我们有城市规划系，还是没有本科生，只有研究生，而梁先生当时是想培养城市规划本科生的。市政组的学习可能是听一些城市规划的报告之类，与我们学的有些不一样。我们当时还是低年级，高年级中有人分出来。另外，他也想搞"landscape"。现在的林学院有着一些管园林、园艺方面的专业和系科，当时它还属于农业大学。梁先生和农大商量，他们有一个园艺系，根基是植物，我们的根基是工学，他让农大三、四年级的学生，到我们这儿来念，我和他们三年级的学生同过学。梁先生让他们来学点建筑，称他们为"造园组"。造园组个别学生还有留我们系当老师的，朱钧珍教授 7 就是从这个班留下来的，她毕业了出去工作过，后来又回来了。

另外梁先生想要小到室内设计、工艺美术都要做，他找来两名进修生，一个叫钱美华 8，一个叫孙君莲 9，她们来的时候，我还在念书。她们俩是研究工艺美术的，由林徽因先生指导，研究景泰蓝。九几年时有个学生得了工艺美术奖学金，我跟着去，碰到了钱美华，都几十年没见了，好像她做了工艺美术厂的老总，一直研究工艺美术。孙君莲后来我没怎么见过。林先生当时和她们就是想研究装饰这一类的东西。

梁先生想搭一个架子，有建筑、规划、造园，还有工艺美术。他脑子里有这样的想法，但这一切事情都发生在 1952 年以前。我是从 1949 年念到 1952 年，我记得好像李道增 10 是市政组的学生。农学院来的学生后来都调到林学院去了。我们 1952 年院系调整 11，就把北京大学的建筑工程系调来了。1952 年之后，开始全面学苏联，当时学苏联被认为是一个方向问题。

苏联那时候是斯大林时代，很崇尚古典，他们的建筑学和我们当时学的完全相反。六年制，功底很雄厚，我觉得那都等于硕士毕业了，整整念六年，非常之 Beaux-Arts。

我 1949 年入学，本该 1953 年毕业，但因为国家急需人才，要求全国工学院我们这届学生提前一年毕业。我们就跟 1948 年入学的学生同时毕业。他们是四年，我们是三年，毕业设计也没做。毕业后就分配到各个地方去了。当时我们学校很缺人，所以相当多的人留校，或者做助教，或者当研究生。

从 1952 年开始，招来了一批学生是六年制的。我和齐康[12]是同级的，他当时在南京大学[13]，可能他也有体会。新招来的学生"建筑初步"课程要学两整年，而且我们因为是中国人，又要学西方古典，又要学中国古典。而我们过去一点儿都没学，怎么办呢？只能是要教什么，我们先提前一段时间学，所以我们等于又念了一个六年制似的，那些六年制的学生就是我们这些人教出来的。我们相当于后来把、Beaux-Arts 的课程全都补了。而梁先生那一段探索就等于夭折了。

钱 梁思成先生在 1952 年之后学习苏联的国家形势之下，其思想是否有转变？具体情况是怎样的？

┃高 在那个学苏的浪潮里，梁先生当然也挺有兴趣的。我觉得他的思想实际上也转了。他以前对现代主义确实还是挺欣赏的。我觉得 1949 年后，人们对梁先生的了解也就是从 1954 年大屋顶开始，相当多的人不知道他对现代主义其实有一段时间很赞成。因为这个原因，我专门研究了他早期的建筑思想。后来我写在那本书[14]里了。有两篇相关的文章，一篇发表在第三次近代建筑会议的文集[15]里；还有一篇晚一些，从梁先生早期著作 20、30 和 40 年代的文章里，看他的思想脉络。他当时是赞成现代主义的，但他又与现代主义的大师不完全一样，他并不否定传统，因为他有东西方文化的基础。所以他不像柯布那样，追求"居住的机器"，好像一下子传统都不要了。他认为中国还应该有中国人的特点。但他并不赞成整天做大屋顶。

根据他的方案和曾经有过的一部分实践，例如 30 年代的方案，北大女生宿舍、地质馆等，我帮他总结（也不知道他同不同意）：大量建造的一般性房子可以采用包豪斯式的手法，如果房子更重要一些，像是公共建筑文化气息要多一些，可以加一些传统，如吉林大学的房子就是这样的。而最重要的，政府级的房子，他认为应该有大屋顶，例如天津规划中公共建筑的方案——市行政中心。当时同做这份规划的张锐[16]是张镈[17]的哥哥，土木方面的，因为项目中有很多地下管道之类的设施。这份资料是从图书馆里翻出来的，《天津特别市物质建设方案》，30 年代做的，当时他们 1927 年刚学完，拿了硕士学位。[18]那时他确实是赞成现代主义的，但是强调也要考虑传统。这个思想一直影响着清华，到今天还有影响。这和同济是不一样的，同济是比较"洋"的，我们好像老是对传统割舍不下，我也不赞成动不动什么都是大屋顶，当时他没有分析到什么情况下应该怎么样。

我个人认为，在 50 年代时，他所说的确实是宣传大屋顶，我觉得现在也没有必要说梁先生 50 年代时说的全对，我觉得对他最好的方法是非常客观、非常公正地来看他当时是怎么说的。因为在 50 年代，他强调过，所有的房子不论大小，都应该用中国的文法，而中国的文法就是《清式营造则例》《营造法式》这一套方法，这里是强调得有些过分。而且他的高层建筑也都是有大屋顶的。这时他的思想对他以前来说是有变化的。他看苏联的房子和环境到处都很美、很统一，他本人的底子就是研究中国历史建筑的，对传统很有感情，加上那个时候对美国批判得很厉害，当时他对党很热爱，因为党保护了文物建筑，所以他很相信领导，就跟着走了。他去苏联参观，觉得这样也挺好。他的说法及很多文章里宣传大屋顶的也就比较多，但他本人确实没有盖过大屋顶。现在研究他的思想也只能从他的理论、说的话里看出来。

我的书里有很多是他 40 年代的作品，他对近代史上一大堆扣大屋顶的房子并不赞成。他觉得那不是个好办法，他强调"中国精神"，文章中我都有索引，原文都在《梁思成全集》里。我觉得他 1927 年回国时，想要"探讨中国的新建筑",一般性的房子,先做得朴素一点,包豪斯那样;稍微重要一些的就加一点装饰在上面,向往着将来有更大、更重要的建筑,可以体现他更多的想法。但后来一解放,就把他的思路全打断了。

本来让我们学了好长时间现代建筑,后来院系调整,我们的教学就全改了。之后他系里的事情基本不怎么管了,整天在政协开会,当时日常工作都是吴良镛先生管的。那时全国都在学苏联,按照苏联专家的一套在做。后来因为宣传大屋顶太多,他又受到批判。后期他并没怎么做建筑,你只能从他各种言论里看出他是怎么想的。虽然他一直想探讨中国的新建筑,但是后来在特定的历史条件下,因为学了苏联,对传统一下子说得特别多,而他的地位又比较高,所以全国都在造这样的建筑,确实影响也很大,也确实有些责任。但是他后来,受到批判了以后又回过来想问题,他在《拙匠随笔》中写的这些,又看出来他的思想也不是说老要造大屋顶,他的想法又转回来了。所以总的来看,他想探索中国建筑,在中间走了一点点的弯路,可那个弯路影响很大,影响了一代人。他后来又对人民大会堂不满意,他觉得那是"西而古",是最不好的,"西而古""西而新""中而古""中而新"里,"中而新"最好,"西而古"最不好,要古也古得中国一点呀。他并不喜欢人大会堂,这点张镈的文章里好像有。就因为他在50年代强调文法之类的,后来就提出"翻译论",把外国的翻译成中国的,尖塔翻译成大屋顶等。在那个时期,他这些说得比较多。

而在我学习的1949—1952年那段时间,确实没有一点西方古典、中国古典,就学点建筑史。以至于后来我们当老师时都要来补这些古典。为了补古典,梁先生破天荒地来给我们年轻教师开课讲中国古建筑、中国建筑史。那时他已经不怎么来上课,也不太管系里的事了。所以我听他讲课,是在我当老师的时候。在我做学生的时候,建筑史课是由他的助教胡允敬[19]先生讲的。

钱 您当时学习的时候历史课程是怎样的?

| **高** 那时候的建筑史,包括我们上几班的,感觉好像历史课没有讲到过现代(建筑)。1949年时,离现代还很近,没人总结太多,建筑史主要讲古代的比较多。现代这段是五六十年代,慢慢地,一些从国外回来的,比如周卜颐先生[20]、汪坦先生[21]等,他们介绍了一些。后来慢慢分成研究古代的和研究现代的,比如吴焕加先生[22]就是研究现代的。学苏联以后,有一些新的学生,开始慢慢学一些西方现代建筑课程了。我当时学的时候都是古代。后来因为要教学,所以都是自己学习的,好多内容都是重学。

我们前面第一班学生学习的是古典样式,到我们的时候就全没有了。当时我看高班学生画的那个大构图作业,有个大框,上面是梁、柱……把中国的构件放在外面,里面是一个亭子,我们说画得真棒呀,不知道我们怎么样。后来不知道谁说的,我们不学了。再后来等到1952年,我们教学生了,又要从这儿开始,先是渲染,然后也是一个大构图,画檐口一类的构件。这个作业要一层一层地画,那时候我们把这个画叫作"相面",就是整天在这看,这儿需要加一点,那儿需要加一点,要花很多时间,无穷的层次,过一天看又不对了,再加。一张图得贴在那儿好久,一点一点地加。这倒是对人有熏陶作用,眼睛慢慢看,就体会出来,可是确实很花时间,那时(建筑)初步要教两年。

那时不是学俄文吗?我和陈志华先生[23]还合翻了一本苏联教材,叫《古典建筑形式》,1955年出版的。那本书里很科学地分析柱式,我们都会默(画)。默画那时是作为年轻教师的基本功要求的。这个影响一直很深。到后来陆续砍掉一些,但还都保留了一些。现在也许都没了,也许只是介绍介绍了。我们系这个大渲染作业好像拖到很晚都有。

钱 20世纪五六十年代清华大学建筑系建筑设计教学的整体情况是怎样的?

┃高 50年代刚开始宣传大屋顶那一段，就是很爱做大屋顶。典型例子就是工业建筑也有做大屋顶的。那时我主要教初步，这是我听说的。其实当时苏联专家也不是说都要做大屋顶，有些实用的建筑，他们也是挺赞成的。但当时的整个风气，全国都在学传统。有段时间，特别是1954年的时候学生作业传统的很多。后来批判大屋顶了，之后出现了一段儿"矮、小、窄、薄"，片面节约，主要受影响的是实践单位。当时兴贴大字报。建筑师有一段时间强调片面节约，屋子矮、厕所小……但后来发现有问题，这样顶不住的。这在教学里当然不太容易反映，只是说有一段时间思想有起伏，尤其是"大跃进"那一段，敢想敢干……1958年时，因为教育要结合生产，有一段时间强调施工。

到了1958年后半段，国庆工程开始了，当时清华六年制（学习苏联），别的学校都五年制。六年中前四年是基础课，课程挺多的。五年级叫作毕业前设计，六年级叫作毕业设计。那时苏联的毕业设计是一个学生设计一座房子，自己排楼板，整个儿自己全包了，图纸很多。这对于全面锻炼是很好的。但1958年一结合生产就不一样了，搞任务了。这与国外不一样，国外没有那么多任务。当时学生只是六年级的不够，就连五年级的一块儿上了。学生们分组，我是年轻教师，上面是王炜钰教授[24]，比我早一代，我们带了五年级的学生，还有人带了六年级的学生。我们带的那班学生有张锦秋[25]、郭黛姮[26]、肖林[27]……开头人很多，后来越分越少，可能是还有别的任务。我们设计历史博物馆，先是集体搞方案，然后轮班画图，那时没有讲个人怎样怎样，都是讲集体，所以画大渲染，我画完了、困了、睡了，下一拨上来用吹风机吹，吹完了接着再画。画完了又有一拨下来，老开夜车。所以对每个学生学习怎么样，考虑很少。开头是几个项目都上，后来经过调整，领导拍板说我们基本上是搞国家剧院了，当然后来也没盖。之后清华和设计院合作，我还去合作了一段，带了一拨学生，后来我回来了，还有别的任务，学生留在那里了。我在那里的时候，领导我们的是张开济先生[28]。

到60年代后，有个政策"调整、巩固、充实、提高"。教学上强调按人头落实，"填平补齐"，缺什么补什么，让每个学生都学得差不多，这在他们快毕业时已经有点抓（业务）了。这时，我开始看一些西方杂志，50年代初期不怎么看。我们的英文从1949年后就扔了，好多年。到那时，发现有些英文资料也（开始）能看了。因为那时候强调不能太贵，就觉得现代主义建筑不也挺好吗？那时历史老师已经有人在研究了，像吴焕加。我们设计老师开始看一些英文杂志时，主要以看图为主，没有深入研究，设计中也会用一些。这时候设计初步（课）也稍压缩一些了。设计开始从小到大，做旅馆、小住宅一类的。其实从50年代到60年代也基本就是这些题目来回做，可是常常碰到运动。1957、1958年时就批判过之前一些设计"太资产阶级"，因为在1954、1955年时，总有小住宅这种设计，小住宅总不可能只是50平方米吧，总是一家人，有好几间房间，有时是100平方米，有一次是500平方米，后来批判这种设计太资产阶级了。那时，老百姓住得非常紧，我们教师一家也就是住筒子楼一间屋子，一家几口都睡在里面。如果家里来了老人或保姆，几家的保姆合住一间屋子。所以这种（小住宅设计）就常常挨批判，常常有这种反复。60年代时，也有些反复和争论，但总的来说那个时候英文杂志看得多一些了，设计的房子也实用一点，偏现代一点，这从学生作业里可以看得出。

后来六几年时，文艺界开始整风，建筑界也挨上一点关系，接着就是设计"革命"了。设计"革命"也许对教学影响没那么直接，但对设计生产影响很直接。因为那时候我就在搞设计，中央主楼那时候真不得了，运动很多，后来我写过一篇文章叫作"三十年后的回忆"[29]。因为那个房子是在1966年竣工的。那是在加建以前，现在这座建筑已经加高了。那时，灯具都是跑到仓库里找，稍微改造改造就用上的。还有人找些初中生来，自己做，因为灯具太贵了，那个时候影响是挺大的，后来教学就基本停止了。

60 年代这一段，没有 50 年代那么古典了，比较实用一点，我觉得是学了一点现代主义的东西。但有时候又会在特定的意识形态下说一说，什么都是大玻璃、太追求西方了之类。会有一些这样的批评，不是很稳定的状态。所以改革开放以后，有人提议我们要补现代主义的课，这个意见是很有道理的，好像没有认认真真好好探讨过，一直没有给过大家自由的环境。

到现在，我觉得我们系里的主导思想好像还是很受梁先生的影响，就是对古典的东西不是全盘否定，但是也觉得不能完全复古。这个思想还是比较重的。但什么情况下应该传统多一点，我认为应该根据每一个任务的需求，比如它的地段、功能特点、特殊条件来定，在一些特定环境下，做一些大屋顶我觉得也没什么关系。比如北京大学图书馆，关（肇邺）先生 30 做的。北大那儿盖了一堆大屋顶，再盖一个，也可以是吧。那再远一点，北大旁边那些不太重要的房子，不一定个个都要盖大屋顶吧。北京市也是这样，我觉得越远一些，关系越不大，要看周围环境，还要看建筑本身的重要性。

有一个插曲，在北京"国庆十大工程"的时候，当时谁也不敢设计大屋顶，因为刚批判过。后来设计到美术馆的时候，美术馆要体现中国的文化，大家想了半天觉得不好办，觉得好像还是大屋顶最能体现。后来听说（因为我开始时不在那个组）有人请示周总理，说我们觉得要体现中国文化，美术馆这个特定的房子好像还是应该用大屋顶表现。总理说，如果需要，你们就用吧。所以后来美术馆就做了一个大屋顶，是戴念慈 31 设计的。好像后来跟着这个思想，把那个北京站（因为是北京的大门）也给改了。反正那个时候说到大屋顶，还是心有余悸的。哪像现在，现在北京是被市领导一说，弄了好多大屋顶，其实没有必要，也挺别扭的。

钱 是不是在 1978 年以后就有一个比较自由的环境了？

丨高 这个自由是有一个过程的，慢慢地过渡过来的。

钱 我看好像 1978 年时已经开始有构成作业了。

丨高 对，是这样的。那时候是从工艺美术学院学来的一套做法。那时初步里既有构成，也有渲染，并存了一段时间。后来每年讨论，就是要这儿精简一点，那儿增加一点。当时我觉得他们从工艺美院学来的那些东西，比我们当时有理论多了，有很多说法，什么格式塔心理学之类的。从前我们没有讲太多理论。

梁先生还有一个习惯，也许是当时欧美通常的做法，喜欢请外面人来做讲座。陈占祥 32，包括工程技术的人，还有美术史家王逊 33 都来讲过。那时我们也似懂非懂地跟着听。当时只要有讲座，高年级低年级都一块儿听，听了一些好像挺奥妙的东西，也不太消化，但现代的东西可能接触了一些，但不是很系统。我们那时候学习，时间上不是保证得很好，抗美援朝运动呀，一会儿这个运动，一会儿那个运动，起码北京是这样，也许其他地方好一点。你可以将来再访问访问齐康他们，他跟我同一届的，可能他们还学了一点儿古典柱式，我们那时一点都没学，要教学生，真心虚。吴良镛先生说，你们都得练。那时候要上班，早晨七点半就起，画呀画，一整天地画。

钱 梁先生当时分了四个组，大概规模有多大？

丨高 规模不大。那时我们四个班（四六、四七、四八、四九级）加在一起，就五十多个人。整个系就五十多人，一个市政组可能就是几个人，造园组从外面来了大概八九个人吧，工艺美术就两个人。朱自煊 34（造园组）毕业后，后来当助教，辅导过造园组。农大来了四个女同学，几个男同学，八九个人左右，那就算是来了生力军,一大拨人了。当时目标就是让他们学点建筑。他们原来学植物,所以对于什么地方种什么样的花很在行。我们现在缺这个,搞"landscape"一到树种就说不出来了。

钱 当时这四个组中有没有学生毕业出来?

| 高 有,周干峙 [35] 好像就是市政组毕业的。他后来是建设部副部长,现在是两院院士。但毕业文凭上写没写市政组我不知道。好像陶宗震 [36] 也是市政组的。农大来的肯定是造园组的。农大那些后来也毕业了,现在都退休了。其中朱钧珍教授毕业后,留在我们这儿工作,后来调到别的地方去了,改革开放以后又调到我们这儿工作。她之后定居香港,也在台湾、大陆几个地方跑。有时也住在清华。

钱 他们各自到了什么单位?

| 高 造园组的可能到了园林局。我知道园林局还有他们的人。他们专业调整以后,就去了林学院,林学院很多人毕业出来去了园林局。以至于有人认为,园林这个行业现在已经由他们把持,我们建筑的人都进不去了。我说慢慢来嘛,总得有个渗透过程是吧。比如植物园,好多规划设计都是林学院毕业的人做的。我不知道你们上海是不是这样,因为你们"landscape"比较早。我们最近成立"landscape"系了,聘了一个(来自)外国的系主任,好像是美籍华人。虽然梁先生说得很早,我们真正成立这些系都很晚。我们老守着这个建筑,总觉得建筑是基础。一方面是基础,另一方面城市规划也会有一些特别的课。我们过去,因为别的系都没怎么建立起来,所以其他系只招研究生。因为本科生人数较多,要招本科生还得设很多课。现在看来,只有建筑还是不够的。"Landscape"也成立得比较晚,别的学校成立了,我们才刚刚成立,最后才找到系主任。我们原来规划方面好像是个研究所,规划系是1988年成立建筑学院时成立的。建筑和规划当时都是系,但规划系不招本科生,只招研究生。吴良镛先生,还有一些教授在那儿,硕士、博士生都可以招。硕士生的来源一部分是我们自己的学生,也有外校考来的,外校来的有规划本科、也有建筑本科考来的。建筑考来的,到这儿做研究生要多听些课。

以前不叫系,叫城市规划教研组(没有成立学院时)。学生那边不叫专业,有一段学苏联的时期,叫作专门化,直到"文革"以前,民用建筑专门化,城市规划专门化,"文革"当中就不知道叫什么,可能是工农学院吧。在"文革"前,刚开始有民用建筑专门化、工业建筑专门化和城市规划专门化三个。毕业设计也分几个专门化,三大组学生,主要在毕业设计时分。工业专门化是因为1949年后要建立工业城市,所以对工业建筑很重视。到了后来,特别是改革开放以后,发现工业建筑和民用建筑其实基本功是一样的,只是要多了解一些它的工艺。但后来工艺也越来越像民用了,因为有多层建筑了,大厂房吊车之类越来越少,慢慢就不太强调了,设计里也不再做工业了,只是有时做一些技术复杂一些的实验楼之类。改革开放以后,慢慢就没有做工业建筑了。

钱 汪坦先生是什么时候回来的?

| 高 他好像1949年前就回国了,但是五几年才到我们系的,大概五六年左右。一个认识他的人动员他去解放区,说那里急需知识分子,他就抱着热情去了东北先解放的地方,从上海去了大连,他和(夫人)马(思琚)先生两个大知识分子去了。那里还没有建筑系,到现在大连理工学院还记着他,他在那儿教过水利系,当时土木、水利很容易混起来。他在那儿讲一门课,介绍建筑是怎么一回事,算外围课吧。把建筑的历史情况都介绍一遍,同时参与设计校园里的房子。马先生是学音乐的,也没有合适的音乐学院给她,她就满怀热情下工厂,给音乐爱好者教乐器。这样后来政治地位挺高的,好像是政协委员,人

家挺尊重她的。后来人家也觉得好像挺委屈汪先生，大概 1956 年左右，把他调到我们系里来了。当时梁先生是系主任，他和吴先生同是副系主任。实际上教学一直是吴先生管的。汪先生来了不久，1958 年教学结合实践，他就当了设计院院长。

他去赖特事务所大概是四几年，和梁先生没关系，不是梁先生让他去的，是他自己去的。吴（良镛）先生去匡溪是梁先生让他去的。

我们第一班的学生有张德沛[37]、杨秋华[38]……杨秋华的丈夫是我们的老师——梁先生的助教胡允敬先生，教我们建筑史。

50 年代，清华校庆我们有过一个展览，是在水利馆二楼一个大统间里。主题是贯彻"体形环境"论思想，反映建筑是什么。外系的学生有时候不太看得懂，意思大体上就是说这也是建筑，那也是建筑。"体形环境"不是只管一栋房子，是体形环境都要管，反映梁先生的建筑观。吴先生后来有个广义建筑学，可能比梁先生那个发展得更多了。梁先生只是讲，各物质环境从尺度上来讲，从大到小都是；吴先生那个讲得更广泛，历史、文化、科技等很多方面都包括。梁先生的意思是这么多内容，建筑师都应该关心。

钱 当时有没有档案、照片，对教学有一个记录？

｜高 当时我们都没有相机。学校里不知道有没有档案。四个班做过一本纪念册[39]，会有很多回忆的东西在里面。老师、学生每人一小段，回忆当时的情况。

1　本文由国家自然科学基金资助（项目批准号：51778425）。

2　王其明，北京建筑工程学院教授、北京大学文博学院教授。1947—1951 年就读于清华大学建筑系；1956 年成为梁思成先生的"建筑理论及历史"副博士研究生，由于历史原因研究生没有读完，分配到建工部建研院建筑理论及历史研究室工作。后来下放到河南、陕西等地，一直到 1979 年回到北京建工学院任教。王其明一直潜心民居研究，特别是对北京四合院的研究卓有成效，著有《北京四合院》一书，并担任《中国大百科全书》中《城市·建筑·园林卷》的编写组主编。她曾与茹竞华一起写作文章《从建筑系说起——看梁思成先生的建筑观及教学思想》，发表于《梁思成先生百岁诞辰纪念文集》，由清华大学出版社在 2001 年出版。文中介绍了梁思成先生早年在清华大学的现代建筑教育实践。

3　莫宗江（1916—1999），广东新会人，中国美术家协会会员，中国建筑学会建筑史分会副主任，著名建筑历史学家，营造学社成员，建筑史学家，国徽的主要设计者之一，协助林徽因让景泰蓝工艺重获新生，是梁思成先生的主要助手，清华大学建筑工程系教授。

4　高庄（1905—1986），原名沈士庄，上海宝山人。1927 年毕业于上海中华艺术大学，曾在上海联华影片公司画广告，又在江西陶业管理局研究陶瓷艺术。抗战期间，参加过全国木刻界抗敌协会，创作木刻《鲁迅像》等，参加木刻协会举办的展览，还在广西艺术师资训练班教素描、工艺美术。1945 年以后，在北平艺术学校陶瓷系设计，后赴解放区任联大鲁艺美术系主任。中华人民共和国成立后，先后任清华大学副教授和中央工艺美术学院教授，是中国美术家协会会员，曾参与中华人民共和国国徽的设计。

5　徐沛贞（1916—？），别名徐贞，北京人，擅长雕塑，1940 年毕业于国立北平艺术专科学校，曾任清华大学建筑系讲师，作品有《民兵埋地雷》《江西儿童团》《汉代王充半身像》等。

6　即中国建筑学会、北京土木建筑学会、清华大学建筑系联合编印的《梁思成先生诞辰八十五周年纪念文集》，由清华人学出版社于 1986 年 10 月出版。

7　朱钧珍，1952 年毕业于清华大学和中国农业大学联合创办的园林专业，是 1949 年后第一代园林绿化专业的大学生，毕业后留在清华大学任教。其后在原建工部的多处建筑科学研究院所工作。1979 年，调回清华大学建筑学院城市规划专业教授园林课程，直至退休移居香港。尔后一直在香港和北京两地工作和生活，著书不断。在港期间，曾经担任香港大学兼职教授，出版《香港园林》和《香港寺观园林景观》。其中《香港园林》一书是我国首部研究香港园林的专著，被香港多家报刊誉为作出了"拓荒性贡献"。1981 年，出版《杭州园林植物配置》一书，2005 年 7 月在原书的基础上出版《中国园林植物景观艺术》；2012 年出版《中国近代园林史》。

8　钱美华（1927—2010），中国工艺美术大师、北京特级工艺美术大师、高级工艺美术师；北京市珐琅厂第一任总工艺师、科技研究中心主持人；第一批国家级非物质文化遗产景泰蓝制作技艺传承人。2008 年荣获中国工艺美术终身成就奖，2009 年被文化部中外文化交流中心和中国名家收藏专业委员会评为影响中国收藏界十大人物。她于 1951 年中央工艺美院华东分院毕业，后到清华大学继续深造，师从梁思成、林徽因，主研工艺美术。学习期间跟随导师林徽因参与抢救正处于濒危的景泰蓝工作，是新中国知识分子从事景泰蓝专业设计的第一人。曾受国务院委托，设计亚太和平会议景泰蓝礼品，被郭沫若称为"新中国第一份国礼"。由其参与设计的人民大会堂北京厅室内装饰受到周恩来总理的高度赞誉，评价她为"新中国景泰蓝第一人"。

9　孙君莲，1951 年由中央工艺美院毕业进入清华大学深造，师从梁思成、林徽因，主研工艺美术。之后任职于北京特艺进出口公司，后经宋庆龄介绍调职中国国际贸易促进委员会并嫁与宋挚友邓文钊之子邓广殷，晚年居香港。

10　李道增，1930 年出生于上海，籍贯安徽省合肥市，清末重臣李鸿章后裔。1952 毕业于清华大学，为建筑设计方法与理论专家，任清华大学建筑学院教授、博士生导师，曾任北京市首都规划委员会建筑艺术委员会副主任，1999 年当选中国工程院院士。

11　指 1952 年全国高等院系大调整，当时北京大学建筑工程系合并进入清华大学建筑系。

12　齐康，1931 年出生，1949 年 7 月毕业于南京金陵中学，1952 年毕业于南京大学建筑系，院系调整后历任南京工学院（后改名东南大学）讲师、副教授、教授、副院长，东南大学建筑研究所所长、教授，法国建筑科学院外籍院士，大连理工大学建筑系名誉系主任，1993 年入选中国科学院院士，1995 年起担任中国国务院学位委员会委员，1997 年入选法国建筑科学院外籍院士，2001 年获首届中国建筑界"梁思成建筑奖"。

13　南京大学，前身为中央大学，后部分改为南京工学院、东南大学。

14　参见：高亦兰，《梁思成学术思想研究论文集（1946~1996）》，北京，中国建筑工业出版社，1996 年。

15　高亦兰，"梁思成早期建筑思想初探"，见汪坦主编《第三次中国近代建筑史研究讨论会论文集》，北京：中国建筑工业出版社，1991 年。

16　张锐（1906—1999），1926 年清华大学毕业，密歇根大学市政学士，哥伦比亚大学研究生院研究生，施拉鸠斯（Syracuse，今译锡拉丘兹）大学行政院研究生，哈佛大学市政硕士，纽约全美市政研究院毕业技师，曾任全美名誉政治学会会员，密歇根大学名誉奖证，哈佛大学市政交通问题名誉研究员，纽约市政府总务、工务、公安、卫生、财务各局实习技师，东北大学市政专任教授，清华大学、南开大学市政讲师，天津特别市政府秘书，第四科（秘书科）科长、帮办秘书长、参事，设计委员会专门委员，市政传习所训练主任，南开大学市政讲师，1930 年与梁思成合作制订《天津特别市物质建设方案》。1931—1939 年任内政部参事、行政院简任参事。1949 年后参加"革大"学习，并留任上海市政府参事。

17　张镈（1911—1999），山东无棣人，1930 年进入东北大学工学院建筑系，"九一八"事变后转学于南京中央大学，1934 年毕业获建筑学学士学位。1948 年任广州穗平主任建筑师，1951 年起在北京市建筑设计院工作，任总工程师兼学术委员会副主任委员，是第三、四届政协常委，第四届全国人大代表，中国建筑学会第三、四届常务理事，北京土木建筑学会理事长兼学术委员会主任委员。主持设计的工程有：友谊医院主楼、新侨饭店、友谊宾馆、自然博物馆、文化部新楼等。曾是国际俱乐部、友谊商店等建筑设计顾问，积极参与了北京市的城建规划工作。

18　同 15。

19　胡允敬（1921—2008），天津人。1944 年 2 月毕业于中央大学建筑工程系。1947 年起任清华大学建筑系教师、教授，曾参加中华人民共和国国徽设计。生平介绍详见金建陵，"参与中华人民共和国国徽设计的胡允敬"，《档案与建设》，2009 年第 9 期。

20　周卜颐（1914—2003），1936 年入中央大学建筑工程系，1940 年毕业，1948 年获美国伊利诺伊大学美术学院建筑系硕士学位，1949 年获美国哥伦比亚大学建筑学院硕士，1950—1952 年任北京大学工学院兼职教授，1951—1986

年任清华大学建筑系教授；1952 年以来任北京大学、清华大学、燕京大学三校建设委员会设计处处长，中国建筑学会理事；1981—2002 年任《建筑学报》编辑委员会副主任、顾问，《新建筑》主编；1982—1984 年创建华中理工大学建筑系并任首届系主任，1986 年任武汉大学建筑系名誉系主任。著有《近代科学在建筑上的应用》《从北京几座新建筑的分析谈我国的建筑创作》《当代世界建筑思潮》《七十年代欧美几座著名建筑评价》等文章。

21 汪坦（1916—2001），1941 年毕业于重庆中央大学建筑工程系，曾任华盖、兴业建筑师事务所建筑师。1948 年赴美国赖特建筑师事务所留学。1949 年回国后，历任大连工学院（1988 年更名大连理工大学）副教授、教授，清华大学教授、建筑系副主任、土木建筑设计研究院院长，中国建筑学会第五届常务理事，《世界建筑》杂志社社长。长期从事建筑教学和研究，专于建筑设计及建筑理论，80 年代致力于中国近代建筑历史和当代国际建筑思想的研究。撰有论文《战后日本建筑》《现代建筑设计方法论》《现代西方建筑理论动向》等。曾主编《建筑理论译文丛书》。1992—1997 年主编《中国近代建筑总览》，该丛书 1998 获建设部科技进步二等奖。

22 吴焕加，1929 年出生，安徽歙县人，1953 年毕业于清华大学建筑系并留校任教，原从事城市规划教学，1960 年后转入建筑历史与理论方向。80 年代曾在美国、加拿大、意大利、西德等十余所大学研修、讲学和演讲，主教外国近现代建筑史；中国建筑学会建筑师学会理论与创作委员会委员；著有《近代建筑科学史话》《外国近现代建筑史》（合著）《雅马萨奇》《20 世纪西方建筑史》《西方现代建筑的故事》《外国现代建筑二十讲》等。

23 陈志华，1929 年出生，浙江宁波人，祖籍河北省东光县。1947 年入清华大学社会学系，1949 年转建系，1952 年毕业于建筑系。当年留校任教，直至 1994 年退休。自 1989 年起与楼庆西、李秋香组创"乡土建筑研究组"，对我国乡土建筑进行研究，对乡土建筑遗产进行保护。讲授过外国古代建筑史、苏维埃建筑史、建筑设计初步、外国造园艺术、文物建筑保护等课程。专著有《外国古代建筑史》《外国造园艺术》《北窗杂记》《意大利古建筑散记》《外国古建筑二十讲》等。

24 王炜钰，1924 年出生，1945 年毕业于北京大学工学院建筑系建筑学专业，获学士学位。毕业后留校任教，1952 年随北京大学工学院合并至清华大学，为清华大学建筑学院教授。任教 50 余年，多次获先进工作者、三八红旗手等光荣称号。1964 年当选第三届全国人民代表大会代表，随后连选连任四、五届全国人大代表。1989—1997 年两次获国家自然基金批准研究项目"亚洲建筑比较研究"和"东亚建理论与实践"，完成《亚洲建筑比较研究》等重要科研论文数十篇，译著有《图解室内装饰设计方法》等。主要工程有：中国革命历史博物馆工程方案竞赛（方案中选实施），毛主席纪念堂工程（方案中选实施），北京钓鱼台国宾馆方案竞赛（获二等奖），重庆文化艺术中心方案竞赛（获一等奖），人民大会堂香港厅、澳门厅室内设计等。

25 张锦秋，1936 年出生，四川成都人，祖籍四川荣县，教授级高级建筑师。1954—1960 年于清华大学建筑系本科学习，1962—1964 年就读清华大学建筑系建筑历史和理论研究生，师从梁思成、莫宗江教授。1966 年起在中国建筑西北设计研究院从事建筑设计。期间，主持设计多项有影响的工程项目。1991 年获得首批"中国工程建设设计大师"称号，1994 年当选中国工程院首批院士，2000 年荣获"梁思成建筑奖"，2010 年获何梁何利基金科技最高奖项——"科学与技术成就奖"。

26 郭黛姮，1936 年出生，1960 年毕业于清华大学建筑系，1962 年起担任梁思成助手，参与研究《营造法式》和中国建筑史。现为清华大学建筑学院教授、博士生导师，兼任中国建筑史学会常务理事、学术委员；中国紫禁城学会理事，"雷峰塔"改建总设计师，著名古建筑专家。代表著作有《中国古代建筑史（宋、辽、金、西夏建筑）》（2003 年）、《东来第一山——保国寺》（2003 年）、《乾隆御品圆明园》（2007 年）。

27 肖林，生年不详，1949 年前曾到过解放区参加革命工作，后进入清华大学建筑系学习，毕业后进入西南建筑设计研究院工作。（据高亦兰回忆）

28 张开济（1912—2006），生于上海，原籍杭州，1935 年毕业于南京中央大学建筑系，中华人民共和国成立前曾在上海、南京、成都、重庆等地建筑事务所任建筑师。之后，历任北京市建筑设计院总工程师、总建筑师、中国建筑学会第五届副理事长、第六届常务理事，曾任北京市政府建筑顾问、中国建筑学会副理事长。他曾设计天安门观礼台、革命博物馆、历史博物馆、钓鱼台国宾馆、北京天文馆、三里河"四部一会"建筑群、中华全国总工会和济南南郊宾馆群等工程，1990 年被建设部授予"建筑大师"称号，获中国首届"梁思成建筑奖"。

29 高亦兰，"30 年后的回顾"，《建筑师》，第 67 期，1995 年 12 月，17—20 页。

30 关肇邺，1929 年出生，北京人。1952 年毕业于清华大学获工学士学位，清华大学建筑学院教授。早年受梁思成教授的指导和影响，在现代建筑和中西古典建筑的历史和理论方面有深厚基础，后期在探索具有时代特征、民族和地方特色的新建筑方面取得高水平成果，许多作品获得国内外重大奖励，其中清华大学图书馆获国家优秀工程设计金奖，北京地铁东四十条站当选为北京80年代十大建筑之一，埃及亚历山大图书馆国际设计竞赛获国际建协授予特别奖等。1995年当选中国工程院院士，2000年获首届"梁思成建筑奖"及"全国工程设计大师"称号，2005年当选世界华人建筑师协会荣誉理事。

31 戴念慈（1920—1991），出生于江苏省无锡市，1938年秋考入中央大学建筑系，1942年毕业，获工学士学位后留该系任助教，1944年至1948年在重庆、上海兴业建筑师事务所任建筑师。历任中央建筑工程设计院主任工程师和总建筑师、国家城乡建设环境保护部副部长、中国建筑学会理事长等职，第四至六届全国人大代表。获"建筑设计大师"称号，1991年当选中国科学院院士（学部委员）。

32 陈占祥（1916—2001），高级工程师，祖籍浙江奉化，生于上海。1943年毕业于英国利物浦大学建筑学院建筑系，1944年获该校都市计划硕士学位。1945年至1947年任第一届世界民主青年大会副主席。曾任上海市建设局都市计划委员、总图组组长。1949年后，历任北京市都市计划委员会企划处处长，北京市建筑设计院副总建筑师，中国城市规划设计研究院总工程师、高级工程师，北京大学名誉教授，中国建筑学会第五届常务理事。1950年与梁思成合写《关于中央人民政府行政中心区位置的建议》一文。撰有《中国建筑理论》《古代中国城市规划》等论文。

33 王逊（1916—1969），山东莱阳人，美术史家。1933年入清华大学研究院学习，1938年毕业于清华大学哲学系，1939年在昆明清华大学研究院攻读中国哲学研究生。曾任云南大学文史系讲师、西南联合大学哲学系讲师，敦煌艺术研究所设计委员，南开大学哲学系副教授、系主任，兼《美术》杂志执行编委、清华大学教授。1949年后，任中央美术学院教授。著有《中国美术史》《永乐宫三清殿壁画题材试探》《玉在中国文化上的价值》等。他撰写的《中国美术史》是中国美术史上重要的学术专著，也是中国现代高等美术史教育的重要文献。

34 朱自煊，1926年出生于安徽省徽州地区休宁县，1946年入清华大学建筑系，为第一班学生，1951年毕业后留校任教，长期从事城市规划和城市设计方面的教学、理论研究和实践工作。

35 周干峙（1930—2014），1947年9月起，在清华大学建筑系学习，1952年1月参加工作，清华大学教授、博士生导师。长期从事城市规划设计和政策制定工作。任中国科学院院士，中国工程院院士，原建设部副部长、党组成员，政协第八届全国委员会副秘书长、第九届全国委员会教科文卫体委员会副主任。

36 陶宗震，1928年出生，江苏武进（今常州）人。1949年夏，在中直修办处参加工作后，入清华大学建筑系继续学习建筑及城市规划双学科，1952年毕业，为国家建设部教授级高级建筑师、中国建筑工业出版社编审。在我国城市规划、建筑历史理论研究、文物古迹保护利用、环境保护等方面做了大量开创、开拓工作，并多次获得国家及部级奖励。

37 张德沛（1925—2015），生于江苏徐州，在重庆考入"飞虎队"做口译员，日本投降后进入西南联大先修班，后进入刚刚成立的清华大学建筑系，成为梁林两位先生的第一批清华弟子；毕业后进入中央直属工程公司，后并入北京市建筑设计研究院，先后设计了友谊宾馆、首都体育馆、三里屯使馆区建筑等首都重要工程，为新中国首都建设的开创者之一。

38 杨秋华，胡允敬妻，清华大学建筑系第一届学生，1952年毕业后留校任教。

39 张德沛、杜尔昕等编录的《清华大学建筑系第一、二、三、四届毕业班纪念集》，由清华大学建筑系出版。

建筑实践

谭垣前辈谈留学和工作经历

受访者
简介

谭垣（1903-1996）

Harry Tam Whynne，男，1903 年 7 月 21 日—1996 年 4 月 9 日，祖籍广东香山，生于上海。1924—1930 年留学美国宾夕法尼亚大学建筑系，获硕士学位。曾在美国建筑师事务所任绘图员两年，1930—1931 年任上海范文照建筑师事务所建筑师，1931 年 1 月经李锦沛、赵深介绍加入中国建筑师学会，1933 年任南京国立中央大学建筑工程系教授，1933 年合办刘福泰谭垣建筑师都市计划师事务所，1934 年与黄耀伟合办上海恒耀地产建筑公司和谭垣黄耀伟建筑师事务所。抗战时随中央大学到重庆，1939 年后兼重庆大学建筑工程系教授，开办（重庆）中大建筑事务所，中国建筑师学会重庆分会会员，1944—1946 年任重庆内政部营建司简任技正，1944 年 9 月加入中国营造学社，自办谭垣建筑师事务所；1946 年回上海，任私立之江大学建筑工程系教授并兼顾谭垣建筑师事务所，1951 年 1 月合办中国联营顾问建筑师事务所，1952 年 9 月起任同济大学建筑系教授直至去世。作品有西爱咸斯路（今永嘉路）与国富门路（今安亭路）交叉口附近的谢宝耀三层楼市房（1933）、佑尼干路（今仙霞路）37 号丁雄华二层住宅 2 宅（1948）。曾主持设计上海人民英雄纪念碑、扬州烈士纪念碑（1950 年代，设计竞赛一等奖）、聂耳纪念园（1983，设计竞赛一等奖）。论文及著作有《评上海鲁迅纪念墓和陈列馆的设计》《对广州公社烈士陵园总体设计的一些意见》（与朱亚新合著）、《宝山烈士墓》《聂耳纪念园方案的构思与设计》（与张行健合著）、《纪念性建筑》（与吕雅典、朱谋隆编著）等。

采访者： 赖德霖

访谈时间： 1991 年 10 月 6 日

访谈地点： 上海武康路 12 号谭宅

整理时间： 笔者在博士论文中引用了少许此次访谈材料，但当时没有及时整理访谈笔记。毕业后又因多
次搬家，笔记本随书籍装箱，直至 2017 年秋方得空翻检。2018 年 2 月将笔记整理成文。
过程中发现有个别信息记录不详，谭老个别之处的记忆也有误，但都无法重新核对，十分遗憾。

审阅情况： 未经谭垣先生审阅

访谈背景： 1988 年 9 月至 1992 年 7 月笔者在清华大学建筑学院汪坦教授门下攻读博士学位，因先生
正承担国家自然科学基金项目"中国近代建筑史"，故亦以此题为研究方向。1991 年 10 月
到上海查找研究资料。通过汪坦先生介绍和罗小未教授帮助联系拜见了谭垣前辈并聆听了他
对自己早年求学和工作经历的介绍，同时请教了有关其他一些前辈的史事。

谭垣先生像

我 1924 年入 Penn（按：即宾夕法尼亚大学 University of Pennsylvania）。我的老师是 Sternfeld（哈里·施特恩费尔德）[1]，他是到美国的德国犹太人。他得过巴黎大奖，去过巴黎美院，快 90 岁时去世。中国很多留学生去 Penn，因为美国只有它的建筑系在 School of Fine Arts（美术学院）中，包括建筑、美术和音乐，属于美术，而其他学校的建筑设计都属于工学院，是 Architectural Engineering（AE，建筑工程），还有土木工程。所以到其他学校的人不多。上海的大部分中国建筑师是 Penn 毕业的，受老前辈的影响，当时认为建筑是 fine art（艺术）。

我 1933 年到中央大学，当时的系主任是刘福泰[2]，他毕业于 Oregon（按：即俄勒冈州立大学，Oregon State University）。我用 Penn 的方法，有渲染和素描。当时美国的许多学校都采用 Penn 的方法，因为都受法国 Beaux-Arts（布扎，学院派），就是 School of Fine Arts 的影响，全美都用 *Beaux Arts Bulletin* 杂志（按：当为《艺术学院通报》，*The Bulletin of the Beaux-Arts Institute of Design*），高年级的题目（三、四年级）都是这本杂志出的。各校按时间交图，从方案草图得出最后作业，到 Beaux-Arts 评，很多美国教授参加评，评出 First Medal（一等奖），Second Medal（二等奖）以及优秀奖。优秀奖比较多。采取这种办法说明整个系统都在模仿法国。

我在美国实习时还没有毕业。30 年代已经有现代主义。宾大不是从 Classic（古典）发展到 Modern（现代主义），而是发展为 Modern Classic（现代古典）。别的学校过渡到 Modern 后宾大还是这样。《中国建筑》中张开济[3]的作业"天文台"就是 Modern Classic。

上海当时掌权的是外国人。外滩中国银行是 Palmer & Turner（公和洋行）设计的，不是陆谦受，他是顾问。上海的法国建筑师比较新，英国人盖得比较保守，还是 Classic，英国人一向保守。现在建筑的发展突出工程，但过去是从 Five Orders（按：五种柱式）开始，所以是建筑美术，而不是建筑工程。当时欧洲也只有一所学校教建筑艺术，其他都是建筑工程，所以我在大学里教书也用同样方法。

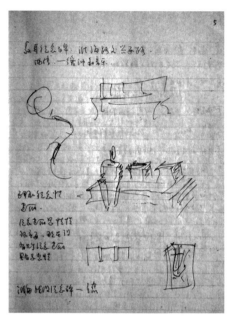

1991 年 10 月 6 日谭垣先生在赖德霖
采访笔记本上勾画的聂耳纪念碑草图

范文照[4]比我大十几岁。1924 年我读书时他已经开业。他最红的时候是在 20 年代,在我回国前。他 1930 年设计了西藏路南京戏院,是意大利 Renaissance（文艺复兴）风格的,当时我还没有回国。抗战时期建成的美琪戏院是 Modern Classic 风格的。那时我在重庆。他最大的作品是南京外交部（按：疑谭老此处记忆有误,南京外交部为华盖建筑事务所作品,谭老或指南京励志社）,赵深[5]曾帮过他,赵深离开后我接着干。他 1949 年后去了香港,听说也有几个大工程。

我和朋友黄耀伟[6]开办了恒耀地产公司,搞建筑和地产。一般的地产公司不全有建筑师。在上海租界内开事务所不用交税,一个人也可以开。但工部局审图,要交手续费,主要看结构。我们的作品有法租界的白俄公寓,两层半高,下面是商店,二楼住人,假三层楼给小孩住。审图时受到干涉,说这个区都是法国式,不能搞别的样式,所以三层做成假坡屋顶,就是比较陡的 Mansard Roof（孟萨式屋顶）。我们也在南京做了一些住宅。南京地皮便宜,但不久郊区与日本开战,业务受到影响就停止了。之后我去了中央大学,抗战爆发后随学校去了重庆。黄耀伟是墨西哥华侨,打仗后没有业务就回墨西哥了,在那里死于肠癌。

德国建筑师鲍立克[7]曾设计过现代风格的美军舞厅,因为美国人喜欢夏威夷的感觉。但这座舞厅在 1949 年后被当成仓库。

我的同代人中虞炳烈[8]留法,抗战时死于贵阳;刘福泰 1949 年后没多久死在天津;夏昌世[9]留学德国,1949 年后去了德国;卢树森[10]是我在 Penn 的同学,我三年级时他回国;吴景奇[11]也是 Penn 的同学,抗战后死于上海;李惠伯抗战时去了美国。

我主要研究纪念建筑。对纪念建筑来说思想性很重要。现在没有几个纪念建筑具有思想性。我自己的作品还有 1951 年参加上海市英雄纪念塔设计竞赛做的设计。当时我交了两个方案,一个对称,一个不对称。我还设计了陕西省英烈馆,得了奖,但没有实现。还有位于上海淮海路和复兴西路交汇处的聂耳纪念碑。它的平面采用了曲线,目的一是象征音乐,二是在空间上起缓冲作用。

1　哈里·施特恩费尔德（Harry Sternfeld, 1888—1976），美国著名建筑师和城市规划师，1911年毕业于宾夕法尼亚大学，获学士学位，1913年回校攻读硕士学位，1914年毕业，并获巴黎大奖。之后任教于卡耐基-梅隆大学，1919—1920年到巴黎美术学院进修，1920—1921年在美国罗马学院进修。1923年辞去卡耐基-梅隆大学建筑系主任职，转任宾夕法尼亚大学设计教授，1928—1834年担任纽约州罗马市规划师。曾设计比利时奥德纳尔德美国第一次世界大战纪念碑，1926年费城150年博览会匹兹堡馆，宾州丹维尔斯洛伐克女子学院（1929）。

2　刘福泰（LAU Fook-Tai,1899—1952），广东宝安人，美国俄勒冈州立大学建筑系毕业。曾先后在中央大学建筑工程系、北洋大学建筑工程系（创办）、唐山工学院建筑工程系任教。见赖德霖主编，王浩娱、袁雪平、司春娟合编《近代哲匠录——中国近代重要建筑师、建筑事务所名录》，88页。

3　张开济（1912—2006），生于上海，原籍杭州，1935年毕业于南京中央大学建筑系，1949年前曾在上海、南京、成都、重庆等地建筑事务所任建筑师。之后历任北京市建筑设计院总工程师、总建筑师，中国建筑学会第五届副理事长、第六届常务理事。曾任北京市政府建筑顾问、中国建筑学会副理事长。设计作品：天安门观礼台、革命博物馆、历史博物馆、钓鱼台国宾馆、北京天文馆、三里河"四部一会"建筑群、中华全国总工会和济南南郊宾馆群等工程。1990年被建设部授予"建筑大师"称号，获中国首届"梁思成建筑奖"。来源同上，193—194页。

4　范文照（FAN Robert,1893—1979），广东顺德人，生于上海。1917年于上海圣约翰大学土木工程系获学士学位，1921年于美国宾夕法尼亚大学建筑系获学士学位。获南京中山陵图案竞赛第二奖（1925）、广州中山纪念堂设计竞赛第三奖（1926）。1927年成立范文照建筑师事务所，是同年10月成立的中国建筑师学会发起人之一，并任首届会长。1929年任南京首都设计委员会评议员，并兼任私立沪江大学商学院建筑科教师。1935年代表中国出席罗马国际建筑师大会。1949年后在香港设立事务所。设计作品：上海八仙桥青年会（1933，与李锦沛、赵深合作）、上海美琪大剧院（1941）等。来源同上，28—30页。

5　赵深（字渊如，号保寅，CHAO Shen，1989—1978），江苏无锡人，1920年清华大学毕业，1923年获美国宾夕法尼亚大学建筑系学士与硕士学位。1931年成立赵深建筑师事务所，1933年与陈植、童寯成立华盖建筑师事务所，1941年任中山大学教授。1949年后任上海华东建筑设计公司总建筑师，组织设计上海虹桥国际机场、上海电信大楼、嘉定一条街、杭州西泠饭店、苏州饭店、福州大学、泉州华侨大学等。来源同上，204—205页。

6　黄耀伟（WONG Yau-Wai, 1902—?），广东开平人，生于墨西哥。1923—1930就读于美国宾夕法尼亚大学。在庄俊建筑师事务所实习与工作，与谭垣合办谭垣黄耀伟建筑师事务所。来源同上，55页。

7　鲍立克（Richard Paulick, 1903—1979），德国建筑师，1923—1927年在德累斯顿工业大学、包豪斯、柏林工大求学，是格罗皮乌斯在德绍和柏林事务所的主要设计人员，曾参与德绍包豪斯校舍的建设工作。1933年抵沪，先后任职于时代公司（Modern Home与Modern Homes）、1940年任上海圣约翰大学建筑学及都市计划学教授，1943年开设鲍立克与鲍立克建筑工程公司（Paulick & Paulick, Architects and Civil Eng.）。1946年3月，受聘兼任上海市工务局都市计划小组工作，参与编制"大上海都市计划"；同年8月被聘任参加上海市都市计划委员会工作；1949年初，被上海市都市计划委员会执行秘书赵祖康指定为编制"上海市都市设计总图三稿初期草案说明"的4位专家之一。1949年9月回国。见侯丽、王宜兵著《鲍立克在上海：近代中国大都市的战后规划与重建》，同济大学出版社，2016年。

8　虞炳烈（字伟成，1895—1945），江苏无锡人，1921—1933年先后求学于法国里昂中法大学建筑专门学校、国立巴黎高等美术学院建筑系、巴黎大学都市计划学，获建筑师与土木工程师许可，是1933年成立的"中国留法艺术学会"发起人之一。回国后任国立编译馆建筑师、中央大学建筑工程系教授、复旦大厦联合大学土木工程系教授、中山大学建筑工程系主任与教授。曾任云南省建设厅技正兼省政府建筑委员会工程师，越南中华商会规划师、建筑师。见赖德霖主编，王浩娱、袁雪平、司春娟合编《近代哲匠录——中国近代重要建筑师、建筑事务所名录》，184—185页。

9　夏昌世（HSIA't Changsie, 1903—1996），广东新会人。1928年德国卡鲁士普厄工科大学建筑科毕业，1932年获德国图宾根大学艺术史研究院博士。曾在国立艺术专科学校、同济大学、中央大学、重庆大学、中山大学任教，在上海启明建筑事务所、铁道部、交通部、广州新建林工程司事务所任职。1952年后任华南工学院教授与民族建筑研究所所长。1973年移居德国弗莱堡，1982年后定居香港。来源同上，158页。

10　卢树森（字奉璋，LOO Shu-Shung Francis,1900—1955），浙江桐乡人，生于上海，1926年获美国宾夕法尼亚大学建筑科学士。曾任职中央大学建筑工程系（教授、总务长与事务长），中国银行建筑（顾问），台湾省民政处（技正）等，合办南京永宁建筑师事务所。来源同上，99页。

11　吴景奇（字敬安，WU, Channcey Kingkei,1900—1943），广东南海人，1925—1931年就读美国宾夕法尼亚大学建筑科，获学士与硕士学位。曾任职中国银行建筑科。来源同上，152页。

唐璞前辈的回忆

受访者简介

唐璞（1908-2005）

唐璞先生像

字仲玉，男，1908 年 11 月 17 日—2005 年 2 月 2 日，山东益都人（满族），1934 年中央大学建筑工程系毕业。同年任南京市工务局设计科技术员；1936 年任建筑师虞炳烈工程助理；1937 年任四川泸州第 23 兵工厂建筑课课长（还曾任巩县兵工厂建筑课课长）；重庆市工务局建筑技师登记，1941—1946 年任（泸州）天工建筑师事务所主持人，1947 年（重庆）国泰建筑师事务所主持人、（汉口）开泰营造厂汉口分厂主任技师、京汉铁路管理局工务处正工程师；1950 年任国营西南建筑公司设计部建筑师；1951 年在西南工业专科学校建筑科专业兼课教师；1954 年为西南工业建筑设计院副总建筑师、重庆建筑工程学院建筑系专业兼课教师；1957 年，作为中国建筑师代表团团员，赴苏联、罗马尼亚考察；1959 年担任四川省建筑学会副理事长，中国建筑学会第二、三、四届理事；1963 年任四川省建筑学会建筑创作委员会主任委员，兼四川省建筑学会建筑物理委员会主任委员；中国建筑学会建筑物理学术委员会（今建筑物理分会）第二届委员；1979—1986 年担任重庆建筑工程学院建筑工程系教授、系主任；1980—1984 年任重庆建筑工程学院建筑设计研究所所长兼总工程师；《中国大百科全书：建筑、园林、城市规划》分册编委会委员；1983 年担任四川省建筑学会顾问；1986 年担任重庆市建筑师学会名誉会长；1987 年参加国际建筑师协会（UIA）第 16 次代表大会学术讨论会并宣读论文；九三学社社员，第五届全国人大代表。[1]

采访者： 赖德霖

访谈时间： 1991 年 12 月 8 日

访谈地点： 重庆建筑工程学院唐府

整理时间： 2017 年 10 月 30 日

审阅情况： 未经唐璞前辈审阅

注释／按语： 赖德霖

访谈背景： 1988 年 9 月至 1992 年 7 月采访者在清华大学建筑学院汪坦教授门下攻读博士学位，因先生正承担国家自然科学基金项目"中国近代建筑史"，故以此题为研究方向。1991 年 12 月采访者到重庆查找抗战时期在"陪都"出版的建筑文献，通过汪坦先生介绍和杨嵩林教授联系拜见了唐璞前辈，并聆听了他对自己早年求学和工作经历，同时请教了其他一些前辈的史事。

赖德霖访问唐璞先生的记录

关于东北大学求学经历

东北大学老师教设计很尽心，不好就骂。梁思成、童寯、陈植三位先生在那儿教过设计。后来任建筑科研院副院长的蔡方荫[2]先生也是东北大学建筑系教授。陈植先生教我第一个设计"花园大门"，因我没有"document"（文献）而被否。刘鸿典[3]高我一年级，刘致平最早，与他同班的还有萧鼎华[4]。童先生教过章翔[5]（章士钊之侄子）。（"九一八"事变后）我和张镈、曾永年[6]、费康[7]、林宣[8]五人到重庆（按：应为南京）。东北大学的课表与中央大学的基本一样，都是美国的方法。

关于中央大学求学经历

谭垣先生 1933 年任教，当时我三年级。他给予我很多指导，非常严格。老师中还有刘既漂[9]，教室内装饰；陈裕华[10]是金陵南大校长陈裕光的哥哥，教施工和建筑法令；刘敦桢先生教构造、中西建筑史；设计由留美的教师教；结构课是与土木系合班，课程内容一样；电照学教师是国家电力专家陈章[11]；采暖通风与机械系相同，是张闻骏[12]。

中央大学建筑系主任在刘福泰[13]之后是虞炳烈[14]。虞炳烈的法国派与美国派的区别是美国派当场改图，德法派仅指点。美国派的效果好，童先生、谭先生、梁先生手下功夫都好。虞炳烈注重小的地方，如摆床是否合适，而梁、谭重大效果。

有的老师有事务所，有的没有。陈裕华、卢树森[15]、虞炳烈在南京都有（事务所）。

我从 1933 年开始研究建筑物理。当时了解到上海有的影剧院建筑由中国人设计，但负责音响设计的是外国人，于是到图书馆找书，找到一本 *Acoustics of Building*（《建筑声学》），看不懂便向物理教师请教，因为当时建筑老师也不懂。夏行时[16]——原《建工》杂志总编，也搞建筑物理。他研究用锡箔隔热。

《中国建筑》杂志的主编石麟炳[17]在东北大学比我高一班。他设计很好，笔底下功夫也好。《中国建筑》很快就让他负责杂志的编辑（工作）。

何立蒸[18]与张开济同班（按：二人 1935 年毕业）。他写现代建筑相关文章在《中国建筑》发表[19]。之后，广州《新建筑》杂志介绍构成主义，登有柯布西耶的《明日的城市》、城市中高层低层之争等。但学校里根本不教理论。到后来，理论方面只学 Architectural Composition（建筑构图），只有古典的内容。我毕业后，龙门书局重印这本书，加入现代建筑。其中柯布西耶的东西多，是功能主义。

（当时可以看到的）杂志有 *Pencil Points*（《铅笔画》），*Architectural Forum*（《建筑论坛》），L'architecture - Ecole des Beaux（-Arts）（按：唐老在采访者笔记本上写的法文）。现代主义的形式通过杂志介绍而来，但教师给学生设计古典式或现代式的自由，做西方古典、中国古典，或现代风格都可以。

关于早年的工作经历

1934 年我毕业后先到南京工务局工作，因病休息。"七七事变"前中日关系紧张，我转到兵工厂工作。抗战爆发后，我在 1937 年底到重庆，没几天就是 1938 年元旦。我在泸州兵工厂工作，是到重庆后去的。

战时我搞工业建筑，根据实际需要搞标准设计和构件。设计木屋架，结构设计出定型的屋架，（跨度）6、8、10、12、15、18 米，屋面材料荷载对不同地区都一样。

没有西方的转窑，就是 Hoffmann（霍夫曼）窑，出砖靠小土窑。一个月生产几千块砖，供应不上。于是便用水泥，在河滩上用砂、石做小预制块，砌柱子，上面木屋架，竹编墙。当时没有机器，全靠人工，所以预制块不能大，尺寸为 12cm×15cm×30cm（英制 5in×6in×12in）。率先搞了这两个设计，当时并不知道国外是否搞了，但没有在外面推广。门窗也是定型化的，有双开、折叠门等几种。

战时工厂建筑中还有地下工厂，也是率先在国内搞的。而当时的地下工厂是溶洞，把山挖开，上面用抗弹钢筋混凝土结构，能抗 200 磅炸弹。现在厂里还有图纸。结构、建筑我都搞。结构有另一同学帮助——汪原洵[20]，他后来去了台湾。中央大学学生能搞结构，比较全面。

抗战后防空建筑受到重视，鲍鼎先生教过。他留学的学校美国伊利诺伊大学很重视结构工程，所以高层建筑的结构设计是他教的。讲稿和课题我曾保存，但"文革"时都毁了。他把复杂问题讲得很通俗易懂，所以我也会高层结构设计。

抗战后期政府允许工务人员开业，所以我在重庆登记，在泸州开业"天工建筑事务所"[21]。政府审查图纸，不收税。我设计了泸州男子中学宿舍、教室楼、礼堂，交通部一个工厂的两种车间、库房、办公楼、职工宿舍。设计费记不清了。

搞建筑要会交际朋友才好，才能拿到工程。基泰（工程司）靠关颂声建筑师，他不设计而跑社交。由杨廷宝负责设计。基泰在上海时没有结构（设计），因为上海有结构顾问工程师可找。后来有了结构。华盖靠的是赵深，他是老上海，交际广。

尽管"陪都"简陋，但很多建筑都是名建筑师精心设计，在材料条件极其简陋的情况下建造的，所以很有价值。因陋就简，但意义不同，因为是在抗日战争时期为民族独立而建，在政治、历史上很有价值。如夏东海[22]搞的国民政府办公楼，华盖建筑事务所在小什字某地设计了浴室，还有一个银行，是李惠伯[23]设计的。30年代后期，中国有很多现代建筑，重庆总工会就是其中之一。邹容路陆稿荐小吃店的一栋房子很摩登，有人说是戴念慈设计的。中央大学校门（按：此处唐老或指重庆中央大学而非南京中央大学，因后者校门为杨廷宝作品）可能是李惠伯设计的。

陈伯齐、夏昌世1940年在重大办建筑系，抗战前在广州中山大学，并和一些人一起办了《新建筑》杂志（按：此处唐老记忆有误，陈、夏到中山大学任教是在1943年之后，《新建筑》的创办者是广州勤勤大学建筑工程系的一批师生）。他们的材料来自德国，因他们是留学德国的。胡德元[24]、夏昌世、林克明、陈伯齐都是中山大学的。抗战胜利后广东人回了广东，去了中山大学。当时社会上对美国的东西很欢迎，美国留学生也很神气。而德国留学生很拘谨、小心。胡德元在重庆，88或者89岁时去世的，距今已四五年了。他原在四川省设计院工作。胡德元留日，抗战后到了后方，（西康省政府主席）刘文辉请他在（水文总局）当局长[25]，后来成了他的罪状。

过元熙[26]在1949年后曾回祖国，但因"政治斗争"又出国了。

唐山工学院办建筑系，曾请我去，但我没去。

1987年应UIA第16次大会邀请，唐璞先生参加布莱顿会议后与智利大学教授Graciana Parodi女士及中国代表吴良镛教授（右一）等合影。图片来源：《当代中国建筑师》丛书编委会编《唐璞》，北京：中国建筑工业出版社，1997年

1　唐璞作品和著作详见《当代中国建筑师》丛书编委会编《唐璞》（北京：中国建筑工业出版社，1997 年），以及赖德霖主编，王浩娱、袁雪平、司春娟合编《近代哲匠录——中国近代重要建筑师、建筑事务所名录》，北京：中国水利水电出版社，知识产权出版社，2006 年，136—137 页。

2　蔡方荫（字孟劬，1901—1963），江西南昌人。1925 年清华大学毕业，1927 年获美国麻省理工学院建筑工程学士，1928 年获麻省理工学院土木工程硕士。历任东北大学建筑工程系、清华大学、西南联合大学、国立中正大学教授，沈阳梁陈童蔡营造事务所总工程师，南昌大学工程学院院长。1949 年后任重工业部兵工局总工程师，《土木工程学报》编委，建筑工程部建筑科学研究院副院长兼总工程师。见赖德霖主编，王浩娱、袁雪平、司春娟合编《近代哲匠录——中国近代重要建筑师、建筑事务所名录》，北京：中国水利水电出版社，知识产权出版社，2006 年，3 页。

3　刘鸿典（字烈武，1904—1995），辽宁宽甸人。1933 年毕业东北大学建筑工程系。历任上海交通银行总行行员，浙江兴业银行上海总行建筑师。自办上海宗美建筑专科学校、刘鸿典建筑师事务所。1949 年后任东北工学院教授，西安冶金建筑学院教授，建筑系首任系主任。来源同上，90 页。

4　萧鼎华（字伯雄，1906—？），湖南长沙人，1932 年毕业于东北大学建筑工程系。任职范文照建筑师事务所、杨锡镠建筑师事务所。1949 年后任台湾逢甲工商学院建筑工程系教授。来源同上，159 页。

5　章翔（1910—？），籍贯湖南，比利时皇家建筑学院毕业。国立艺术专科学校建筑系主任，贵州某企业公司专员，1940 年任中山大学建筑工程系教授（建筑图案设计、西洋建筑史）。作品有台湾桃园国际机场（1979.2.16 启用）。其他有关材料：彭长歆《岭南建筑的近代化历程研究》，华南理工大学博士学位论文，2005 年。（按：唐老关于章曾受教于童寯的回忆或许有误）

6　曾永年（1918—1997），福建闽侯人。1940 年毕业于中央大学建筑工程系。先后入职昆明基泰工程司、兴华工程司。重庆大学建筑工程系主教。1949 年后参与北京人民英雄纪念碑设计讨论，中国文物学会理事，传统建筑园林研究会副会长。见赖德霖主编，王浩娱、袁雪平、司春娟合编《近代哲匠录——中国近代重要建筑师、建筑事务所名录》，188 页。

7　费康（字远庄，1911—1942），1934 年中央大学建筑工程系毕业。广西大学讲师，后与刘既漂、（妻）张玉泉合办上海大地建筑师事务所。后因病去世。来源同上，32 页。

8　林宣（1912—2004），福建闽侯人，1934 年中央大学建筑工程系毕业。福建省立福州工业职业学校教员。1949 年后任教于东北工学院建筑系、西安冶金建筑工程学院、西安建筑大学。来源同上，85 页。

9　刘既漂（LIU/LIOU Kipaul，1900—？），广东兴宁人。1926 年法国巴黎国立美术专业学校及巴黎大学建筑系毕业。任南京国立艺术大学筹备委员、国立艺术院教师、中央大学建筑工程系教师。与费康、张玉泉夫妇合并大地建筑师事务所。来源同上，91—92 页。

10　陈裕华（1902—？），浙江鄞县人，康奈尔大学土木工程硕士毕业。来源同上，14 页。

11　陈章（字俊时，1901—？），籍贯江苏吴县，1921 年交通部上海工业专门学校电机系毕业；1925 年于美国普渡大学获电机硕士。1926 年于美通用电气公司实习，1927 年任广州电台工程师，1930 年任浙江大学教授，1931 年任交通大学教授，1937 年任南京总部交通处无线电训练主任教官、中央大学教授。

12　张闻骏（1901—？），江西九江人。1922 年清华学校毕业。1927 年麻省理工学院机械工程硕士。曾任中央大学、山东大学、浙江大学、西南联合大学、中正大学等校教授、系主任，江西省兴业公司技术室主任兼总工程师。1949 年，加入中国民主同盟。中华人民共和国成立后，历任上海工业专科学校、华东纺织工学院、中国纺织大学教授。（http://www.hgzz.net/zhuanti/75185.html）

13　刘福泰（LAU, Fook-Tai，1899—1952），广东宝安人，美国俄勒冈州立大学建筑系毕业。曾先后在中央大学建筑工程系、北洋大学建筑工程系（创办）、唐山工学院建筑工程系任教。见赖德霖主编，王浩娱、袁雪平、司春娟合编《近代哲匠录——中国近代重要建筑师、建筑事务所名录》，88 页。

14　虞炳烈（字伟成，1895—1945），江苏无锡人，1921—1933 年先后求学于法国里昂中法大学建筑专门学校、国立巴黎高等美术院建筑系、巴黎大学都市计划学，获建筑师与土木工程师许可，是 1933 年成立的"中国留法艺术学会"发起人之一。回国后任国立编译馆建筑师、中央大学建筑工程系教授、复旦大厦联合大学土木工程系教授、中山大学建筑工程系主任与教授。曾任云南省建设厅技正兼省政府建筑委员会工程师，越南中华商会规划师、建筑师。来源同上，184—185 页。

15 卢树森（字奉璋，LOO Shu-Shung Francis,1900—1955），浙江桐乡人，生于上海，1926年获美国宾夕法尼亚大学建筑科学士。曾任职中央大学建筑工程系（教授、总务长与事务长），中国银行建筑（顾问），台湾省民政处（技正）等，合办南京永宁建筑师事务所。来源同上，99页。

16 夏行时（1911/1910—2008），籍贯江苏嘉定，1932年毕业于中央大学土木工程系。同年任总理陵园工务组助理员，参加中山陵孝经鼎设计，1937年任总理陵园管理委员会工务员，（昆明）大昌公司从业人员。1940年与汪季琦、钱康衡、吴世鹤等脱离大昌公司，另于昆明创办泰山公司。1943—1945年任《工程学报》（《工程建设》？）编委，1945年泰山公司与中华工程公司合并，组成中华联合工程公司，不久迁上海，任南京分公司经理。任上海建筑工程局总工程师，参加北京苏联展览馆设计工程（1954），1972年调入中国建筑工业出版社，1979—1984年任中国建筑工业出版社首任总编辑。第三届全国人大代表，第五、六届全国政协委员，中国建筑学会第五、第六届常务理事，第七至第十届名誉理事。著有"中央体育场概况"（《中国建筑》，第1卷第3期，1933年9月），"隔热用之铝箔"（《中国建筑》，第2卷第3期，1934年）等。见：周谊，"几年中国建筑工业出版社首任总编辑夏行时先生"，《中国建设报》，2008-11-14。

17 石麟炳（字文炎，1910—？），河北昌黎人，1933年东北大学建筑工程系毕业。曾任职上海杨锡镠建筑师事务所。见赖德霖主编，王浩娱、袁雪平、司春娟合编《近代哲匠录——中国近代重要建筑师、建筑事务所名录》，125页。

18 何立蒸（1912—？），江苏仪征人，1935年中央大学建筑工程系毕业。曾任南京陈裕华建筑师事务所、昆明华盖建筑师事务所、昆明兴华建筑师事务所建筑师，中国人民解放军西南军区营房部高级工程师。来源同上，46页。

19 即"现代建筑概述"，《中国建筑》第2卷第8期，1934年8月。

20 汪原洵（生卒年不详），中央大学建筑工程系毕业。见赖德霖主编，王浩娱、袁雪平、司春娟合编《近代哲匠录——中国近代重要建筑师、建筑事务所名录》，151页。

21 唐璞前辈有关事务所工作的更多介绍另请参见陈喆："天工建筑师事务所——访唐璞先生"，《当代中国建筑师》丛书编委会编《唐璞》，北京：中国建筑工业出版社，1997年，9—11页。

22 夏东海，生平不详，1949年后担任西南建筑公司设计部副工程师。1951年以"盗窃国家财产罪"被判刑。见"严惩盗窃国家财产的不法分子！重庆判处萧子言等五主犯死刑同谋犯十八名各按罪行轻重分别判处徒刑"，《人民日报》，1951-7-28第一版。

23 李惠伯（LEI, Wai Paak, 1909—？），广东新会人。曾就读岭南大学化学系，1932年美国密歇根大学建筑系获学士学位。范文照建筑师事务所任职，1935年与徐敬直合作获南京国立中央博物院图案设计竞赛首奖。后赴港。见赖德霖主编，王浩娱、袁雪平、司春娟合编《近代哲匠录——中国近代重要建筑师、建筑事务所名录》，61页。

24 胡德元（字伊文，1903—1986），四川垫江人。1929年日本东京高等工业学校建筑科毕业。后任广东省立工业专门学校、广东省立勤勤大学、中山大学教授，开办胡德元建筑师事务所。来源同上，47页。

25 当为主任，见"民国36年西康省水文总局训令1份",http://m.pz.7788.com/s/detail_search.php?d=582&id=22569062&de=0。

26 过元熙（KUO Yuan-Hsi, 1905—？），江苏无锡人。1926年清华大学毕业，1929年获美国宾夕法尼亚大学建筑系学士，1930年获麻省理工学院建筑系硕士。1933年监造芝加哥万国博览会中国热河金亭。后任北洋工学院、广东省立勤勤大学建筑工程系、中山大学建筑工程系教授。后赴香港工作。见赖德霖主编，王浩娱、袁雪平、司春娟合编《近代哲匠录——中国近代重要建筑师、建筑事务所名录》，42—43页。

张铸先生谈建筑创作与"夺回古都风貌"

受访者简介

张铸（1911—1999）

晚年张铸 《建筑创作》杂志提供

男，祖籍山东省无棣县。1930 年入东北大学建筑系学习，师从梁思成、林徽因、童寯、陈植、蔡方荫。1934 年毕业于中央大学建筑系，加入基泰工程司，在天津、北京、南京、重庆、香港等地从事建筑设计。1940 年至 1946 年兼任天津工商学院建筑系教授。1941 年至 1945 年，率天津工商学院建筑系和土木系毕业生、基泰工程司部分员工以及北京大学工学院建工系师生，对北京城中轴线及其周围的古建筑进行大规模测绘。1951 年从香港回北京，长期担任北京市建筑设计院总建筑师，1995 年退休。设计了民族文化宫、北京友谊宾馆、亚洲学生疗养院、北京饭店东楼等，是人民大会堂方案实施总建筑师。著有回忆录《我的建筑创作道路》。2017 年，故宫博物院、中国文化遗产研究院编辑出版《北京城市中轴线古建筑实测图集》，完整收录了 1941 年至 1945 年张铸领导并执笔的北京中轴线测绘成果。

采访者： 王军
访谈时间： 1994 年 6 月 30 日
访谈地点： 北京崇文门东大街张铸先生寓所
整理时间： 2013 年 4 月 29 日录音整理，2018 年 2 月 27 日编辑定稿
审阅情况： 未经张铸先生审定
访谈背景： 1993 年，北京市委领导提出"夺回古都风貌"，此后北京新建或改建了一批大屋顶式建筑，张铸奉命参加相关工作。采访者当时为新华社记者，对这一时期的建筑艺术问题进行调研。

1958 年周恩来总理（右一）听取张镈（右二）汇报人民大会堂设计。
左一为万里，左二为郑天翔。《建筑创作》杂志提供

王军 以下简称王
张镈 以下简称张

对建筑创作的认识

| 张 建筑师的工作，不能以人的意志为转移的，不能为所欲为，随便塑造某个东西。我总爱说一个例子，80 年代我们做长富宫（的设计），长富宫的公司来人谈判。当时来的人第一个是财团，拿钱的人；第二个是会计师，算账的，投入、回收、利息都算得很清楚；第三个是律师，是搞法律的，要保证他的利益。然后呢，第四个，是建筑师。并不是像我们的年轻建筑师想的那样，建筑师在国外是那么自由，没那么回事！

所以呢，一个是钱，一个是账，再一个是法，这三样东西是决定设计的方向的。建筑师你是纸上谈兵的，不可能创造奇迹的。建筑是需要大量人力、物力、财力的，没有这些，你光拿纸能盖出来吗？那种看法，只看到人家好的方面，没有看到人家约束的方面。钱、账、法，然后才是你建筑师，建筑师你也不能只代表你个人的意志，你得在这个范围之内做工作，制约条件很严。

在我们的社会制度里面呢，是党的方针、政策。方针、政策现在在我们建筑师心里面很淡薄。首先一点，勤俭建国，十分十分之淡薄，根本不考虑我们的国情，就想拿建筑艺术作为表达自己的手段，这是很可怕的。这样下去之后，就像你提的问题，就是建筑师在国内没有希望，在国外就有希望。这个思想，很可怕。

因为我是旧社会来的，我在国外也做过建筑师，我了解这个艰苦，竞争也很厉害啊，不是那么简单的。第一，你光有本事是不行的，没有业主用你也是不行的。所以，你本事再大，你没有靠山是不行的。现在，我们靠的是谁呢？就是党，就是国家。你不把党和国家看作是给我们创造实践机会的来源，你就很难发展。

建筑师在国外叫作自由职业，三大自由职业嘛，医师、律师、建筑师。所谓自由职业是什么意思呢？就是说，收你（业主的）设计费，收了设计费，（数额）是很大的，好像是挺轻而易举的，好像就是你出卖了技术。所以，（作为）建筑师的观念的话，你刚才提的问题，好像建筑师认为自己做的工作不是国家活动，而是个人活动。作为个人活动来说的话，抱着这个思想来工作的话，就不会安心于现职岗位，他的眼睛都看到外面，看到发财这上面去了。

王 有的建筑师觉得他本人的作品出来后，有的没有经过他本人同意，就被修改或改动，他就觉得自己的作品没有了严肃性。这种现象，您怎么看？就是有的建筑师觉得自己的权益得不到保护。

｜张 我的看法，这不是权益保护问题，而是你符不符合党的方针政策，符合不符合客观实际。什么叫创作？保护他自己的权益？我觉得建筑设计，最要紧的一条，就叫实事求是，这是（邓）小平说的中国特色的社会主义，第一个就要实事求是。第二，我深入调查研究啊，深入生活，深入实际。你的主观要反映客观，在功能上、在经济上反映客观之后，才能用你的技巧来完成这个东西。

现在，常常是反映在技巧、在建筑立面上，觉得才是创作，而对功能、对经济啊，不深入。这说明什么呢？就不是实事求是。不实事求是，怎么能保护你的创作权益呢？所以，得先说自己，你的这个东西，及格不及格都是问题！

再有，你在我们国家来说，就拿北京来说的话，有规划局，有规划委员会，有首都艺术委员会，这些是政府职能部门，它们执法，它有法，你违不违法？是不是按法办事情？你违了法，怎么说也不行。符合不符合城市设计？你所在的地方，周围的环境，你处在什么地位？合不合适？这又是一个问题。

还有个问题，你总体、宏观没有问题，你微观上过得了关过不了关？你光是从主观上想你怎么怎么好，可是不符合客观需要的话，你怎么能认为你的创作就是一个宝呢？你就是因为这个，就觉得不自由的话，在美国，比这儿还不自由。

现在的青年建筑师，好在什么地方呢？就是在党的培养之下，出现了大量的新生力量，出现很多人才，他们的创作思想、创作方法，有很大的自由天地，这是从客观上来说的。但是从主观上来说，他站在建筑师这个位置，在主观上应该怎样对待人民？我觉得作为建筑师，首先一条就是要端正立场、观点、方法。你是什么立场？是人民的立场还是个人的立场？

第一是立场问题。我觉得像自己的感情啊，你生活体验很浅的，你学生出来多久？你有多少生活体验？我不是说你非得下去蹲点，调查研究、体验生活，但至少你得明白，你是为人民服务的，而不是做人民的主人的。第一个，立场你得端正，你的观点是历史唯物主义的还是机械唯物主义的？这些也要分清楚。

现在的年轻人，机械唯物主义的观点很多，只看见物，看不见人。所以，我们在国庆十周年的时候，周总理讲过几句话，要以人为主，物为人用，人和物的关系不能颠倒，人为第一，物为第二，物是为人民服务的。我觉得科技是第一生产力，但它要为人服务。你不是为科技本身服务，不是为科技而科技。从这个意义来讲的话，他们的观点，不见得认清楚了。

方法呢？就是要走群众路线，不能光顾自己的知识产权。什么叫方法呢？我们叫殊途同归，要达到一个什么目的呢？这是我们的目标。发现了目标，有种种方法可以达到，是殊途同归好呢？还是一鸣惊人好呢？一鸣惊人，是资产阶级。殊途同归，是我们社会主义。

在我们社会制度里，应该是集中优点、克服缺点，集体的智慧，善于把它吸收起来。所以，一个建筑师，你别去怕抄别人的东西，因为你对客观事物的认识太少。太少之后呢，好的东西你就要拿来为我们自己用。

假如你老是孤芳自赏，老是觉得老子天下第一的话，别人的好的意见就总听不进去。听不进去呢，就不能殊途同归了，就不能达到完美的境界了。你说，我的这个说法，对不对？所以，第一条，就是立场、观点、方法。

第二点，就是老生常谈了，就是时间、条件、地点，这是在什么时间，什么条件，什么地点之下做的东西？时间、条件、地点，都涉及城市设计问题，而不是个体设计了。在什么地点、什么时候、什么条件，你做的什么东西？你是宾还是主？是主角还是配角？应该是大？应该是小？你自己应该自觉地站对你的地方。因为我们是要建设一个有规划的城市，时间、条件、地点，应该是因时制宜、因地制宜，如果你都没有这个概念，老想着一鸣惊人，老子天下第一，你说这个能够被通过吗？我给你讲啊，这个就是脱离群众、脱离实际了。你这样了，还要说你的知识产权，不是太笑话了吗？

王 是不是要设计有礼貌的建筑？

｜张 不是有礼貌，而是你要自觉地站对你的地方，做什么角色，你得有自知之明：建筑师应该有自知之明，你自己有什么优点、什么缺点，应该清楚。所以，你这两个问题，提得很好，第一个好像是不自由，第二个是知识产权。现在，年轻的同志，我觉得，我这样说是不是给他们打击了？

王 现在可能很多建筑师的造诣还达不到那个程度。

｜张 现在，很多造诣受世界建筑的影响。后现代，从建筑形式上，吸收的东西比较多。从功能，从经济，从人，为人服务来说的话，好像做得不够。端正立场、观点、方法的人啦，首先一条是一切为人民，对不对？你为人民，得知道人民怎么生活呀，怎么生产，怎么生活，你得了解才行，你不深入生活实际，你怎么了解小平同志说的实事求是呢？

实事求是，求什么东西呢？求那个是！如果实事不求是，求他们自己了，那就很麻烦了，对不对？所以，建筑师，你要运用大量的人力、物力、财力，你创造一个东西，不是为了客观实际，而是为了你自己，这是个罪人啊！浪费还在其次，你给国家造成的损失可不得了啊。你觉得是不是这个问题啊？你别觉得这只是建筑师画一张图的事情。你抽不抽烟？

王 我不抽。

｜张 不是画一张图那么简单。（点烟）王军同志，你是年轻人，代表年轻人说话，我也很高兴。我是老年人，我代表老年人说话，我也应该。

对"夺回古都风貌"的看法

王 我只是听到有的人这样谈论，说海关总署的大楼，给加了两个亭子。

｜张 这件事，我当面批评过设计人。加亭子好不好，那是另外一个问题。海关大楼上面要不要出"包"，那是功能问题。功能问题，就是电梯到这层之后，四米五啊，它要一个缓冲层，四米五上面有一个两米的噪声层，再上面，有一个两米五的机房，从这儿到上面多少了？四米五、四米五，就是九米了。九米上头还要两米的水箱，十一米了，就是从这层楼起，到顶上，至少十一米。十一米，几层？三四层楼了。

你说，海关（大楼）上，要不要长"包"呢？原来的设计没有"包"，没有"包"我就问，电梯怎么上去？

电梯不上去，我（从电梯）下来，爬两层上去？！这不是客观存在的事情吗？实事求是啊，科学技术你是不能开玩笑的。电梯上去，你要有机房，要高上去的啊，一定要出个"包"，我说。而那个同志呢，反对说，是市领导要亭子，我去了，我给他设计亭子，亭子也不错，造得……我说那个"包"必须得有。领导反对"豆腐块"，你不是"豆腐块"，做点装饰也是可以的。那个亭子也是那个同志做的，做得很丑啊。不是亭子不好，而是没有处理好。里头是有水箱、有机房的，你不上去行不行啊。没有亭子，平的很好，可是，电梯上得去上不去？上不去了。上不去，人家还用不用啊？办公！这是为了"物"而牺牲功能啊。这是什么指导思想？为了你的漂亮，不要让人坐电梯上楼，那么高的楼！本末倒置了，是不是？换句话来说，亭子不好，那是你自己没有处理好。那个"包"，没有是不行的。

我在北京饭店的那次会议上，我就批评那位同志了。那位同志说，市领导要亭子我就给他亭子就是了。我就问，电梯要不要上去？水箱要不要上去？电梯、水箱上去的话，必须有一个"包"，那个"包"你不处理的话，就像碉堡，处理好之后，就是很好的亭子。像现在处理得不好，那是技术问题，对不对？不好，那是技巧问题，不是说亭子不好。你亭子没处理好，是你的技巧问题。你不能说海关上的那两个亭子不对、不好。不好，是你的技巧问题，客观上必须是有的。

所以，深入生活、深入实际不容易啊！像毛主席说的，得去粗取精、去伪存真，由此及彼、由表及里。你得把全面的东西弄完之后，哪个是真的，哪个是伪的，哪个是表的，哪个是里的，对不对？刚才我说的那个例子就很现实了，那位同志抓住一点说亭子不好，却忘了是亭子这个"包"啊，没处理好，而简单地否定这个亭子不好。你不要亭子，你功能行不行呀？你说是不是这么回事？（笑）

王 市领导说要夺回古都风貌，您能不能谈谈这个问题？我跟梁思成先生的儿子梁从诫先生聊过，他也说过这个问题。

┃张 我是梁思成的学生。

王 是的，梁思成也很喜欢你设计的友谊宾馆，1949年的时候，梁先生他们还有保护古都风貌的观点，后来，没有按照他们的建议去做。现在北京旧城改造，遇到了一些问题，就是有很多项目突破城市规划。我采访了很多建筑师，包括规划方面的同志，他们都认为这是非常令人担心的问题，就是领导决策的随意性，还有外商投资旧城改造。面对这么一个迫切的问题，我想，您作为很资深的设计大师，您能不能谈谈您的观点？北京市在这方面应该怎么做？新的建筑、旧的景观，怎么协调？

┃张 现在对领导同志的这个提法呢，有两种意见。对"夺回古都风貌"这种提法，很多反对的人，当面说这是对的。我不是这样子，我表面如一，我既想保护他，也想支持他。想支持他呢，我的本事也不大，做不出什么优异的成绩来。刚才你举的海关这个例子，我提出它应该有"包"，但我没有帮设计人处理，我觉得处理得不理想，为什么不大理想呢？就是比例、尺度，都搞得不对，色彩都搞得不对，稍微加加工可能会好一点。可是，那是个技巧问题。

我1951年回来，参加工作，到现在，也40多年了。我年轻的时候，跟国民党没有关系，国民党革我的命，我是旧民主主义革命的对象，我自己经历过半殖民地、半封建社会，对帝国主义的压迫很清楚，我是清末的人。[1]我在旧社会的事务所里，也做了一些传统形式的建筑，在南京，国民政府也想（这么做）。感觉做中国人，得有中国人的民族气节。你们年轻人不知道在旧社会，做中国人有多凄惨！所以，民族感情，做中国人的民族感情怎么表达，有这么一个问题，这是比较长期的意识。

第二个，就是在学校的时候，学西洋建筑史的时候，就讲希腊、罗马、中世纪、文艺复兴的东西，讲到中国建筑的时候，就一略而过，不讲了，认为没有什么东西。所以，感到世界建筑界对中国有偏见，因为他们不了解，也不写。

王 是哪个学校？

｜张 我在中央大学。我原来是东北大学的，张学良做校长，梁（思成）先生教我们。那时候就感觉到，作为一个中国人啊，站不起来，有民族自卑感。从学校时期，一直到工作时期，这个想法一直去不了。你到国外去，你是炎黄子孙，做出事情来，人家还以为你是日本人呢。所以，作为炎黄子孙，很悲惨！所以，总是想在建筑设计当中，表达表达中国人的感情，有这么一种思想，这种思想比较久了。梁先生是启蒙老师了，我第一个做的友谊宾馆，他比较欣赏，他和他夫人，因为我的这个设计，都很得意，都很高兴。

后来，中央又批判复古主义、华而不实，梁先生受到批判，我也受到批判。当时也弄不情楚，什么叫复古主义，什么叫华而不实。华而不实，我觉得关键是在什么地方呢，就是现代的机电设备的东西，了解得不多啊，产生了一些"病"。外国专家说的这种建筑的病，水路不通叫"肾脏病"；电路不通叫"神经病"；强电弱电干扰的话，叫"心脏病"；通风不良、排风不畅的话，叫"肠胃病"。一个人有这四五种病，当然活不了啦。你说人住在里面，烦不烦恼？当然烦恼了。

1957年在天安门广场规划中，张镈与苏联专家格·安·阿谢也夫一起工作。

《建筑创作》杂志提供

当时我是重视这个专业技术的，可是处理的时候，赶工赶得太厉害了，处理得不好。所以，我对华而不实的批判，本身是心服口服的。那个复古主义怎么看呢？当时批我的亚洲学生疗养院，说我善于花钱，浪费国家资财。有的人说，工人阶级社会怎么还修大庙？我自己心里也在怀疑，我自己吸收中国传统的东西，在意识形态上会不会出问题？我做过三年半故宫的测绘，经过这个实践，我对中国传统建筑的认识比较深，加上学了梁先生的《清式营造则例》，那是科学抽象出来的东西，跟现在的建筑都不一样。可是它抽象出来之后呢，适用于每个建筑上，就是古建筑，它适用。所以，我觉得中国营造学社梁先生他们的工作和"清式营造则例"呀，相当于中世纪的学院派，相当于经典式的建筑的研究，我始终对这个东西有些爱好，有些"偏见"，从民族感情出发，我觉得建筑师在创作当中，能够表达表达自己的思想感情爱好的话，还是可以的。

首先一条，解决为人民服务。第二条，勤俭建国。在形式上头，形式具有可塑性，塑造好了之后呢，就可以是中国的，或西洋的。梁先生在1953年曾经做过一个报告[2]，他把圣彼得教堂翻译成天坛，翻成中国式的，提出建筑词汇论、建筑可译论[3]。建筑词汇呢，中西都是一样的，但形式不一样；建筑可译论呢，就是用中国词汇，翻译西方的东西，翻译过来可以，但是中国的东西。当时也说这是技巧游戏。但从技巧游戏上看，这说明中国人的祖先与西洋人的祖先，在艺术爱好上是不同的，完全不同。同样是砖石结构，我们的砖石结构，跟他们的不一样。同样是木结构，我们的木结构跟他们的也不一样。为什么不一样呢？就是艺术爱好不同。

再举个例子，就像闽南建筑，三间建筑的结构是翘翘的，檐口也是翘翘的，三间民居是很简单的东西啊，可是他们的艺术爱好都不一样，他要那个弧线，它那个肩膀跟垫起来似的。垫起来花不花钱？花钱。可是，他就是这个艺术爱好。闽南建筑与北京的建筑不一样，和江南的也不一样，北京的是比较稳重的，江南的是翘的，闽南的更翘。这说明我们的人民呢，有艺术爱好的修养。你不能说这个东西，就是塑造这个东西都是糟粕。而这个东西呢，跟西洋建筑完全不一样。你明白我的意思吧？完全不一样是什么呢？就是民族性、地方性表达出来，就说明你是炎黄子孙的后代，你或者是北京人，或者是闽南人，或者是江苏人。西南有西南的，东南有东南的，北京有北京的，闽南有闽南的。意思都差不多，但形式都不一样。

我们要明白我们的祖先为什么这样，这有我们民族传统艺术爱好在里面。波斯文化进来了，我们也吸收了。印度文化进来了，塔进来了，我们也吸收了。我们中国人善于把外国的文化，融化在我们自己的艺术里而产生中国的东西。我们的祖先能够这样子，为什么我们不能这样？为什么一定要跟着美国走呢？为什么一定要跟着英国、法国走呢？这是没有道理的。

前几年，在三中全会以前，不少国家的领导来找我们国家的领导说话，说到了北京看看，跟巴黎、美国差不多，这说明我们国家的首都，没有中国的特色，没有中国的味道，都是西洋的房子。你说，作为人民的建筑师，你愧不愧疚？从这个意义上讲的话，我觉得市领导同志提出"古都风貌、现代城市"这个说法，一派拥护他的人，像我这样的人，身体力行啊！想创新，一派不拥护他的人，当场捧他，背后说他；更多的一部分年轻人呢，觉得他说得不对。

就拿我本人现身说法来说，你说中国人要有中国人的感情，要有炎黄子孙的尊严，这是对还是错呀？我觉得没错。你作为炎黄子孙、中国人，怎么能不尊重你自己的传统？就只跟着西洋跑呢？可是，有这样一种说法，现代科学、现代技术产生现代的形式。换句话来说，就是美国的今天就是我们的明天，美国是工业国家啊，它技术先进、材料先进，它的现代形式是多种多样的，明天我们的技术先进之后呢，形式跟它一样。有没有这个问题呢？我们不讲意识形态了。可是，有没有意识形态问题呢？有啊！

所以，现在很多年轻人，通过《世界建筑》杂志，把西洋的怪东西吸收进来之后，现代派啊，后现代啊，包括现代啊，把这些东西拿过来，削鼻子、削耳朵，包括削肩，把玻璃幕墙弄上去。你这个玻璃幕墙是多少钱？能量损失多少？这符不符合经济效果？符不符合我们的国情？你能拿来乱用吗？而这个东西你认为是你的杰作，给你削掉你还有意见，你说这个东西对吗？（笑）

所以，还是那句老话，叫实事求是。青年建筑师要实事求是，要主观符合客观，用主观的活动满足客观的要求。怎样叫创作呢？就是主观必须反映客观，主客观一致，效果才对，是不？没有勤俭建国的精神，你浪费国家资财行吗？你要是合资的话，人家也不让你这么干。

我认为，实用、经济、美观中，经济是第一，经济是基础，经济制约着实用、需要与可能，制约着坚固，它有安全系数。不同的建筑，它有不同的安全系数。它还制约美观、标准，现在追求豪华的太多了，乱用高级材料的太多了。你看，我们人民大会堂，就是水刷石，可现在（盖的房子）全是磨光花岗石。我们那么大的政治性建筑，为了赶工，用的是水刷石，现在都掉皮了。我们现在要求它换，没有钱，国家拿不出钱来。外墙面现在一块块掉，我参加这个工作，说像癞痢头似的，多难看！北门几个柱子，柱子也裂了。得换这几根柱子，没钱。我们当时为了赶工，做的是假石，留下真石的位置，你扒开那个墙做真石就行了。我们现在跟中央写报告，那个人民大会堂就是中央的建筑啊，是政治性建筑，不能老这样，这不得了，太寒酸了！

王 这个报告有吗？我们可以反映一下。

｜张 当然可以啦。我们认为人民大会堂，这么隆重的建筑，现在糊的是水刷石，水刷石在北方，20年的话呢（就会出问题）。北边用的是艾叶青的柱子，周总理定的；东门和北门用的是艾叶青的柱子。艾叶青，就是大理石。像这么一个重要的政治性建筑，当时布置的任务是300天完成，从设计到施工完成。所以，用了很多木头，外面用的是水刷石。水刷石，快。真石，就来不及了。我觉得，到2000年，得把它修成真石的才行，不要到21世纪了。国家财力再困难，我觉得像这个政治性的大建筑，经常接待国家贵宾、国家首脑，还有很多政治活动，这么一个重要的大建筑，你光里面装修好有什么用？外面跟破了似的。

我说古都风貌这个号召，从炎黄子孙的自尊心来说，我觉得没有错，就是把中国的首都变成中国人的首都、有中国特色的首都，我觉得这个没有错。问题是怎么理解古都风貌，是不是做一个大屋顶就是古都风貌？现在，城市设计做得不太好，交通部、妇联，两个建筑摆在那里，大家很有意见。一个像彪形大汉，一个像孱弱的妇女，都用的是传统形式。但我认为，抽象得不是太好，而且搭配得不是太好。不能只有个体，没有主体。这些都是我们院做的，没有从城市设计的角度来考虑这两个建筑并排摆是什么样子。现在摆出来了，群众有意见。这叫败笔也好，叫不足也好，至少它还是中国的建筑。我觉得这一点，还是可取的。他也想革新嘛，这也是可取的。可是，这两个主持人，没有协调在一起。

市领导提出"古都风貌、现代城市"，本身没有错，可是执行起来，没有那么简单。民族宫是我做的，用顶子很少；友谊宾馆那个建筑群，大屋顶只有中间一个，那里面有电梯机房、水箱间啊，新侨（饭店）没有用顶，但上面出来"包"，我先设计了新侨，然后用那个盖了大屋顶，是一个图纸，里面的结构都一样。[4] 友谊宾馆的装修比它高级。

我这一辈子，1934年毕业出来到现在，整60年了。我在旧社会做了17年建筑师，之后43年，在党的领导下工作。我还是个民主人士，什么都不是，既不是国民党，也不是共产党，也不是民主党派，我是无党派。就是简单的一种爱国主义热情。从这个意义来说，我想在我的工作当中，表达一种爱国主义的精神。这个动机是好的，但效果好不好，还难说。

王 您做了那么多的作品，最满意的是哪个？

┃张 最满意的，第一个是 50 年代做的亚洲学生疗养院，在香山的那个；第二个是友谊宾馆；第三个是民族文化宫。我是主持人民大会堂现场设计的总建筑师，人民大会堂我还是花了不少心血。民族饭店也是我做的，民族饭店是现代派的，民族饭店我用什么来表现民族形式呢？我用每一个开间排列起来表现，是很简单的办法，很抽象的开间。民族宫，我抽象得还不够，从台、高塔，有对比、有起伏，轮廓、造型，民族饭店的开间，比如稍间、次间，我用两种层次来做。

王 您是哪一年生人？

┃张 我是 1911 年生人，我父亲是两广总督。

王 您当初为什么想到学建筑呢？

┃张 我父亲在辛亥革命以后就隐居了。我大哥学市政，我二哥学化学。我父亲说，学政治是一朝君主一朝臣，最好学一点技术，不至于饿死。（笑）我就尊重他的意见，对建筑有兴趣。我大哥，和梁思成是同学 5，让我考梁思成的东北大学。考上之后，我就跟着他学。"九一八"以后呢，我跑到清华，清华没有建筑系，我就转到中央大学建筑系了。

王 在您设计的作品中，有没有您最不满意的？

┃张 没有满意的。任何事情，你都会有怀疑。人民大会堂我主持工作，我也是有怀疑的，我觉得当时太快了，否则，面积还可以省一点。就是来不及推敲了。刚才我举的几个例子，是还说得过去的几个例子，说不过去的，就太多了。（笑）

对若干设计作品的回忆

王 贵宾楼是您设计的吧？

┃张 是。北京饭店的那个东楼也是我设计的。

王 当时那个东楼，修那么高，有什么特定的原因？

┃张 原本我住院了。那是竞赛啊，我住在建工医院做的方案。周总理批准，说 55 米高。当时我的想法是，把中楼变成一个整体，中楼是一个老楼，是 1919 年或 1921 年的。6 总理看了这个方案，很满意，批准了这个方案。那时万里同志还在北京市，也同意。后来，李先念同志接待外宾之后，到北京饭店看了看模型，说这个地方，这么好的地，你做这么矮，太可惜了。我们做了 100 米高度的方案，现在就 80 多米高。为什么 100 米没上去呢？就是后来汪东兴说这个地方看到毛主席的书斋了，他告诉了周总理。周总理很忧心，在中南海里转了一个星期，下决心采取措施，要拆，又怕影响群众的意见，说还没盖起来就拆，后来找我商量，就是连拆带挡。西华门左右不是有一排楼嘛，那排楼是屏风楼，我算了一下，它 26.7 米的高度，拦现在东楼 82 米高度的视线，差不多。

周总理跟我一起，上上下下多少次，最后确定在西华门做一个屏风楼，作为故宫的文物库房、8341 部队用房，高度就是 26.7 米。周总理批，这楼不盖成，北京饭店不能开业。北京饭店拆去两层，拆了两个标准层，还有一个顶层，实际上拆了三层。当时，施工到了这个程度，中南海就看到灯火了，汪东兴就讲了。这个事情，总理也没有追究李副总理，就是想办法解决问题。[7] 这是在 1973 年底。

王 贵宾楼，有专家说把"堂子"[8] 拆了。

张 原来有个堂子，是北京饭店的冷冻机房，早就是了。我们做东楼的时候，周总理说要做个汽车楼，说要考虑三个观点：实践观点、群众观点、全面观点。周总理说，北京饭店宴会千把人，进出很不方便，所以，应该做个汽车楼，就是把那个地方（堂子）做个汽车楼。后来，北京饭店觉得那个地方做成汽车楼，损失太大了，所以，改成贵宾楼。

这个地方，原来是堂子，堂子是什么东西呢？原来满清入关的时候，真正祭祖，是在这个地方，不是在太庙，太庙是明朝的太庙，清朝进关之后，每次出征，胜利归来，都在堂子这地方祭祖。堂子是真正的清朝的太庙，不是很大的地方，很早就被北京饭店拿去了，作为冷冻机房。那会儿也没有当文物对待，那会儿文物保护也不严格。北京饭店就当内部用房来处理，1985 年、1986 年就处理了。车库跑地下去了。他觉得那么好的地方，面向天安门广场，做汽车楼太可惜了。

王 您现在还在做哪些工作？

张 市领导让我管三件事，第一是东方广场，很大的，从王府井到东单，85 万平方米，我跟香港的建筑师讨论方案。李嘉诚、董建华他们两个投资，市领导很支持，非要我参加。第二个是天桥开发区，天桥要开发，整个的规划、建设。第三个，是希同让我管一管广安门内外大街，广安门内外都拆了，城市设计帮忙出出主意。东方广场是 20 亿元投资，85 万平方米，光是拆迁、用地，就花了 2 个亿。东风市场[9]，一共才花了 3 亿元。它光拆迁、用地，就 2 个亿！很大。现在争论的，就是高度。

王 听说是 60 米。

张 还想改呢。香港要求不是分期建设，而是一次建成。李嘉诚、董建华两个老板气魄很大的。

王 就是高度问题，现在这个方案还定不下来。

张 现在东城区在主持这个事，已经开了多少次会了。看样子基本上差不多了，最后还得市领导拍板。他让我帮着他出点主意，主意我也出了。外国建筑师也有他的想法，他不愿搞老的，要新一点的，要做成中国式的，就完了。我觉得也好。用现代的新材料、新技术，把传统的吸收进去就行了，不是完全洋的东西就完了。

王 您现在每天工作多少时间？

张 每天找我的人可多了。太多了，太多了。我尽量少做，不然每天都得上、下午憋在这儿做。而且，让我写东西的人也太多了。

王 让您写什么呢？

张 有关古都风貌的文章的事吧。

王 现在还画图？

张 画。

王 就是市领导让您做的那三个项目，是吧？

张 这三个是我做顾问。好多人来找我，让我帮他们出出主意，出出方案。我能够推的就尽量推了，我年龄也太大了，没有那么大的精力了。

王 您刚才讲的人民大会堂的事情，不知您这儿有没有那个报告？

张 我给你说吧。就是外墙啊，本来应该是真石头，现在北京饭店都是石头了，换成深色的北京当地产的石头了，白虎涧的石头。我们当时都看过了，是北京白虎涧。因为当时施工来不及了，就粉刷了。粉刷了，还不如革命历史博物馆，革命历史博物馆是预制挂上去的，到现在还不坏。粉刷的，现在爆皮了。所以，当时我们在大会堂外墙做了十二指砖墙，外面粉刷，是预备以后改真石的，就是把砖拿掉后，可以把石头码上去。我感觉是什么问题呢，我跟赵冬日同志 [10]，他做设计的，在方案组工作，写过报告，中央说没有钱。而且我觉得是什么呢？这东西要做好几年，得慢慢地一段一段地做，钱也不是一次拿。分年给，每次都小一点。所以，一段一段地来改。三四年，一段段做，也不影响使用。搭架子就是一小段吧，一小段、一小段。它现在已经破坏不堪了。水刷石这个东西啊，是水泥跟沙子、石子儿，是有颜色的石子儿，粉刷上去之后呢，用水泥一刷，像石头似的。

水刷石在北京、天津这地方，寿命20到25年就要裂，第一是裂，第二水进去之后，（冬天）冻，冻了又融，一融一冻，它就掉了，把砖也腐蚀了。整个一块儿把砖也拉下来了。这个（情况）在北京、天津是很多的。这么一个政治性的建筑，做这么一个"假"东西，很不实诚啊。而且，影响国威啊。

王 外墙裂的状况，你们做过统计吗？

张 院里做过统计，是二所。外面几个柱子坏了，就换几个柱子。我们要求把人大会堂的墙一块儿换了。我觉得至少宴会厅北墙这个地方可以换了，可以先换一面吧，长安街换一面。太寒酸了，我给你讲。

王 连历史博物馆都比不上？

张 历史博物馆叫预制剁斧石，是混凝土的胎子，在这个胎子上做假石，然后一块块挂上去。它有什么好处呢？它一块块挂上去，都是小块的，不裂。

我跟赵冬日两个人，还联名给江泽民同志写过一个报告。我们通过人大想办法给他转过去的。这种事情，总书记不一定看得见。人民大会堂是我们的政治性建筑，这么一个大厦，搞这么一个假的，糊的像纸壳儿一样的东西，是不行的。现在里面的空调、装修都在更新。里面再新也不行，外面破破烂烂的。矗立在天安门广场这个地方，人来人往，让人看着非常寒酸。[11]

王 关于贵宾楼，有人认为它的高度太高了，您怎么看？说突破了北京的高度控制。

张 没有突破，31米。控制是35米呢。

1 张镈生于1911年4月12日，父亲张鸣岐（1875—1945）是清末两广总督。在张镈出生之月，1911年4月27日，黄兴领导广州黄花岗起义，遭张鸣岐镇压，是役同盟会牺牲的成员有姓名可考者86人，其中72人遗骸葬于黄花岗。1911年10月10日，革命党人发动"武昌起义"，辛亥革命爆发。1912年2月12日，清宣统帝退位。

2 指梁思成1953年10月在北京召开的中国建筑学会第一次代表大会上的专题发言。该发言摘要后以"建筑艺术中社会主义现实主义和民族遗产的学习与运用的问题"为题，发表于《新建设》杂志1954年2月号。

3 梁思成关于建筑"可译论"的论述，见"中国建筑的特征"（《建筑学报》1954年第1期），有言曰："又如天坛皇穹宇与罗马的布拉曼提所设计的圆亭子，虽然大小不同，基本上是同一体裁的'文章'。又如罗马的凯旋门与北京的琉璃牌楼，罗马的一些纪念柱和我们的华表，都是同一性质，同样处理的市容点缀。这许多例子说明各民族各有自己不同的建筑手法，建造出来各种各类的建筑物，就如同不同的民族有用他们不同的文字所写出来的文学作品和通俗文章一样。"

4 友谊宾馆主楼的设计，沿用新侨饭店设计方案，添加了大屋顶。

5 张锐，张镈的大哥，与梁思成是清华学校校友，曾同在美国哈佛大学学习。1930年，张锐与梁思成合作参加天津市政府举办的"天津特别市物质建设方案"设计竞赛，获第一名。

6 据《中国近代建筑总览·北京篇》记载，北京饭店老楼建成于1917年，为北京市文物保护单位。汪坦、藤森照信主编：《中国近代建筑总览·北京篇》，北京：中国建筑工业出版社，1993年，110页。

7 事后，周恩来提出，北京应有一个控制建筑高度的规定，譬如城里45米，城外60米，研究后要把它确定下来。（参阅：李准，"永世的楷模"，载于《周恩来与北京》，中国人民政治协商会议北京市委员会文史资料委员会编，北京：中央文献出版社，1998年，65页）1985年北京市出台《北京市区建筑高度控制方案》，提出以故宫为中心，分层次由内向外控制建筑高度。

8 堂子是清代皇室神庙，原在今台基厂大街北口路西。"庚子事变"后，受迫于《辛丑条约》及《增改扩充北京各国使馆界址章程》，清朝政府将堂子迁出东交民使馆区，移建于南河沿南口东侧路北。20世纪80年代，港商在北京饭店西侧投资建设贵宾楼饭店，堂子被拆除。

9 即北京王府井东安市场，"文革"时称东风市场，1993年至1998年港商投资改扩建，称新东安市场。

10 赵冬日（1914—2005），生于辽宁省彰武县，1941年毕业于日本早稻田大学建筑系，历任北京大学工学院建筑系教授（1942年），东北大学建筑系教授、系主任（1946年），天津北洋大学建筑系教授（1949年），北京市规划局总建筑师（1957年），北京市建筑设计研究院总建筑师，是人民大会堂方案设计负责人。

11 人民大会堂外墙翻新改造工程于1998年至1999年进行，外墙统一采用福建省南安市石井镇出产的"锈石"花岗岩。

汪坦先生的回忆

受访者简介

汪坦（1916—2001）

字坦之，男，江苏苏州人，生于 1916 年 5 月 14 日，2001 年 12 月
20 日病逝。先生于 1941 年 7 月毕业于中央大学建筑工程系，之后在
当时国内颇负盛名的兴业建筑师事务所工作，又于 1948 年 2 月赴美，
在现代建筑大师赖特（F. L. Wright）的事务所学习，1949 年 3 月回国，
初任大连工学院（今大连理工大学）教授、基建处副处长，参加学校
建设工程，1958 年起任清华大学建筑系教授、副系主任、校土建综合
设计院首任院长兼总建筑师。作为一名建筑师，他在 20 世纪 50 年代
参加了北京国庆工程"十大建筑"的设计；作为一名教育家，他教书
育人，并在 1983 年创办了深圳大学建筑系；作为一名学者，他在 20
世纪 80 年代主持翻译了《建筑理论译丛》并撰写了多篇介绍许多西方
建筑历史与理论的论文，还在晚年领导了中国近代建筑史的研究。

采访者： 赖德霖
访谈时间： 1989 年 12 月 30 日、1991 年 12 月 30 日、1992 年 2 月 24 日、1997 年 1—2 月
访谈地点： 1997 年 1—2 月在北京清华大学校医院，其余时间在清华大学汪坦先生府上
整理时间： 2005 年春初步整理，2015 年补加注释并定稿，2018 年 1 月更新注释
审阅情况： 汪先生夫人马思琚教授、汪先生长女汪镇美女士，及汪先生的生前好友刘光华教授、陈志华教
授曾对记录稿进行审阅、更正人名和补充信息
访谈背景： 汪坦先生的经历本身就是中国近代建筑史的一个重要部分。我从 1988 年秋开始进入先生门
下攻读中国近代建筑史专业的博士学位，平时向先生请教的时候，也注意留心听他谈过去的往
事，并作一些笔记。这些谈话大多是先生即兴而发，并不系统。直至 1997 年 1 月 20 日先生患
肺炎住进清华大学校医院至 2 月 5 日出院期间，我作为学生陪护先生，才比较详细地听到先
生回忆往事。主要谈话有三次，即 1 月 27 日、1 月 28 日和 2 月 5 日。同年 5 月 14 日先生 81 岁
寿辰，我又有机会听先生讲过去的经历。现将这几次听讲的记录整理成文，又根据 1989 年 12
月 30 日、1991 年 12 月 30 日、1992 年 2 月 24 日，及另外两次未记录日期的谈话记录进行了
补充。整理稿尽量忠于汪先生原话，我只在必要时对笔记中的一些简略词语作了复原，一些话
的顺序也适当进行了调整，以使文字稿内容更清楚、结构更紧凑。我还尽自己所能对先生提到
的众多人物作了注释，以便读者理解。

书斋中的汪坦先生。吴耀东摄

我的祖上是安徽的走方郎中，到苏州定居，共有三房，我家属长房，但"长房出小辈"。八叔祖汪东[1]是中央大学文学院院长，当过国民党监察委员。汪季琦[2]是我的九叔祖，共产党员。他是中央大学的，被国民党抓过，但国民党军官欣赏他的才华，保护他，后来汪东找于右任保出来，但他仍然为共产党工作。

我父亲汪星伯[3]，原是清华学生，本考上公派留学，要去法国学土木，但生病，祖母不让去。他在青岛德国学校学习，德语很好。（我的祖父还会武功）"文革"时父亲挨斗，被抄家，还要背语录歌。

我母亲是陆润庠的孙女。陆是晚清的状元[4]，会医术，开"世补斋"，原来家很贫寒，中状元时媳妇正在河边洗衣服，连给报喜的人的赏钱都没有。他看上了汪家，但汪家穷，并没有给陆家送礼，去陆家穿布衣而不穿绸衣，不讲作派，陆都允许。我母亲到汪家后，过着和其他家人一样的日子，也下厨房，可惜得了心脏病，36岁就死了。我上文明小学，一、二年级读《论语》《孟子》，三年级读《左传》。从小父亲就教我琴棋书画（我的二姑和三姑也都能诗善画），我还可以弹古琴。后来陆家败落，子弟唱昆曲，都是玩家，我到陆家"促馆"，也就是陪着读书。现在苏州老家的房子还在，还有继母生的四妹汪城，她比我小17岁，但16岁就参军了。我的五妹汪垣，是一位肝病专家，很有成就。

我上中央大学时建筑系主任是虞炳烈[5]，中大的新系馆是他设计的。我先被录取在医学院，看到建筑系的图很喜欢，找虞先生商量转系。他给我笔和纸，我画了两个小时，他满意，就录取了我。到重庆后刘福泰[6]也当过一段系主任，他很爱踢足球。再后来系主任是鲍鼎先生[7]，他在美国学的是AE（建筑工程）。学校搬回南京后，给了鲍先生一年假从事学术研究，鲍先生也就下台了。后来重庆立了一块碑，意思说抗战时中大曾在那里发展。碑文是南京中大的人写的，列举了很多学部委员，建筑系只列了刘敦桢先生而没列鲍鼎先生，北京校友认为不公。吴良镛说："抗战八年，鲍先生功不可没。"

周卜颐[8]去美国比我早，但考取中大与我同时，还有刘济华[9]和刘光华[10]。念了一年，抗战爆发，学校迁往重庆，我因姑母病重，去安徽一年，1938年到重庆，差半年，又多念半年。周、刘等毕业比我早一年。我后来与周仪先[11]、胡璞[12]同班。

上初步课时的重头课是渲染和柱式。谭垣[13]先生看到画的质量不好，会说："你没有资格学建筑。"学"Analytic"（分解构图），完全按照约翰·哈伯森（John Harbeson）[14]的 *The Study of Architecture* 所讲的程序。意、象、体的感觉和"Molding"（线脚造型）的微差等都需要古典训练。我认为即使现在也需要补课。渲染一辈子可以画一次，知道建筑上有这些是必要的。要追求作品的功夫。并不是个个作品在立意上都是杰作，但要有功夫，这才是建筑的正规教养。现在很多作品一眼看透，很浅。

设计课程有小住宅、纪念碑，到高班有图书馆、俱乐部、车站。那时杨廷宝先生在中大兼职，我做的中央日报馆就由杨先生指导，但我做得不好。图书馆是"Gothic"（哥特）风格的，从室外铺地到室内铺地、平、立、剖面，都跟杨先生学，学到很多。学生们说跟杨老师就要学古典，别搞现代派的东西。给杨先生看图要有平、立、剖。他认为不合适就画个室内透视作为说明提意见，但他不要求学生画透视。现在教学不重视剖面，这是不够格的。我当老师时也曾经要求平、立、剖，曾把学生搞哭了。

我最喜欢杨廷宝先生和谭垣先生。杨先生是中国学生的楷模。他从不与人争，也不在乎分数，他只求学生学到东西。杨先生不太示范，只是看学生收不了场时才出手救你一把。谭先生是示范一部分后就不再帮忙（童鹤龄[15]很强调示范图）。谭先生在南京上课，在上海也有事务所。

李惠伯先生[16]也在中大兼职。他与杨先生不同，让大家用马粪纸做模型，设计山地住宅，用模型摆。他是现代主义的，用一本包豪斯的书。他对我说，19世纪城市的路不是马路，而是驴路。我做的小住宅设计入口处用大片墙，开了一个小小的中式漏窗，他大加赞赏，说妙极了。他对我很放手，大块规划也让我做。当时社会需要，建筑师不仅要会设计，还要会计算，所以李惠伯说："计算尺和水彩笔一起走。"[17]

徐中先生[18]是老知识分子中的正派人。童鹤龄先生因为职称问题曾对徐先生有意见，但徐先生说要避嫌，你是我的学生，提职称只有一个名额，我必须先考虑别人。童鹤龄的传统修养也好。徐先生去世时他大哭，从大门一直哭到遗像前（黄兰谷[19]是童的同班同学）。

当时中大全系只有几十个学生。方山寿一班只有四五个人，有方山寿[20]、曾永年[21]、邓如舜[22]和章周芬（女）[23]。我们平时以画图桌为家，生活在设计中。绘图仪器是"K–1"，美国名牌，很高级。重庆多雾，很少见太阳。有一天谭垣先生上设计课，看见学生都没来，非常生气。原来学生看见出太阳了，赶紧画水彩画去了。当时营造学社还设立了"桂辛奖学金"，郑孝燮[24]、朱畅中[25]先后获得过。

谭垣先生布置的作业有些是宾大的题目，他甚至将过去的获奖方案搬过来让学生往下做。我和戴念慈当讲师时对他给的方案不服气，他说："这可是一等奖方案呢！"——露了馅儿，也显出他的天真。

美术老师有李汝骅[26]、孙庆华、樊明体[27]和周圭[28]。周曾留法，是吴作人同学，善画竹。

教我结构的老师是刘树勋[29]。虞兆中[30]（后来的台湾大学校长）教材料力学，他教铁木辛格[31]的材料力学[32]，很活。我听了他的课觉得很好，使他坚定了材料力学改革的信念。

汪定曾[32]刚回国时教（建筑）法律职务，他后来是中央银行建筑科的负责人，周卜颐就在他手下工作。

我的大学毕业论文是《中国建筑的大木结构》，根据梁思成先生的《清式营造则例》和《大同古建筑调查报告》研究李明仲的《营造法式》，我自己有木刻本的《营造法式》。这篇文章曾在吴良镛班办的油印刊物上发表（张守仪[33]、胡允敬[34]与吴同班）。梁先生和刘士能先生都看过，并给予褒奖。刘先生说，你没有看到梁先生的研究，又不在营造学社，一个人看书，能搞清楚材、栔，很不容易，梁先生看了也会惊讶的，但你的"月梁之制"有错误。他还说自己搜集的资料有好几箱，他自己一辈子也干不完，希望年轻人做下去。但后来我的兴趣转到其他方面，到赖特处后就开始研究西方建筑。

我毕业后先到兴业建筑师事务所工作了两年，然后回校当助教，帮刘（士能）先生教构造。当时的助教还有戴念慈和刘济华。我和戴发表自己意见过多，不太买老先生的账，系里后来停聘我们。徐中先生说你赶紧自己找事。我本可以回兴业，但又学了一年土木。中大教务长胡焕荣（地质学家）是我中学的校长。我说自己今后要搞城市规划，要学结构、材料和水工，之后才回兴业。

当助教时，中大有谭垣、刘士能和鲍鼎先生。兼课的有汪定曾、黄家骅 35、哈雄文 36，李惠伯正式教设计课，所以我后来去了兴业。鲍鼎先生很努力，把社会上许多名建筑师请来评图。我在重庆多年没有给父亲写信，父亲写信问鲍先生："我的儿子在中大教书，不知是否还在你处？"鲍先生找我说："你应该给父亲写写信呀。"

我看透了国民党的腐败。日本军队打到贵阳时，重庆士兵给养不足，只能喝面汤，没有军饷，后来发生了"校场口事件"。美军登陆，从大学里招学生当翻译，吴良镛先生全班学生，包括胡允敬被征调当翻译。我当时是老师，自己也报名当翻译，到昆明受训，进入"第五纵队"（Office of Strategic Service，OSS），我可以跳伞，会打枪。美军需要，就成为一个五人小组的翻译，要跳伞到河南归德（1945年）伪庞炳勋司令部。（当时阵线并不清楚，国民党和伪军在一起不打仗时可以打篮球。）信号是三把烟火。但日本人打高射炮，虽然很稀，但找不到烟火，只好回西安基地。基地指示不行动，把我们关起来，以防走漏消息。后来美国在广岛投放原子弹，日本投降。战争结束后，去接收河南，在中南战区胡宗南的大旗上签字。当时中国翻译很少，我曾拿日本战刀赠送美国友人，还见过胡宗南。我原属中国国民党军事委员会，接收郑州飞机场后退伍，到昆明后回家。

我不太在意保存照片之类的纪念物。周仪先起初在清华，大概是化学系，后来到中大。他是个特立独行的人。他为了自己的想法，不在乎得零分。毕业上峨眉山，与马帮同行，还写诗，对宇宙和人生都有自己的想法，现在在旧金山，出家当了和尚。他出游寄给我的信和诗后来我送还给他，但是又被大火烧光了，他不在乎。戴念慈是好学生，力量放在技术上，与周仪先不一样，他去兴业是我推荐的。

兴业建筑事务所的老板是徐敬直 37，他毕业于美国匡溪（Cranbrook）艺术学院，对手下人很爽快，但不如李惠伯有能力。李的夫人是大医院的护士长。李设计医院（桂林？）在功能方面就向她请教，如消毒室的门应该开什么方向。我跟李惠伯工作受益匪浅。他画透视图的能力很强，结构也好。大定发动机厂的门总被汽车撞。我重新设计时按照规范画，李惠伯让我先画出汽车在不同的位置上的透视图，通过视觉效果判断设计好坏。他画渲染图，画完后水仍是清的，很绝。萧鼎华 38 曾是全国运动会跨栏冠军。他与孔二小姐有交情，主管重庆业务，负责与陈、宋、孔家相关的业务。

那时建筑师、营造厂和业主并非三权分立，建筑师要靠营造厂收活。如陶馥记（营造厂）与上层关系密切。兴业的事务所设在营造厂的办公楼内，徐敬直就只能送图，如给南京市市长马超敬送规划图。而陶馥记可以送房子。在后方时，陶与四大家族打交道。张群的住宅是陶送的，我设计，由戴念慈画透视。张只给了一期的钱，但后来张群要盖行政院，陶就中了标。

兴业事务所的任务与陶馥记关系较大，得到陶桂林的支持。陶原是洋行的监工，在大工程下包自己的小工程，成为当时内地最大的营造厂之一。陶馥记给兴业找的是二陈（CC）39 的工程。徐曾负责保密局大楼的设计。其他大的营造厂还有陆根泉的陆根记营造厂。他与昆明市市长换小轿车，目的是行贿。他与军统也有关系，可以用美国军舰运送洋松。

陶桂林文质彬彬，在过年时总给建筑师送礼，甚至描图员也给钱。陆根泉也给兴业送礼。如过年过节给事务所的人送手表等，还送家具，这样业主找兴业时家具就成为营造厂的广告。兴业的经济力量弱，事务所用的是馥记的房子。南京馥记大楼设计时李惠伯正在美国。我用一周时间就画出图。国民党在贵州大定办飞机制造厂，李惠伯主持设计，我也参加了设计。当时画施工图用的是美国标准（American Graphic Standards）。施工图注英文，大的营造厂都懂。

建筑师之间也抢生意，华盖的赵深设计（昆明）南屏大戏院，对图纸保密，生怕露出去被别人抢了先。范文照开业早，赵深等人在他那里干过，尽管一些工程是独立负责的，但都不署自己的名字，这是晋升之路，逐渐成为"Associate"（合伙人）。赵深也很有关系，在昆明就和龙云有关的一位刘太太很熟[40]。

梁衍[41]到基泰后是小老板，他设计的国际俱乐部有赖特的意味。这些建筑师都是大家子弟，一起出去吃馆子。梁衍回家晚会被太太骂。徐敬直开新车撞了大门，心里窝囊，就打门房的值班人。他平时不这样，但为了出气就打，打完后又给钱抚慰。

我到兴业没几个月工资就提高了，比一般画图员高，因为徐敬直说："这点钱是留不住他的。"我去赖特处是考取公费留学的，当时国家不给钱，但可以公费买外汇。考完公费有了资格，自己选择去哪里。当时周仪先已由资源委员会公费派出两年，后来没有钱，移民局要赶人，他到赖特处，赖特留下他，并改名林白[42]。赖特的第一个专集在1938年出版，第二本在1948年。我上学时私人可以订外国杂志，如*Pencil Points*和*Architectural Forum*，所以在大学时就看到他的作品。我曾给赖特写信讲自己的建筑观点，林白也推荐，赖特给我1 000美元担保，我就去了。徐敬直还给了我一年的工资。在那里学徒，平时给生活费和小用品，我的领带就是赖特先生送的。赖特还给马思琚（按：汪先生夫人）1 000美元担保，但她最终没有过去。

在赖特先生处最深的印象是，学设计不能像他，他说像他就没有出息了。这种老师真是少有。他反对人去打法西斯，意思是说不要为美国那帮人卖命送死。他说法西斯要用武力征服世界，而美国人是要用金钱征服世界。当时美国政府要逮捕赖特，原因是他的学生不当兵。但结果没有抓，因为他只说。赖特喜欢音乐，但不喜欢音乐家，因为他们要让人喝彩。他宁愿找业余的，但都是忠于音乐的人。我在赖特处时，李滢[43]曾与费正清夫人去过那里。

我1949年1月离开美国，在赖特处工作了11个多月。临行前我对赖特先生说国内在打内战，小孩（按：即先生长女镇美）才7个月，家里有困难，必须回国。（我是中国人，其实来的目的就是为了回中国。）赖特先生很关心，还问能不能先寄肉回去。我是清晨四点离开（塔里埃森）的，赖特先生起身送我，他说如果国内不如意，欢迎我随时回去。我请求他同意我翻译他的自传，他同意了。但周仪先认为理解赖特很难，最伟大的人总是很难理解的。赖特夫人在给我的书上自称"Spiritual Mother"（教母），我称她师母。我后来去美国，她已经过世了。

我去解放区是汪季琦介绍的。我从美国回国，一到上海，汪季琦就送我到香港九龙，在那里与王大竑[44]等会合，绕台湾海峡，从北朝鲜到东北。马思琚的母亲、哥哥和姐姐、徐敬直那时都在香港，所以兴业仍给我开证明"调汪坦去香港工作"，以应付途中盘查。我坐的是美国将军号船，得到了沈其一的帮助，沈是共产党的知识分子，搞地下工作。

我1949年到大连，在大连工学院施工教研组当主任，教施工技术、施工组织计划。苏联专家还要求我指导水工结构毕业设计的施工部分。我自学了俄语，看施工说明没什么问题，道理很简单，你不干谁干？毕竟我还搞过一点施工。那时学院的院长是吕振羽先生，他是著名的马克思主义理论家。基层党组织几次考虑我的入党问题，但我认为自己还不够格。我当过工会主席，还主持过批判胡风。

50年代初，我还教什么是水工施工的机械化、大坝施工现场布置。清华的张光斗教授有美国田纳西梯级开发每个水坝的施工布置图，我为此专门来清华看，到张家在他书房里把图描下来，备课一个月就回大连讲。当时马思琚在北京，梁思成先生请我来清华，大连工学院同意了，也是为了培养干部。我那时是旅大市副秘书长，省级协商委员会委员，直属国务院，大连慎重地核定级别。我1957年到清华。

刚来时清华正批判钱伟长先生。梁思成先生带我一同参加会。会后梁先生仍与钱开玩笑。钱伟长反对学苏联那样在教学上上很多安全课（苏联萨多维奇 [46]）。苏联的施工课有几百个学时。刚到清华时蒋南翔校长还让我去东北招生，但我推辞了，决心搞学术工作。

梁先生是孟尝君，很义气。他1949年回国后带回24张挂图，改掉了"五柱式"的教育传统。讲视觉与图案和抽象构图。后来有人批判莫宗江先生的抽象构图是"垃圾堆里找灵感"。

蒋南翔任校长时清华的效率很高。国庆工程多个系合作，如大剧院一个旋转舞台，清华设计的三幕舞台是电动方案，而不是机械方案。蒋让全校有关各系的党支部书记负责。电机系也调了相当部分技术骨干。当时真热闹呀。都没有经验，虽有点知识，但凭着一股劲，干起来了，真令人回忆。

当时规划在历史博物馆南侧建儿童馆，象征未来；人大会堂南是大剧院，表现欢歌燕舞。为了突出农民，甚至还有人提出用白菜和猪作装饰题材。当时刘小石是建筑系的总支书记，协调把关真不容易。人民大会堂是边设计边施工，材料浪费很大，从经济角度看不合理。但不说进步还是落后，大家都是爱国的。人民大会堂的验收是由人大代表中的建筑师做的，有杨廷宝、鲍鼎和梁思成。梁先生是我代他去的。

人民大会堂的技术问题相对比大剧院简单。大剧院有3 000座。我那时是清华设计院的院长，带队画国家剧院的施工图。图纸3 000张都画完了，要带领设计组进驻（旧）儿童医院现场设计了，但挖基础时碰到了元代的护城河，基础来不及做，因为要填石工程量太大。又因为人大会堂工程紧，所以赵鹏飞 [46] 和万里 [47] 决定停工，他们是国庆工程的总指挥。

历史博物馆的方案是清华做的，北京院负责修改实施。最后一个大厅原来是共产主义大厅，原想画一张大画表现共产主义理想，但仍不行。美术馆的初步方案戴念慈没有参加，但后来美术界看中了他画的透视图。当时地基已经按清华的方案挖了。戴念慈是在清华的底子上改的。

国庆工程的过程像一场梦，但仍值得留恋。当初人们真是纯朴，让拆房子，当地的住户自己投亲靠友，很自觉主动。

清华1958级（建8班）学习了很多古典。"9字班"即胡绍学的班，是清华教育的一个标志，质量很高，人才济济。现在的老师胡绍学、田学哲、梁鸿文、李晋奎、詹庆旋等都是这一班的。"0字班"有冯钟平，他们思想解放，经过国庆工程的锻炼。国庆工程经过调研，当时设计3 000人剧场没有经验，如存衣处、厕所位置怎么设都不清楚。总理找梁先生，梁先生带我去。总理问："汪老师做过的最大工程是什么？"我说："只画过一些方案，不能算数，没有搞过大设计。"总理说："不算眼前账，要算长远账，培养一代人。"当时集体协作，柱头方案每人都出，一起推敲，并做出实物，大家围着，一起讨论。全国的建筑师都受到了锻炼。

清华学生外语较好，查阅了很多外文资料。一本一本地篦，出了两本专集，其中一本是苏联剧院的资料集。当时既翻书本，又实地调查。博物馆设计时作了大量跟踪调查。我设计公共汽车站，跟车一天，理解售票员的辛苦。走出西方，又解脱苏联，这是中国的理解。清华一度有过试验，应该写进历史。至今仍值得思考和回味。

程应铨 [48] 英文特好，与吴良镛等征调当翻译。他的俄文也好，可惜"文革"时自杀了，大概是看到正派的人全被关起来了，大难要来了。

"文革"时有一位老师和我一起早请示晚汇报，但上面派他目的是让他监督我。吃饭时后面也要跟着人，但后来监督我的人跟我都很好，只不过有任务。我认为去鲤鱼洲 [49] 对我这一辈子是一个很大的锻炼。因为以前不了解中国。中国农民真好，但真没有知识，很可怜。所以我相信共产党，认为自己不行。

我现在常常想现实世界与艺术世界是什么关系。伯恩斯坦 [50] 的书对我启发很大 [51]。

1　汪东（1889—1963），原名东宝，后改名东，字旭初，号寄庵，别号寄生、梦秋，吴县人。早年就读于上海震旦大学，1904 年东渡日本，在早稻田大学预科毕业，结识孙中山，参加同盟会，鼓吹革命，任《民报》编辑、主编。民国时，历任北京政府内务部佥事、江苏省长公署秘书、中央大学文学院教授、中文系主任、文学院院长、监察院监察委员、礼乐馆馆长等职。1950 年被选为苏州市人民代表、人民委员会委员。1954 年起，先后任苏州市政协常委、副主席、江苏省政协常委、中国国民党革命委员会苏州市委员会主任、民革中央团结委员、民革江苏省委员会副主任等职。（见江一洛《苏州近代书画家传略》。）

2　汪季琦（1909—1984），字楚宝。1933 年中央大学工学院土木工程系毕业。曾任中国工程师学会会员、上海市工务局副局长、中国建筑学会秘书长、副理事长、《建筑学报》主编。

3　汪星伯（1893—1979），名景熙，苏州人。早年就读于东吴大学、清华大学。辛亥革命后，任《华国月刊》助编，以文字鼓吹革命。1928 年起，在上海、昆明、南京挂牌行医，因善于辨诊施治，对症下药，有"汪一帖"的美誉。1949 年后，被聘为市文管会委员，1954 年后一直在市园林管理处工作。为平江区第一至第三届人民代表，中国民主同盟会会员。擅诗词文辞、书画金石、博物考古、园艺、音律，造诣很深（见江一洛《苏州近代书画家传略》）。有遗著"假山"（《建筑史论文集》第 3 辑，1979 年），"学书一得"（《荣宝斋》第 31 期，2004 年 11 月）。又据陈志华教授回忆，某年曾带学生参观苏州园林，导游的老人听说是清华建筑系的，便说："我的小孩儿也在清华建筑系。"问是谁，老人答："汪坦。"众人莞尔。

4　陆润庠（1841—1915），字凤石，元和（今苏州）人。同治十三年（1874）状元，授修撰。历任山东学政、国子监祭酒、内阁学士、工部侍郎。1896 年曾受命在苏州创办苏纶纱厂，又开设苏经丝厂。两年后，出租给商人经营。1900 年后授礼部侍郎，充经筵讲官，擢左都御史。1906 年署工部尚书，次年任吏部尚书，参预政务大臣。宣统元年（1909）任东阁大学士。辛亥革命后，留侍航宫，为溥仪师傅，授太保。1915 年因遭遇时变，忧乱在胸，危坐不食，数日而逝。赠太傅，谥"文端"。（见《清史稿》卷 472，列传 259；江一洛《苏州近代书画家传略》。）

5　虞炳烈（字伟成，1895—1945），江苏无锡人，1921—1933 年先后求学于法国里昂中法大学建筑专门学校、国立巴黎高等美术院建筑系、巴黎大学都市计划学，获建筑师与土木工程师许可，是 1933 年成立的"中国留法艺术学会"发起人之一。回国后任国立编译馆建筑师、中央大学建筑工程系教授、复旦大厦联合大学土木工程系教授、中山大学建筑工程系主任与教授。曾任云南省建设厅技正兼省政府建筑委员会工程师，越南中华商会规划师、建筑师。见赖德霖主编，王浩娱、袁雪平、司春娟合编《近代哲匠录——中国近代重要建筑师、建筑事务所名录》，北京：中国水利水电出版社，知识产权出版社，2006 年，184-185 页。

6　刘福泰（LAU, Fook-Tai, 1899—1952），广东宝安人，美国俄勒冈州立大学建筑系毕业。曾先后在中央大学建筑工程系、北洋大学建筑工程系（创办）、唐山工学院建筑工程系任教。来源同上，88 页。

7　鲍鼎（字退遐，宏爽，1899—1979），湖北蒲圻人。1918 年北京国立工业专门学校机械科毕业，1932 年获美国伊利诺伊大学学士，1933 年获该校硕士。后在中央大学、武汉大学任教，湖北大武汉都市计划委员会计划室主任。来源同上，1 页。

8　周卜颐（1914—2003），江苏溧阳人。1935 年毕业于苏南工业专门学校，1940 年毕业于中央大学建筑工程系，1948 年获美国伊利诺伊大学美术学院建筑系硕士，1949 年获美国哥伦比亚大学建筑学院硕士。先后在北京工学院、清华大学、华侨大学、武汉大学任教。创建华中理工大学建筑系，首任系主任。《建筑学报》编辑委员会副主任、顾问，《新建筑》主编。来源同上，211 页。

9　刘济华（1917—？），四川重庆人。1940 年中央大学建筑工程系毕业。任中央大学助教、讲师。来源同上，91 页。

10　刘光华（LIU, Laurence G. 1918—？），江苏南京人。1940 年中央大学建筑工程系毕业，1944—1945 年美国宾夕法尼亚大学建筑系学习，1947 年哥伦比亚大学建筑与城市规划研究生院硕士毕业。先后在南京兴华建筑师事务所，中央大学、南京大学建筑系，上海文华建筑师事务所，上海联合顾问建筑师工程师事务所任职。来源同上，89 页。

11　周仪先，浙江海宁人。1944 年 7 月毕业于中央大学建筑工程系。曾于重庆兴业建筑师事务所工作。1947 年起在美国赖特事务所工作，改名林白（Lin Po）。著有"莱特大师的建筑艺术（上、下）"，《建筑学报》1986 年 12 期、1987 年第 1 期。

12　胡璞，江苏无锡人，1941 年中央大学建筑工程系毕业，后在美国密歇根大学获建筑学硕士。曾在兴业建筑师事务所任职，后赴美在芝加哥工作。见赖德霖主编，王浩娱、袁雪平、司春娟合编《近代哲匠录——中国近代重要建筑师、建筑事务所名录》，48 页。

13 谭垣（Harry Tam WHYNNE，1903—1996），广东中山人，生于上海。1929年美国宾夕法尼亚大学建筑系毕业，1930年获硕士。后在中央大学、重庆大学私立之江大学任教。1952年后任同济大学教授。来源同上，134页。

14 John F. Harbeson（1888—1986），1910年毕业于美国宾夕法尼亚大学艺术学院建筑系，翌年获该校硕士学位。为著名建筑师、教育家克芮（Paul Cret）学生。1927—1935年担任该系系主任，1929—1930年任执行院长。教授。所著《建筑设计学习》（*The Study of Architectural Design, The Pencil Points Press*, Inc., 1926）是1920年代和1930年代建筑教育的经典教材。

15 童鹤龄（1925—1998），1947年毕业于中央大学建筑工程系。曾任天津大学、华侨大学、宁波大学建筑系教授。著有"不拘一格：谈建筑教育的办学模式"，《南方建筑》，1988年第2期等。

16 李惠伯（LEI, Wai Paak, 1909—?），广东新会人。曾就读岭南大学化学系，1932年美国密歇根大学建筑系获学士学位。范文照建筑师事务所任职，1935年与徐敬直合作获南京国立中央博物院图案设计竞赛首奖。后赴港。见赖德霖主编，王浩娱、袁雪平、司春娟合编《近代哲匠录——中国近代重要建筑师、建筑事务所名录》，61页。

17 记得汪先生还讲过，李在抗战期间业务少，曾研究四川当地竹制物件的节点。惜这段回忆未作笔记。

18 徐中（字时中，1912—1985），江苏常州人，1937年美国伊利诺伊大学硕士毕业。先后担任军政部城塞局技士、中央大学建筑工程系讲师，重庆兴中工程司建筑师。1949年后先后任教南京大学建筑系、北方交通大学唐山工学院建工系、天津大学建筑系教授。见赖德霖主编，王浩娱、袁雪平、司春娟合编《近代哲匠录——中国近代重要建筑师、建筑事务所名录》，北京：中国水利水电出版社，知识产权出版社，2006，164—165页。

19 黄兰谷（1925—1989），1947年毕业于中央大学建筑工程系。逝世前任华中理工大学建筑系主任。译有《建筑环境的意义——非言语表达方法》（A.拉普卜特著，与张良皋合译，北京：中国建筑工业出版社，1992年）。

20 方山寿（1917—?），江苏武进人。1939年中央大学建筑工程系毕业。任职重庆基泰工程司、重庆中央印刷厂建筑师。1949年后任西北工业设计院总建筑师。见赖德霖主编，王浩娱、袁雪平、司春娟合编《近代哲匠录——中国近代重要建筑师、建筑事务所名录》，31页。

21 曾永年（1918—1997），福建闽侯人。1940年毕业于中央大学建筑工程系。先后入职昆明基泰工程司、兴华工程司。重庆大学建筑工程系主教。1949年后参与北京人民英雄纪念碑设计讨论，中国文物学会理事，传统建筑园林研究会副会长。见赖德霖主编，王浩娱、袁雪平、司春娟合编《近代哲匠录——中国近代重要建筑师、建筑事务所名录》，188页。

22 邓如舜，（字伯虞，1915—?），广东鹤山人。1940年中央大学建筑工程系毕业。后任职中国银行建筑课，香港中国银行建筑科。来源同上，21页。

23 章周芬，（1915—?），江苏无锡人。1939年毕业于中央大学建筑工程系，1950年获美国宾夕法尼亚大学建筑系硕士学位。后任职北京中直修建办事处设计室、北京工业建筑设计院，中国建筑东北设计院。来源同上，201页。

24 郑孝燮（1916—2017），辽宁沈阳人。1942年毕业于中央大学建筑工程系，获中国营造学社"桂辛奖学金"。1943年任职于粮食部仓库工程管理处。曾在兰州、汉口等地建筑事务所任建筑师。1949至1953年任清华大学副教授。还曾任重工业部、第二机械工业部建筑师、副处长，建筑工程部、国家建设委员会建筑师、高级建筑师，《建筑学报》编辑部主任，国家建委城建总局总建筑师、建设部城市规划司技术顾问、国家历史文化名城保护专家委员会副主任、中国城市规划设计研究院高级顾问，中国建筑学会第五、六届常务理事，中国城市科学研究会第一届常务理事，国家文物委员会委员，第三届全国人大代表，第五、六届全国政协委员。在《建筑学报》上发表："关于居住区规划设计几个问题的探讨"（与程世抚、安永瑜、周干峙合著，1962年第3期）、"保护文物古迹与城市规划"（1980年第4期）、"试论首都规划的环境艺术问题——学习＜北京市建设总体规划方案＞的一点体会"（1983年第11期）、"关于历史文化名城的传统特点和风貌的保护"（1983年12期）、"中国中小城市布局的历史风格"（1985年第12期）、"关于首都规划建设的文化风貌问题"（1986年第12期），"中国历史名都规划的形制：试论隋唐长安和明清北京"（台湾《建筑师》第15卷第1期，1989年）。

25 朱畅中（1921—1998），浙江杭州人。1944年5月毕业于中央大学建筑工程系，获中国营造学社"桂辛奖学金"第一名。1945—1947年任湖北省政府建筑工程处副建筑师，武汉区域规划委员会设计室工程师，协助鲍鼎制定武汉都市计划。1947年起历任清华大学建筑系教师、副教授、教授，城市规划教研组主任。1950年为清华大学国徽设计小组成员。1952—1957年赴莫斯科建筑学院城市规划系学习，获副博士学位。历任中国城市规划学会资深会员、风景环境规划学术委员会主任委员、中国风景园林学会顾问建设部风景名胜专家顾问。1985年起兼任烟台大学建筑系第一任系主任曾主持黄山风景区总体规划（1980）

《建筑学报》发表"纪念苏联建筑师卡·谢·阿拉比扬"(1959年第4期)、"徽州纪行"(1980年第4期)、"评黄山玉屏楼改建的设计竞赛"(1988年第12期)、"风景环境与旅游宾馆——评香山饭店的规划设计"(1983年第4期)等,并组织起草《国家风景名胜区宣言》(1992)。

26 李汝骅(1900—2002),又名李剑晨,河南内黄人。1926年毕业于北京国立艺术专门学校。后赴英、法留学。回国后曾任中央大学教授、重庆国立艺术专科学校教授、教务长、西画系主任。1949年后历任南京工学院教授、江苏省美协第二届副主席、江苏省水彩画协会第一届主席、九三学社社员。著有《水彩画技法》等。(http://auction.guaweb.com)

27 樊明体(1915—1997),笔名民题,河南内黄人。毕业于国立艺术专科学校西画系。先后任教于国立中央大学、北方交通大学、天津大学、同济大学建筑系从事美术教学。中国美术家协会会员,上海水彩画会顾问。出版有《樊明体水彩画》。(http://auction.guaweb.com)

28 周圭(1906—2001),字方白,江苏南汇(今属上海市)人,近代雕塑家。1927年曾游历南洋群岛写生。1930年春赴法留学,入巴黎国立高等美术学校绘画系。1931年曾以肖像创作参加法国沙龙展出,后被吸收为法国美术家协会会员。1933年,入比利时京都皇家美术院攻读绘画,次年转学雕塑。在校学习期间,曾获比利时国王亚尔培金奖,以及透视学、解剖学、服装史等理论课程嘉奖。1935年游历意大利后归国,先在苏州美术专科学校任教,后任中山文化教育馆研究员。抗日战争时期,曾在武昌艺术专科学校任教授,1939—1941年任中央大学教授,后任杭州艺术专科学校雕塑教授、圣约翰大学建筑工程系美术教授。(根据 www.ms.net.cn 补充)

29 刘树勋(1902—1986),字景异,辽宁昌图人。1923年任辽宁振兴煤矿公司技士,1929年毕业于东北大学土木工程系;同年获美国康乃尔大学土木工程硕士学位。曾于美国伊利诺大学研究。回国后曾任东北大学教授(1932)、北平大学讲师(1933)、河北工学院讲师(1934)、中央大学教授(1940)。(资源委员会编《中国工程人名录》,商务印书馆,1941;《百度百科》,https://baike.baidu.com/item/ 刘树勋 /61591)

30 虞兆中(1915—2014),字星拱,江苏宜兴人。1937年毕业于中央大学土木工程系。曾任导淮委员会技佐(1937)、中央大学助教(1940)、重庆天佑工程公司主任技师、台湾大学土木工程系主任(1957—1965)、工学院院长(1972—1979)、1973年后任国际预应力混凝土协会副会长、中国工程师学会论文委员会主任委员,1975年后任教育部工专科学校评鉴总召集人,订定评鉴标准,1976年任中华学术院中华工学协会会长,1979年任大学评鉴土木水利各系所召集人,1977年任教育部改进工业教育规划小组委员,策划各级工业教育之发展,创立中华民国力学学会,任首任理事长,1978年膺选中央研究院评议员,1981年2月退休,同年8月任台湾大学校长。(中国名人传记中心编印《中华民国现代名人录》,(台)亚太国际出版事业有限公司,1982年)

31 铁木辛格(S. P. Timoshenko, 1878—1972),俄罗斯力学家。1915年提出用能量法解决加劲板弹性稳定性问题。著有 *Elastic Stability (New York: McGraw-Hill*, 1936, 张福范中译:《弹性稳定理论》,北京:科学出版社,1965年)等。(http://hnbc.hpe.sh.cn/10/zirankexuefazhanshi/lixuedashinianbiao.htm 等)

32 汪定曾(字善长,1913—?),湖南长沙人。1935年上海交通大学土木工程系毕业,1937年、1938年分别获美国伊利诺伊大学建筑系学士于硕士学位。后任教中央大学、重庆大学、私立之江大学。参与上海都市计划委员会秘书处技术委员会工作。1952年后同济大学任教,后调至上海市城市规划管理局、上海民用建筑设计院等单位。见赖德霖主编,王浩娱、袁雪平、司春娟合编《近代哲匠录——中国近代重要建筑师、建筑事务所名录》,148页。

33 张守仪(1930—),女,河北丰润人。1944年毕业于中央大学建筑工程系,美国伊利诺大学硕士。1952年起任清华大学建筑系教师、教授。著有《儿童和居住环境》(《建筑学报》,1990年8月)、《围合式住宅小团及其日照环境》(《建筑学报》,1995年4期)等。

34 胡允敬(1921—2008),河北天津人。1944年2月毕业于中央大学建筑工程系。1947年起任清华大学建筑系教师、教授,曾参加中华人民共和国国徽设计。生平介绍详见金建陵"参与中华人民共和国国徽设计的胡允敬",《档案与建设》,2009年09期。

35 黄家骅(字道之,1900—?),1924年清华学校毕业,1927年获麻省理工学院建筑系学士,1930—1931年就读美国哥伦比亚大学。任职公和洋行、东亚建筑公司、上海联合顾问建筑师工程师事务所,任教私立沪江大学、重庆大学、中央大学。1952年后任同济大学教授。见赖德霖主编,王浩娱、袁雪平、司春娟合编《近代哲匠录——中国近代重要建筑师、建筑事务所名录》,53页。

36 哈雄文(HA, Harris Wen / Wayne, Hsiung-Wen,1907—1981),1927年清华大学毕业,1932年美国宾夕法尼亚大学毕业。任职董大西建筑师事务所,任教私立沪江大学、中央大学。1952年后任教同济大学、哈尔滨工业大学。来源同上,45页。

37 徐敬直（SU, Gin-Djih），广东中山人，生于上海。1924—1926 年就读于私立沪江大学，1927 年、1931 年分别获美国密歇根大学学士至硕士学位。任职范文照建筑师事务所，1935 年与李慧伯合作获南京国立中央博物院图案设计竞赛首奖。1949 年后主持香港兴业建筑师事务所。来源同上，162 页。另，1948—1950 年留学匡溪艺术学院的吴良镛教授曾回忆说，老沙里宁当时还记得徐。因徐姓的英文为 Hsu，吴为 Wu，所以他开玩笑说，怎么中国人的姓都有"u"音。

38 萧鼎华（字伯雄，1906—？），湖南长沙人，1932 年毕业于东北大学建筑工程系。任职范文照建筑师事务所、杨锡鏐建筑师事务所。1949 年后任台湾逢甲工商学院建筑工程系教授。来源同上，159 页。

39 "二陈"即陈果夫、陈立夫兄弟。1928 年二人成立中央俱乐部（即 CC）和国民党中央执行委员会调查统计局（即中统）。

40 参见刘光华：《赵深建筑师一二事》，杨永生主编《建筑百家回忆录》，北京：中国建筑工业出版社，2000 年，第 57 页。

41 梁衍（字衍章，LIANG, Yen，1908—2000），广东新会人。1928 年清华学校毕业，赴美国宾夕法尼亚大学建筑系学习。1931 年耶鲁大学建筑科毕业，后就读哈佛大学研究生院（GSD）。任职基泰工程司，后在赖特事务所、联合国等就职。见赖德霖主编，王浩娱、袁雪平、司春娟合编《近代哲匠录——中国近代重要建筑师、建筑事务所名录》，75 页。

42 2004 年 8 月 21 日承刘光华教授告知，周初受资源委员会派遣赴美学习，后转 Wright 处工作，曾回国，谢绝刘敦桢教建筑史之聘，接母亲返美。因籍宁波，Wright 改名取谐音 LIN Po，Po 亦 Wright 所知中国大诗人李白名之英文发音。

43 李滢（1924—？），福建人。1945 年上海圣约翰大学建筑系与土木系毕业，1947 年美国麻省理工学院建筑系硕士毕业，1949 年 3 月哈佛大学建筑硕士。1946 年 10 月—1947 年 6 月跟从（芬兰、美）Alvar Alto 学习，1947 年 6 月—1947 年 9 月跟从（美）Marcel Breuer 学习，1949 年 2 月—1949 年 8 月跟从（美）A. D. Schumacher 学习，1949 年 12 月—1950 年 4 月跟从（丹麦）Preban Hanse 学习，1950 年 4 月—1951 年 1 月跟从（丹麦）Kay Fisker 学习。回国后 1951 年任上海圣约翰大学建筑系教师，后前往北京，任北京市都市计划委员会、北京市建筑设计院建筑师。见赖德霖主编，王浩娱、袁雪平、司春娟合编《近代哲匠录——中国近代重要建筑师、建筑事务所名录》69 页"李莹"。

44 王大珩（1915—2011），江苏苏州人。1936 年毕业于清华大学物理系。1938 年留学英国，获伦敦大学帝国学院技术光学专业硕士学位。1955 年当选为中国科学院院士。1994 年当选为中国工程院院士。现任中国科学院研究员。曾兼任中国光学学会理事长。中国应用光学事业奠基人之一。

45 萨多维奇，苏联列宁格勒建筑工程学院土木工程系主任。1950 年代初作为苏联专家到清华大学，帮助土木工程系根据苏联教学计划修订了四年制的工业及民用房屋建筑专业的教学计划。（http://www.hwcc.com.cn）

46 赵鹏飞（1920—2005），直隶易县人，满族。1939 年加入中国共产党。曾任定兴、龙华县县长、晋察冀边区专署专员、察哈尔省实业厅厅长。1949 年后历任北京市建设局副局长、市财政经济委员会副主任、全国人大常委会办公厅副主任、北京市地委主任、副市长、国家房产管理局局长、国务院副秘书长、中共北京市委书记、北京市第五届政协主席、市第七届人大常委会副主任、市第八届人大常委会主任。1988 年当选为第九届人大常委会主任，中共十三大代表、第七届人民代表大会代表。（参见《中国人名大辞典：现任党政军领导人物卷》，北京：北京外文出版社，1989 年）

47 万里（1916—2015），山东东平人。1936 年加入中国共产党。1947 年后任中共鲁豫区委员会委员、秘书长、南京市军事管制委员会财务副主任、经济部部长、建设局局长。1949 年后历任西南军政委员会工业部副部长、建筑工程部副部长、城市建设部部长、中共北京市委书记兼北京市副市长、北京第二至第四届政协副主席等职。1975 年后任铁道部部长、轻工业部第一副部长、中共安徽省委第一书记。1980 年任国务院副总理。1988 年当选为第七届全国人民代表大会常务委员会委员长。（参见《中国人名大辞典：现任党政军领导人物卷》，北京：北京外文出版社，1989 年）

48 程应铨（1919—1968.12.13），江西新建人。1944 年 2 月毕业于中央大学建筑工程系。1947 至 1968 年任清华大学营建系（建筑系）讲师。1949 年 5 月任北平市都市计划委员会委员。

49 鲤鱼洲在江西南昌，为"文化大革命"时期清华大学"五·七"干校所在地，以血吸虫猖獗著名。

50 伯恩斯坦（Leonard Bernstein，1818—1990），美国指挥家、作曲家。曾就学于哈佛大学和柯蒂斯音乐学校。1943 年任纽约爱乐乐团的副指挥，1958 年成为该团第一位美国指挥。创作有《耶利米交响曲》、第二交响曲《渴望的年代》、小提琴独奏、弦乐和打击乐的《小夜曲》、舞剧《幻想自由》等。所作通俗音乐剧《镇上》和《奇妙的城镇》为百老汇经常上演剧目。1969 年辞去指挥职务专门从事作曲，享有纽约交响乐团桂冠指挥家称号。奥地利于 1977 年举行"伯恩斯坦音乐节"表彰其艺术活动。（http://www.21hifi.com/）

51 我所做汪先生回忆的笔记到此为止。但承先生长女汪镇美老师告知，汪先生晚年有意研究音乐与建筑的关系就是受到伯氏的启发。

贝聿铭先生谈中国银行总部大厦设计 [1]

受访者
简介

贝聿铭

男，1917 年生于广州，成长于苏州，1935 年赴美国攻读建筑设计，在宾夕法尼亚大学短暂学习后，转读麻省理工学院。学习之初，曾聆听柯布西耶在波士顿建筑协会演讲，认为这是自己职业生涯最重要时刻。1940 年获麻省理工学院建筑学学士学位，并获阿尔法罗西奖、美国建筑师协会奖、麻省理工学院旅行奖学金。1943 年至 1945 年在美国国家防卫研究委员会工作。1945 年在哈佛大学设计研究生院任助理教授，1946 年获建筑学硕士学位。1948 年，赴纽约加入房地产商齐肯多夫（William Zeckendorf）的韦伯奈普公司（Webb & Knapp Inc.），任建筑部主任。1954 年加入美国国籍。1955 年，成立贝聿铭建筑师事务所（I. M. Pei & Associates. 后改称 I. M. Pei & Partners.）。设计了美国国家美术馆东馆（1968—1978）、肯尼迪图书馆（1964—1979）等美国地标式建筑，以及费城社会岭公寓（1957—1964）等住宅与城市更新项目。设计作品分布于多个国家和地区，法国巴黎卢浮宫改造工程的设计（1983—1993）使他获得世界级声誉。在中国设计了北京香山饭店（1979—1982）、香港中国银行大厦（1982—1989）、北京中国银行总部大厦（1994—2001）、苏州博物馆（2000—2006）。他在《贝聿铭全集》（2012 年出版）中文版序言中写道："离开中国八十多年了，而七十多年的建筑生涯大多在美国和欧洲，应该说我是个西方建筑师。我的建筑设计从不刻意地去中国化，但中国文化对我影响至深。我深爱中国优美的诗词、绘画、园林，那是我设计灵感之源泉。"1983 年，贝聿铭被授予普利兹克奖，评审团赞曰："20 世纪最优美的室内空间和外部形式中的一部分是贝聿铭给予我们的。但他的工作的意义远远不止于此。他始终关注的是他的建筑耸立其中的环境。"

采访者: 王军

访谈时间: 1999 年 9 月 12 日

访谈地点: 北京西单中国银行总部大厦建筑工地

整理时间: 录像资料整理于 1999 年 9 月 13 日

审阅情况: 未经贝聿铭先生审阅

访谈背景: 1999 年 6 月,贝聿铭与吴良镛、周干峙、张开济、华揽洪、郑孝燮、罗哲文、阮仪三联名向北京市政府提交意见书《在急速发展中要审慎地保护北京历史文化名城》,指出北京旧城最杰出之处就在于它是一个完整的、有计划的整体,因此,对北京旧城的保护也要着眼于整体。应该顺应历史文化名城保护与发展的客观规律,对北京旧城进行积极的、慎重的保护与改善,而不是"加速改造"。应尽快着手从旧城的整体出发研究北京历史文化名城的保护问题,使旧城保护与整治、历史文化区保护和文物保护这三个互相关联的层次形成一个整体。在此基础上,制定具体的保护政策和措施,编订具有法律效力的完整的《北京历史文化名城保护规划》。1994 年至 2001 年,贝聿铭指导儿子贝建中、贝礼中设计位于北京西单的中国银行总部大厦,往返于北京与纽约之间。采访者时为新华社记者。

2001 年 6 月 27 日，贝聿铭在刚刚竣工的北京中国银行总部大厦顶层，
他身后隐约可见有中式大屋顶的北京首都时代广场大厦。贝聿铭说：
"像这样摆一点屋顶，戴一个小帽子的办法，我不会做。"王军摄

王　军　以下简称王
贝聿铭　以下简称贝

王　您在中国银行总部大厦的设计中是如何体现中国特色的？

　贝　这个问题非常难做，因为中国古代的建筑没有这么高的。所以新的不能硬做，给它一个顶。

王　（指了指马路对面的北京首都时代广场大厦）比如像这幢楼，加个中国式屋顶？

　贝　我们不需要屋顶，这个问题我们要另外想办法。中国的建筑在北京应该有古代中国的文化的表现。在这种房子里面表现我认为做不成功，不会好的。做是可以做，但红的柱子都是错的。

王　那怎么做？

　贝　做到里面，里面有花园。里面有花园，国外也有的了，可是我们的做法是中国的做法。石头是昆明来的，竹头是杭州来的。楼内有园，是空的，像四合院，四合院里面是空的，有天井。

王　您对中国的园林很看重吧？比如香山饭店也是这样设计的。

　贝　哦。（举起大拇指）中国的园林在艺术上，可以说在世界范围内都很有地位。建筑就不同，建筑一向都是矮的、平房。高塔是有的，还有庙、皇宫。但现在这种写字楼以前没有。所以我不会走以前的那种路，（指着北京首都时代广场大厦）像这样摆一点屋顶，戴一个小帽子的办法，（摇头，摆手）我不会做。

王　对北京的旧城保护，您前段时间跟吴良镛、张开济、周干峙等先生曾提出一个建议，还得到了高层领导的重视。[2]

丨贝 应该。他们（吴良镛、张开济、周干峙等）是中国建筑界的杰出人才，也很有经验，对中国古代建筑很有研究。他们也很赞成保护、保留、保存中国古城，比如四合院、故宫附近不要造高楼。这种问题，他们和我都同意。他们这方面的问题比我研究得多，我是美国人（笑），回祖国一年一次，所以我的话说出来没什么力量。

王 您以前说过在故宫附近不能盖高楼吧？

丨贝 那是 1978 年我回来，谷牧副总理请我到人民大会堂谈话，那个时候我就发表这个意见。他说能不能在长安街给我们造一个高楼、做一个建筑物？我说不行，不敢做。做了以后，将来人要骂我，人家不骂我，子孙也要骂我。他听了以后，哦，我跟你也同意。他说周总理以前也说过这个话。我说好，既然你们都同意，再想办法吧。那次之后，清华大学的吴良镛就提议高楼呵，应像一条线，从故宫向外慢慢增加，在里面都是文物，进了故宫看见高楼都围住你，故宫就破坏了。大家都同意。所以现在（中国银行总部大厦）我们也不造得太高[3]。

王 现在有人提出，北京应像巴黎那样，把新的大楼都拿到古城外面去盖，像拉德方斯那样。

丨贝 太迟了。最好、最理想，长城（按：指城墙）再造起来，里面不动，改良。

王 怎么改良法？

丨贝 现代化，高楼在外面。但晚了，来不及了。我觉得四合院不但是北京的代表建筑，还是中国的代表建筑，四合院应该保留，能保留应该保留，要保留的话，因为地价很高，那还是不大容易。能保留应该一片，不要这儿找一个王府，那儿找一个王府，这个是不行的，要一片一片地保留。

王 （中国银行总部大厦内的）这个花园您是怎样设计的呢？

丨贝 池子里的石头，是从石林找来的，这些石头不是（石林风景区）那里面的，石林附近有很多这种石头，它们在田间野地里，他们（当地人）准备砸碎了做石灰，我们是废物利用。为什么我要找那种石头呢？（作握拳状）因为这种石头很壮，太湖的石头（摆在这里）就不像样了，太细气。太湖石很细气，在四合院、小花园、我们家里面是可以用的，在这种大厅里面只能用（石林的）这种石头，我很早就觉得一定要用这种石头。在香港中国银行我本来预备要用的，后来因为听说是我选的，他加价十倍，敲竹杠，那我就说不要了。结果我们到柳州去找，柳州的石头没有这么好。但（石林的石头）香山饭店是有的，那时是因为有一个将军（做拿电话状）帮我联系。

（旁人 香山饭店的石头没这个好。）

丨贝 这个好。

王 这是贝先生亲自挑的吗？

丨贝 不，不，香山饭店是我挑的，那个时候，我们可以挑的地方很小，在这个地方可以挑，别的地方不能动的，国宝嘛。这次在外面挑的，范围大一点，选得好。不是我选的，（指着身边的年轻人）是他们选的。这些石头很重。在这个大厅里摆什么东西呢？这个现在还没有做好呢，（指着水池中的卵石）将来这些都要拿走的，要铺黑石摆水，黑石摆水，就可以反照投影，一块石头就变两块了。这个大概明年才可以看到。还有竹子，室内植物，能生存的很少，比如外面的槐树，一搬进来，一定死，养不活的，养得活的极少。养得活的几种，竹子是其中的一种，它上面有喷水，我昨天看了，每一天喷几次，竹叶的水量一定要高，有竹子跟石头就够了，我要求竹也要大，他们到广西，后来到杭州拿来的，但这个竹比较细小一点，所以我看来应该再大一点。

王　以后再长一长会不会大一些？

｜贝　竹子不会再长大，所以我叫多加几个高的，这样有高有低。（手指大厅）这个地方照我的看法是广场之一，人们可以从这儿走到西单，中国银行不让我这样，也许它……这个我没有权。我的意思是人们可以走过，来来往往。（手指大厅里端）那里面可以作银行的，（再手指大厅）这里应该公用，应该走来走去，（手指东南角大门）那个地方就不同了，重要人物从那里进，两面有梯子，（手指东南角大门内侧的花池）这个种花的，拦住一点，但看是可以看，走过去没那么容易。（手指东南角大门顶部）招待所（按：指接待厅）在上面，本来我设计时上面可以看到天坛，现在包先生把我挡住了，看不见了 [4]。

王　听说这是您的收山之作？

｜贝　这么大的不做了，小的还做，自己玩。

王　为什么？

｜贝　时间问题，这个工作我做了 7 年了，再过 7 年，我要这么走路了（做拄拐棍状，笑），不行了。第二，组织，我现在没有组织了，我从事务所脱离了，没有组织了。没有组织就做不成功。（指身边的年轻人）他们是老朋友了。

王　您对这个建筑满意吗？

｜贝　很难说，建筑，在北京，高度有限制，这个我不反对。同时，业主要求做很多平方米的建筑容积量，这两个有矛盾，结果建筑显得很重，如果要它轻，要挖空，里面空了，从外面看进来应看到是空的，白天是不成问题的了，看得见，晚上有问题，里面照明很重要，这要花好几个月来做好。晚上要通过照明，让人从外面可以看到，这么大的建筑物里面是空的！

也许领导人看到东方广场他们都欢喜，哦！亮！[5] 但我们不能太亮，太亮了里面的光就出不来了。明白吗？就是外面太亮，里面的光就出不来了。照明是可以照明，但外面不能太亮，（手指大门）这里面应该有灯（光）可以出去。现在里面的照明还没有做成功。将来里面的照明要做得好，做得强、有力（作握拳状），外面的照明还是要的，可是里面的照明，光出来比较重要一点。这个建筑跟旁边的不同就是这点，旁边的建筑用反射玻璃，光出不来的，我

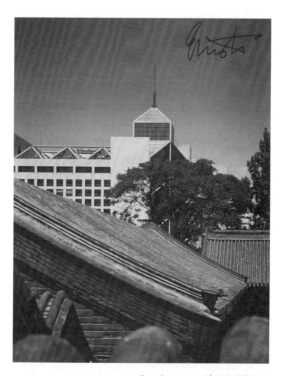

2001 年 6 月 27 日，贝聿铭签赠采访者
王军的中国银行总部大厦图片

们用的都是透明玻璃，光可以出去。

王 您刚才提到了东方广场，这个建筑在北京的建筑界有许多不同看法[6]，您对此有什么意见？

贝 这个……我不能批评。（摆手，摇头，笑）

王 您觉得长安街上需不需要这样的建筑呢？

贝 （想了想）老实说，是可以的，因为长安街很宽。最要紧的是，比如长安街都要建这样重的建筑，树很重要。全部长安街，都要一样的树，像法国香榭丽舍大街一样，拿这个树照明，你明白吗？不要拿这个房子照明。房子弄那么大，又那么亮，就错了。你要那么大，可以的，就不要那么亮。要用树来照明，进了长安街，都是树，不是都是房子。越是大，越是不要太亮。现在长安街……我又要批评了。（笑，摆手）

王 20 世纪 50 年代初建长安街的时候，梁思成先生提出不应在旧城里面开大马路，说沿着大街盖大楼是错的，而应在外面建一个行政中心区，把长安街两边的新建筑拿到那儿去建。

贝 这个刚才我跟你说过了，太迟了！城墙你不要拆呀！城墙拆了，是毛主席决定的，我又不能批评呀！（大笑）城墙最好是不要拆，城里面保留，高楼做在外面。这个最理想，巴黎就是这样做的。

王 梁思成先生以前在美国跟您谈过这件事没有？

贝 没有谈过这件事，因为那时候我还没有看过北京，没见过北京。他在联合国作建筑顾问的时候，我跟他见过面，他说你应该回来，帮帮我的忙，干干建筑。我说好呵。这是 1947、1948 年的事。那时候我回不了了，拿不着护照了，我那个时候还是中国的护照，老的中国的护照[7]。

王 您以后还可能在北京设计新的建筑吗？

贝 不搞了，让他们年轻人去搞，中国是他们的世界，不是我的了。（笑）贝氏事务所[8]，将来他们来做，不成问题，你看这个大建筑，就是他们几个人跟我的老二[9]，他们能做这么大，今后什么建筑都可以做。我是退休了。（笑）小的玩意我来，大的不行了。

这个建筑，老多门呀，也是个问题，到处都是门关门，他们（业主）不想这样，太多门不好管理。（手指东南角大门）这个门是重要人物进来，（手指东、南两侧大门）这两个门照我的意思，是公众的，（手指大厅里面的门）那两个圆的，银行员工用，从那里上下楼。要问银行，他们大概会说：最好一个门了，但这个房子大，一个门是不可以的。我在香港盖的那个[10]，地方没这大，但比这个高，还前后做了两个门。我觉得现在是对的，他是否让民众走过这里面，从复兴门外到西单，这是将来他们的权力，我没有（这个权力），不过我给了他们这个机会。我希望他们放行，这里面人越多越好。（笑）不过银行管理就麻烦了，人太多不行。

王 这样的设计是不是一种美国的方式？

贝 有一点。也许在中国要用中国的办法，但我给了他们这个机会，可以放开，但他们认为应该关起来，我心里不安，但不能不接受。

2001 年 6 月 27 日，贝聿铭（右一）与中国银行总部大厦设计团队在刚刚
竣工的中国银行总部大厦顶层。右二为贝建中，右三为贝礼中。王军摄

1　本采访记录曾引用于《贝聿铭收官》一文，王军：《采访本上的城市》，北京：生活·读书·新知三联书店，2008 年。
此次重新整理，增写了注释。

2　采访者时为新华社记者，对贝聿铭与吴良镛、周干峙、张开济、华揽洪、郑孝燮、罗哲文、阮仪三于 1999 年 6
月联名提出的《在急速发展中要审慎地保护北京历史文化名城》的建议作了报道，中共中央政治局常委、国务院总理
朱镕基对此作出批示。

3　《北京城市总体规划（1991—2010 年）》规定："长安街、前三门大街两侧和二环路内侧以及部分干道的沿街地段，允许
建部分高层建筑，建筑高度一般控制在 30 米以下，个别地区控制在 45 米以下。"在中国银行总部大厦的设计中，贝聿铭尽量把
建筑高度控制在规划要求的 45 米范围之内，这幢大厦的西部以及离长安街稍远的北部，高度达到了 57 米。

4　北京首都时代广场大厦由香港"船王"包玉刚家族控股的九龙仓集团投资建设，该建筑挡住了中国银行总部大厦
眺望北京天坛的视线。

5　位于北京王府井至东单、长安街北侧的东方广场大厦，外墙采用了反光玻璃幕墙。

6　1994 年 8 月 23 日，吴良镛、赵冬日、周干峙、郑孝燮、张开济、李准写信给万里与北京市委领导，对东方广场
大厦的设计方案提出不同意见："按该项设计方案看来，这一建筑东西宽 488 米，高 75 ～ 80 米；比现北京饭店东
楼宽度 120 米要宽四倍，比规划规定限高 30 米高出一倍多。如照此实施，连同北京饭店将形成一堵高 70 ～ 80 米，
长 600 多米的大墙，改变了旧城中心平缓开阔的传统空间格局和风貌特色，使天安门、大会堂都为之失色，同时，带
来的交通问题也难以解决。"1996 年，东方广场大厦设计方案作了调整，由一整幢大厦变为三组建筑，建筑高度降
至 68 米。

7　2001 年 6 月 27 日，在刚刚告竣的中国银行总部大厦，贝聿铭接受了包括笔者在内的多位记者采访，他说："梁
思成，我认识！梁思成很了不起，他为保护北京的城墙还有许多古建筑花了很多的心血。北京的城墙被拆了，多可惜
呵！梁思成曾劝我回来，但我回不来了。那时我们回来都不会起作用，我还年轻，根本起不了作用。现在，我能起些
作用了。"

8　贝聿铭之子贝建中、贝礼中 1992 年在纽约成立贝氏建筑师事务所，贝聿铭担任该事务所顾问。

9　指贝建中。贝聿铭育有三子：长子贝定中、次子贝建中、少子贝礼中。

10　指香港中国银行大厦。

陈式桐先生谈中国建筑东北设计院几项重要工程

受访者
简介

陈式桐

女，1926 年出生于北京，1946 年毕业于北京大学工学院建筑系。毕业后任天津华信工程司助理建筑师，同时任天津津沽大学建筑系助教，是 1949 年后中国第一代女建筑师。1950 年 8 月—1954 年任中央贸易部基本建设工程处（后改组为中商部）设计室助理工程师、工程师，1954—1955 年任在国务院直属黄河规划委员会任工程师。1955—1957 年调至黄河三门峡工程局设计分局任工程师并担任专业组组长职务。1957 年 11 月，调至中央建设部东北工业建筑设计院（今中国建筑东北设计研究院）先后任工程师、高级工程师、教授级高级工程师，并担任专业组组长，主任建筑师等职务，直至 1994 年。在东北院期间主要主持设计的大型项目有：沈阳市人民大会堂、沈阳中华剧场、辽宁体育馆建筑群等。陈式桐先生从业 50 余年，一直秉持重视建筑与周围环境的关系，因地制宜，不套用、不模仿的设计理念，在摸索中严谨地对待设计问题，重视建筑的功能与技术，不仅设计了辽宁省多个重要的大型项目，同时在培养年轻骨干建筑师和编制设计规范方面都作出了重要的贡献。

采访者： 刘思铎、王晶莹（沈阳建筑大学）

访谈时间： 2018 年 2 月 4 日下午

访谈地点： 沈阳陈式桐先生家中

整理时间： 2018 年 2 月 18 日初稿

审阅情况： 经陈式桐先生审阅，2018 年 3 月 1 日定稿

访谈背景： 中华人民共和国成立初期第一代女建筑师及沈阳现代建筑史研究。

陈式桐年轻时照片　　　　　　　　　　　陈式桐今照

刘思铎　以下简称刘
陈式桐　以下简称陈

刘 陈先生您好！您出生长大都在北京，那您是哪年来沈阳，刚来沈阳的时候对沈阳的第一印象如何？

　陈 我刚来沈阳对沈阳印象很好。我在北京出生长大，感觉北京是比较古老的棋盘式城市，比较封闭，有四合院，是一个内向的城市；我在天津工作的时候，住在英租界马场道，天津英租界主要是成片的小住宅，基本上都是过火砖修建，光亮、金属感强；1957 年 11 月份我们搬家到沈阳，一下火车看到笔直的一条中华路，辐射式街道，高架候车室的沈阳站，无轨电车，觉得挺新奇，比天津街路宽，有煤气，所以第一印象比较好。

刘 那么陈先生您刚到东北院的工作状态是什么样的？

　陈 当时东北院比较缺少技术人才，一般都到南方招聘人才，当时还不是分配制度。所以我们到东北院还是比较（受）重视。

刘 您 1957 年底到沈阳，沈阳市人民大会堂是哪年开始设计？是在什么背景下着手设计的呢？

　陈 沈阳市人民大会堂 1959 年末开始设计做方案，1961 年停建。国庆十周年的时候，北京"十大建筑"建成后，各地纷纷效仿，沈阳市政府拟修建三个建筑：辽宁工业展览馆、北陵大厦和 1959 年开始倡导筹建大型公共建筑——沈阳市人民大会堂。但其间因为国务院认为各地的修建，打乱国家计划，不经国家批准，两次严禁修建楼堂馆所，这个项目也几起几落。辽宁工业展览馆和北陵大厦因为功能相对单一，修建完工；而大会堂功能复杂，面积大，所以最后未建成。我们按照功能将平面设计分为八区（一区是由我负责，两层门厅、交易厅、舞厅；二区是观众厅、观众厅配套；三区是舞台，基本台和两侧台；四区后台；五区宴会厅；六区陈列厅；七区电影馆；八区青年剧场，底层为人防地下室，由人防办设计。当时前面四层盖到第三层，一边宴会厅，一边陈列厅，建到第三层，上面是大会堂的小组会议室，七八区建成，一个电影馆和俱乐部、保龄球房。直到 80 年代，沈阳建筑事业发展起来，修建了夏宫和剧场等很多公共建筑。火炬大厦就是东北院在这个时期修建的，建成部分就作为火炬大厦的裙房了。

刘 陈先生我曾经听说过一个小故事，就是您在设计长安街贸易部办公楼的时候针对"如何将建筑与周围环境协调的问题"同林徽因先生还请教交流过？

|陈 1951年长安街初批建设，当时国家在长安街批了三个项目，公安部、纺织工业部还有贸易部，其最初的目的是美化长安街，但资金有限，像我们设计的贸易部办公楼就只建有一栋三层砖混结构楼的资金，所以也起不到多大美化的作用。其中公安部最小，纺织工业部比较规整，长安街贸易部办公楼当时还是比较推陈出新，有花格窗。徐中[1]顾问总工程师，我爱人（陈学坚）[2]是工程主持人，我是设计人。当时倡导民族形式，我们设计成小歇山顶，当时在长安街是比较创新的。

刘 沈阳市人民大会堂作为当时沈阳重要的公共建筑，它涉及同周围环境协调的问题吗？

|陈 沈阳市人民大会堂的周围环境还挺好，当时在三经街上有市中心广场，广场两侧一侧为现代的深咖色大楼，另一侧在规划中为长话大楼，沈阳市人民大会堂选址位于沈阳市中心广场的中轴线上，场地左右两侧除现有的一栋高层建筑外，在规划中也均为高层建筑，而沈阳市人民大会堂虽然建筑面积有59 000平方米，但由于层数低，在中心广场中明显气势不足。同时由于功能需要，会堂又设有锅炉房、变电、设备、库房、汽车库等众多的辅助用房，这些辅助用房在四周都是城市道路的中心广场是很难摆放的，所以把地坪抬起来，将建筑盖在一个高台上，整个抬起一个1.8米的高台，[3]这样增添了建筑的气势。在高台上又做了喷水池、绿化，大会堂位于中心广场，两边道路都是立起来的，车可以上到二楼平台上，平台上又再挖下去一部分，辅助用房藏在下面，因为底层也有汽车道和入口，可以很好地解决人流问题，同时突出主体建筑的重要性。

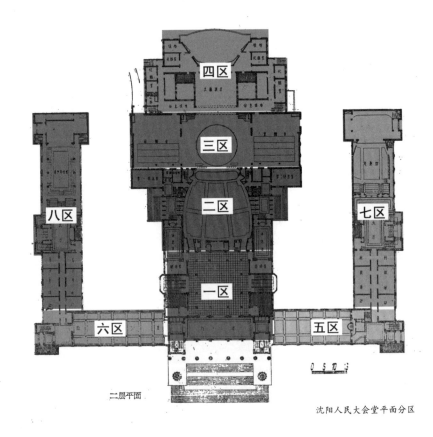

二层平面

沈阳人民大会堂平面分区

大会堂的观众厅、舞台、后台即设于山字形中部，北部连以露天剧场。东西两翼则分设科技活动部分，包括电影馆、青少年宫和青少年会堂。平面布置使用灵活，既能分段分别使用，又能连通集体活动使用。

刘　沈阳市人民大会堂的立面设计有什么特点吗？

|陈　沈阳市人民大会堂是仿中式的，主要是仿北京人民大会堂，北京人民大会堂是一个盔顶、一个大柱廊，我们做的是一个小柱廊、盔顶、剁斧石罩面，1961 年停建。

刘　沈阳市人民大会堂方案设计的时候设计团队的组成和分工是什么情况呢？

|陈　毛梓尧[4]总工程师是北京市设计院调来的，设计总负责人。我是建筑负责人，现场组长，我是帮他的。1957 年我调到沈阳，1959 年做的设计。另外还有徐震[5]、余宗翘（上海人，1954 年毕业于清华大学两年制专科）辅助设计、张小昆（50 年代毕业于天津大学）负责音质设计和视线设计。

刘　沈阳市人民大会堂停建后到"文革"期间项目情况怎样？

|陈　1961—1966 年基本没有什么项目，主要是四川滑翔机场、铁路信号厂，沈阳灯泡厂水晶作业车间，岫岩丝绸厂，丹东纺织二厂等工业建筑。1954 年东北院来了一批大专班毕业生，1962 年又分来一批名校的毕业生。我负责带他们半年的时间，第一，给他们讲解在学校做设计和在设计院有什么不同，学校设计可以海阔天空，思想解放，课题练习也可以选择大型项目，但设计院不同，实际大小给什么就需要设计什么，任务不能挑拣。第二，受到规范的制约。另外，看一看东北建筑，地区总是要有地区的特点，气候限制，参观工业、民用建筑，沈阳东北的老工业基地，还有沈阳故宫、中街等老建筑和外来建筑样式。

刘　中华剧场是在什么时间、什么背景设计的呢？

|陈　中华剧场建筑面积 3 460 平方米，设 2 074 座，演出大型歌舞剧样板戏，于 1971 年建成。中华剧场的设计是 1971 年做的，也是政府项目。当时设计总负责人、现场组长是当时比较年轻的，50 年代东北工学院毕业的宋达康。我们老知识分子属于"靠边站"，但我是主要设计人。中华剧场位于南京街上一个一字形简陋的剧场，原属于蔡少武私人剧场，要在这个场地上新建一个能演八个样板戏的新剧场，边设计边施工。当时市政府为中华剧场项目成立一个工程指挥部，炮兵司令华文做工程总指挥，负责施工。当时把我找去让我现场直接绘制方案，因为我刚刚设计完沈阳人民大会堂，同时又观摩了北京等地各大剧场。所以我当时参考天津马场道俱乐部，那是刘福泰[6]设计的，楼座两边的看台跌落下三层，一个小包厢，一个小包厢，给我启发。我将中华剧场的看台叠落到地面，两部分散座看台跌落下来，一排十个座位，好处是叠落的地面座椅，我直接给封闭起来，同安全出口自然形成两道门，观众厅的变化新奇。这样半天做出两个方案，得到华文总指挥的认可。

刘　您刚才提到培养年轻设计师的时候，您会带领他们参观沈阳的既有建筑，在设计过程中东北气候特点以及建筑风格，您会有考虑吗？

|陈　会考虑，在体育馆建筑中就有考虑。体育馆是国家体委正规批建的，我们国家最早修建的是北京体育馆，可容纳 5 000 人，露明的木桁架，实际公共建筑中用木结构不合适，防火差，性能差，是一个比较简陋的体院馆。1964 年世界乒乓球比赛在北京召开，修建了工人体育馆，圆形的，观众 15 000 人，悬索屋面；70 年代初又修建了一个首都体育馆，在西郊，带有冰球项目，在体场场地的底下单有一层，作为滑冰使用，假冰，18 000 观众，网架结构。70 年代国家修建了圆形的上海体育馆，18 000 观众，同

首都体育馆一样大，两层看台；南京五台山体育馆，10 000 观众，椭圆形平面；杭州体育馆，7 000 观众，杭州体育馆未能进入万人体育馆名次。当时万人体育馆排名为上海、首都、工人、辽宁、南京五台山，当时国家有五个万人体育馆，建筑面积 3 460 平方米，设 2 074 座，于 1971 年建成。

刘 辽宁体育馆据我所知是一个改扩建工程，具体情况是怎样呢？

　陈 原来在 60 年代，大家停建时期，沈阳市曾经偷偷着手在青年大街修建过体育馆。青年大街旁 10 公顷，方方正正一块用地，497 米 × 479 米，拨付给体育馆，是辽宁省建筑设计院的设计。省院在场地正中间修建一圆形体育馆，只做好 24 个大基础，每个大基础是 3 米宽、9 米长、1 米厚钢筋混凝土基础，做了两道环墙，一道钢筋混凝土壁的环墙，一道是砖环墙；一个是 36 米直径，一个是 48.8 米直径，两道环墙。辽宁省体育馆正是在这个基础上进行扩建设计。在国家体委的批文中写的也不是新建，是扩建。

刘 扩建与最初的修建有哪些限制和调整呢？

　陈 辽宁省体院馆在设计的时候受到两个限制，一个是刚才提到的位置，原有基础已经将场地中心占用，但扩建是一个建筑群，扩建后要求比赛馆 20 000 平方米、四个篮球场地的练习馆 4 000 平方米，运动员宿舍 5 层楼，带着一个 500 座运动员食堂，同时服务于体院馆行政人员，还有一个售票房，预留一个游泳馆。这在场地设计中增加了难度。第二个是比赛场馆指标的变动。比赛场馆要求利用原有 24 个大基础，原设计为 8 000 人，扩建后是 12 000 人；原来是 25 000 平方米建筑面积比赛馆，扩建后批的是 20 000 平方米，人员增多，面积缩小。

刘 面积缩小，观众人数增加，这个确实是一个大难题，那么当时是如何解决的呢？这样大型的项目，您以前接触过吗？

　陈 没办法，我们采用上海体育馆的双层看台。东北院开始的时候没有特别重视辽宁体育馆设计。东北院从最初的三个设计室，发展到这个时候成立了七个设计室，五个土建设计室。我是二室的。

陈式桐指导设计院培养的下乡知识青年看模型

辽宁省接到国家正式批文后，成立工程指挥部，又是华文司令负责总指挥，当时是"文革"后期，毛院长已经恢复工作。七室刚刚成立，没任务所以将任务分配给七室。当时组织设计人团队参观了北京、上海等体育馆，当时设计总负责人是宝讷，设计由七室设计组组长谭永凤[7]负责。谭永凤 1954 年东北工学院毕业，毕业后分配到鞍山市政设计院，后调到东北院。经过一年半的时间考察设计，工程进展速度不理想，华文司令很不满意，毛院长临时指派我接手辽宁体育馆设计工作。作为新的设计总负责人我很紧张，因为我没做过体育建筑，但在毛院长的劝说下，也只能硬着头皮接手。当时，网架制作由沈阳市建筑机械厂承担，网架已经委托给建筑机械厂开始加工，施工单位已经进入现场，支援施工单位的施工部队也已经进场，安装公司也已经进场，都着急要图，我就是在这样的情况下接手的。

刘 您接手项目后，设计团队有补充和调整吗？

陈 院里又抽调四个二室的设计人员补充上来，形成一个设计团队。我是设计总负责人，姚继宣（1962年毕业于清华大学 6 年制本科）任现场组长，还有冯肃元（1962 年毕业于天津大学建筑系）、王立新（河北人，1962 年毕业于清华大学建筑系 6 年制本科）、吴章尧（上海人，1964 年毕业于同济大学），七室有贺羡萍（湖南人，1953 年华南工学院 3 年制大专毕业）、王罗（1962 年南工毕业）、刘芳敏（吉林长春人）、徐乃燕（1964 年天津大学建筑系 5 年制本科毕业）。结构由黄浩彬（湖南人 1953 年毕业于华南工学院土木系）、高文斗（哈尔滨建工学院土木研究生毕业）专门做网架，结构还有孙德因（湖南人，湖南大学毕业）工程师。

刘 您提到当时设计时间已经很紧迫了，那么您接手后到项目施工结束用了多长时间？

陈 1974 年 5 月初接手，从方案重新做起，1975 年年末建成，一年半时间。我接手的时候，结构已经做了看台板，91 米直径主体建筑体形已经确定，因为利用 24 个基础柱，所以位置、体形、看台、尺寸都确定。当初参观考察的时候，这种圆形的体育馆只能用悬索屋面和网架屋面，华司令认为悬索屋面占空间比较沉闷，他喜欢上海体育馆、首都体育馆大网架。

刘 辽宁体育馆设计中有哪些创新的地方呢？

陈 设计开始时，领导确定，由于 95 米和 98 米两排框架柱是联合基础，宽 3 米，长 9 米，共 24 个，要求在设计中改善利用。另外，在按要求扩大比赛场地的条件下，尽量利用已建 48.8 米直接的环墙基础。

由于是在原基础上设计，体形选择即已确定为圆形，主框架也必需由 24 根大柱组成，无需再做其他体形方面的探讨和比较。为满足加大比赛场地和增多观众容量的使用要求，经过多方案比较最后确定为直径 91 米，外环加设 6 米天井和 6 米深的风机房与入口组成的环廊基座。因为圆形体形处处均是弧线，给施工增加的困难较多，因此在 91 米直径主框架范围内，作成 24 边形，并采用双层看台。如此，建筑面积为 20 000 平方米，总容纳为 12 000 名观众。

观众入口门厅、大厅及休息厅：所有的观众均从室外的东、北、西三面大楼梯直接上至二层平台，进到各面的门厅和大厅。比赛大厅内的观众座席分为东、西、南、北四区，因此观众的门厅、大厅也按东、西、南、北分别设置。

刘 辽宁省体育馆关于天棚设置与形式的改变特别有特色，您当时是怎么确定的？

┃陈 比赛厅天棚面积大，吊天棚的用钢量也很可观。比赛大厅的屋盖为三向钢管网架，形式新颖，如果不加吊顶，明露网架也应该是可行的方案；但是，我们分析，网架部分空间达 40 000 立方米，相当于整个比赛大厅空间的 1/3，体积一大不利于控制混响时间。另外照明、空调等线路暴露也不好处理，尤其比赛厅使用中经常有人在天顶内工作也相当不便。因此，我们认为如此规模、如此性质的比赛大厅还是应该设天棚的。为了节约钢材，减少施工的复杂性，我们认为将天棚做成三角形悬在网架下弦杆之间比较合适。这样网架也可不完全遮掩。

刘 当时钢材是我们国家比较稀缺的材料吧？

┃陈 体育馆屋顶 6 000 多平方米的吊顶，用的是上海的钢板网。一般的钢丝网太柔，因为我们的吊顶是三角形，6 米多边长，要用上海的薄钢板网。但是上海和辽宁省有一个协议，每年只供应 800 平方米，我们这是 6 000 多平方米。我跟王立新，王立新负责观众厅天棚、观众厅室内设计，我们两个人骑车在铁西区各工厂看有什么材料可以代用，一天跑了四十多家工厂，没找到；第二天又跑，直到下午到五三工厂（军工厂）。我们带着一般介绍信闯进去，一进去眼睛就亮了，到处堆放的都是 1 米长，20 厘米宽，有 1 毫米或者 3 毫米厚的钢板，上面都是小圆孔。我们利用边角废料透空钢板拼焊后代替了成品钢板网。经工人师傅和解放军同志认真、细致地拼焊后，利用废料的三角形吊顶部分既满足了刚度要求，也保证了艺术效果，确实远远胜于采用穿孔钢板的中心环和外环吊顶。我们做了两个试验，焊接成 6 米边长的构件，上去几十人都没有变形，所以这事就成了。

刘 辽宁体育馆对于当时我省的实际情况来说确实是一项比较大型的项目了，其中您觉得最有争议或者设计的难点在哪呢？

┃陈 当时的很多设计项目不像现在走正规的设计程序，往往是边设计边施工。辽宁体育馆初步设计于 1974 年 5 月 25 日经过上级领导部门审批同意后，在开始施工图设计以前，院安排此工程由五室（按：口误，应为七室）转至二室，除各工种负责人外，设计总负责人和设计人都作了更换。二室新参加施工图工作的所有同志，既对初步设计和方案形成过程不够了解，更是初次承担如此规模的体育建筑设计，不仅缺乏经验，而且在思想和资料方面也都没有准备。当时辽宁省委领导决定：这项工程边设计、边施工、边备料，要求我们在 7 月 1 日以前必须提交平、立、剖面图，结构的基础图，主要钢筋混凝土预制构件及屋盖网架图。

对于刚刚参加设计的同志时间要求如此紧迫，确实缺乏了解和熟悉初步设计的时间。当时，由于地质勘探资料也不完善，如何利用旧基础的方案也未确定。另外，在建筑设计上关于通风机房设在内环，下受旧基础限制难于处理隔振问题，上面看台框架已经计算完成，如做大的调整，按省委要求出图则完全不可能，而且施工部队和施工单位均已进场。只能按初步设计的机房位置继续设计，限于空间，机房不能封闭，如此则机房的振动噪声和空气噪声都难于隔绝。因而在方案上作了修改，将风机房移到 91 米直径的比赛厅以外，并与比赛厅主体隔以 6 米深的天井，与底层各方向入口组成为比赛主馆的环形台座。此外，在建筑设计上比对于一、二层垂直交通的分布，观众进入楼座看台的八部楼梯处理等也做了一定修改。仅根据初步设计介绍的情况与上述资料对于计算值作了复核。由于缺乏经验没有怀疑，视线设计的假定条件，未重新分析和进一步调研。7 月 1 日开工以后，边施工、边备料、设计一直处于抢绘施工图和为备料提规格、数量的被动局面。

到 1975 年 3 月上旬各专业主要图纸提交以后，我们才有空回过头来查看一下设计。这时的施工情况是：屋盖网架早已安装就位，看台斜梁及看台预制板均已制作完成准备吊装；我们手中也逐步收集到一些国内各体院馆的有关资料和参考图纸。通过比较国内各城市新建部分体院馆第一排观众座席距所选设计视点的距离时，发现它比其他的馆远，首都体育馆最远为 8 米，北京工人体育馆为 7 米，上海馆为 7.5 米，而我们为 13.75 米，从而引起我们对篮球场两个端部观众坐席视线质量的怀疑。通过进一步查阅资料和调查研究、分析后我们认为初步设计所选设计视线不够妥当。

由于缺乏设计经验和认真负责的工作态度，在施工图开始阶段对视线设计仅仅复核视线计算，没有重新分析初步设计所定的各项条件，因而一直对辽宁体院馆初步设计中所介绍的关于视点选择比同类型体院馆标准稍高的结

陈式桐（左）与刘思铎（右）合影

论没有怀疑。直到主要施工图提交以后，通过上述分析才认为辽宁体育馆两端座席的视线条件比国内各同类型体育馆的条件不但没有提高，而且比其他馆的条件还差很多，所以很有修改的必要。但是，对于篮球比赛时"看"的标准我们的意见并不完全一致。有的同志认为两端观众视线条件本来就不够好，没有必要为了照顾一端的观众而提高看台的坡度。而且认为，篮球比赛的端部活动多在篮下，端线部位仅一跑而过，观众关心的都是投篮进不进的问题，没有多少观众非要看清运动员是否走步、踩线等，因此临近一端篮下能看到腰部以上就可以满足要求了。虽然意见不完全统一，但是院领导决定：在主要功能的问题上，应该力求保证质量，既然发现了存在的问题，而且尚未施工，还来得及修改，即应下决心，加班修改设计，抢在施工之前力争改过来。验算以后，我们提出了改变看台坡度和提高场地两个方案，经过与工程指挥部、施工单位共同研究，在修改设计方面得到他们很大支持，为了尽可能地不减少观众座席，不作废已制作好的预制构件，不给施工增加更多的麻烦，并保证不拖后看台吊装进度，同时又不致使主席台、裁判台受到更多的牵连，而确定提高场地的方案。根据我们的计算场地地面需要提高 1.2 米，如此虽提高了视线质量，可能会又带来其他不利情况。因此我们进一步地分析，最后确定将场地提高 70 厘米，其余不足数由两端座席部位的看台地面及椅架高度来调正。

从已建成的实际效果看，经过修改以后，平行于篮球场两侧观众座席的视觉质量良好，两端观众座席只要观众的头和眼稍稍随场上运动员移动便可以清楚地看到端线内外全部活动，在篮球比赛的视觉质量条件基本可以达到国内几个城市新建体育馆的水平，只是后排座席抬得颇高，再加椅板翘起及施工误差，坐起来不够舒适。

1　徐中（1912—1985），江苏常州人，天津大学教授。参与人民英雄纪念碑。人民大会堂、北京图书馆及古巴吉隆滩纪念碑等工程方案设计。另见赖德霖主编，王浩娱、袁雪平、司春娟合编《近代哲匠录——中国近代重要建筑师、建筑事务所名录》，164—165 页。

2　陈学坚（1922—2003），广东南海人，1944 年毕业于天津工商学院建筑系。1944—1946 年任天津铁路局工务段设计室公务员、设计师，1946—1949 年任交通银行工程科助理工程师；1949—1950 年任天津太平工程司开业建筑师，1950—1951 年任中央贸易部基本建设工程处设计室副主任、工程师，1951—1953 年任中央商业部工程公司设计室副主任、工程师，1953—1955 年任黄河规划委员会工程师，1955—1957 年任黄河三门峡工程局设计分局设计大组组长、工程师，1957—1988 年任中国建筑东北设计研究院主任工程师、副总工程师、教授级高级建筑师。主要作品有：中央贸易部办公楼（北京长安街）（设计主持人），黄河综合利用水利枢纽阶梯式开发规划（编制人之一），三门峡市总体规划及市中心区详细规划（规划主持人），三门峡会兴居住区建筑群建筑设计（设计主持人），三门峡大安工人居住区，坝头居住区规划及建筑群设计（设计主持人），石家庄石棉板厂规划与建筑设计（设计主持人），通化钢厂部分车间建筑设计（设计主持人），沈阳市委书记处会堂（设计总负责人），吉林工学院校园规划及图书馆、教学楼、教工住宅设计（设计总负责人），吉林电力学院教学楼、教工住宅建筑设计（设计总负责人），吉林表厂规划及厂前区建筑设计（设计总负责人），敦化、绥化林业机械大修厂两厂全厂总体设计（设计总负责人），明城电杆厂全厂总体设计（总图设计人及建筑专业设计负责人），辽阳砖厂全厂总体设计（建筑专业设计负责人），佳木斯医院，丹东妇产医院，鸭绿江宾馆等（总工程师），天津、沈阳等地小住宅建筑（设计人），北京通县电杆厂车间设（设计人），农业银行兴城疗养院（设计主持人），开原市政府办公楼（设计主持人）。

3　在东北工业建筑设计院毛梓尧"沈阳市人民大会堂设计"一文中记载：建筑物本身及其前面绿化广场较周围交通干道地平高出 1.5 米，作为大会堂的台基。

4　毛梓尧（1914—2007），浙江余姚人，生于上海。1935 年就读（上海）万国函授学校（I.C.S.）建筑工程系，1946 年获高等考试及格。1932—1943 年为华盖建筑师事务所从业人员，1947 年于南京市工务局申请建筑师开业登记，同年与方鉴泉合办（上海）树华建筑师事务所，为上海市建筑技师公会会员，1950 年为中国建筑师学会登记会员。历任中国建筑学会第二届（1957）候补理事，第三届（1961）理事，中国建筑公司设计部工程师，东北工业建筑设计院、北京工业建筑设计院副总工程师，1958 年 9 月从辽宁赴京参加国庆 10 周年工程设计，1978 年后任中国建筑科学研究院副总建筑师。主要作品有：上海汶林路同益公司假三层西式住宅 2 宅（1939，邬模昌营造厂，1.2 万元），上海九江路广西路口金山饭店，沈阳市人民大会堂（《建筑学报》，1959 年第 12 期）等。专业文章有："一个 300 床位的医院设计""建筑设计应为快速施工创造条件""住宅户型设计的探讨""多层工业厂房兴起和发展""夹层住宅方案""辽沈战役纪念馆设计"等。（另参见"新中国著名建筑师——毛梓尧"，《建筑》12 期，1982 年 10 月）

5　徐震，四川人，1953 年毕业于重庆建筑工程学院建筑系，1954 年设计东北设计院办公楼，"文革"后到锦州设计院任工程师。

6　刘福泰（1899—1952），广东宝安人，俄勒冈州立大学建筑系毕业。见赖德霖主编，王浩娱、袁雪平、司春娟合编《近代哲匠录——中国近代重要建筑师、建筑事务所名录》，88 页。

7　谭永凤（1931—2011），重庆万州人，1954 年 8 月毕业于东北工学院（现东北大学）建筑系建筑设计专业。初于鞍山黑色冶金设计院工作，负责设计鞍钢二水源工程获冶金部鞍山黑冶院三等先进生产者称号。1956 年 6 月后任职于中国建筑东北设计院，为高级建筑师、一级注册建筑师。40 余年主持设计有沈阳金杯大厦（获辽宁省优秀工程一等奖）及普尔斯国际大厦、大连欧洲古典式沈金宾馆、600 床位大型医院及体育馆、电影院、商场、多类型住宅、小区规划及办公楼。承担的吉林省集电影院获中国建筑总公司优秀通标三等奖。与陈式桐、陈瑞璜、贾树学、赵先智、李兴林、李冠儒、王旭太等共同编制中华人民共和国行业标准《饮食建筑设计规范》（JGJ 64—89）。（虞明提供）

郭敦礼先生谈圣约翰大学学习及在港开业经历

**受访者
简介**

郭敦礼

KWOK Tun-Li, Stanley，男，出生于广东，1944—1949 年就读于上海圣约翰大学建筑系，获学士学位。1949 年移居香港，经原约大教授理查德·鲍立克（Richard Paulick）推荐，进入初成立的甘洺（Eric Cumine，也称甘锦明）香港事务所。该所逐渐发展成为香港战后最著名的建筑事务所之一，而郭也因此获得长足的发展空间。1952 年赴英国伦敦建筑学会建筑专门学校（AA School）深造，1955 年学成仍回甘洺事务所。至 1967 年移民加拿大前，已经成为该所四位主要合伙人之一，拥有四分之一的客户，并主持设计 24 个重要项目，包括中环蚬壳大厦 (1957)、铜锣湾豪园（1965）和尖沙咀香港酒店（1967）等。同时他也活跃于香港业界，1956 年参与创立香港建筑师学会，当选第一届理事会成员，1966 年当选学会会长。

移民加拿大之后，郭敦礼的建筑生涯步入新的发展阶段[1]，从服务管理其他的地产公司(1968—1970)，到合伙拥有自己的地产公司(1970—1984)，到主持政府世界博览会用地开发机构(1984—1987)，最后成为香港李嘉诚在温哥华的得力助手（1987—1993）。温哥华当地的报纸[2]用 "Man in the Middle"（中间人）和 "Master Planner/Builder/Mind"（总规划师 / 建造师 / 策划师）来形容他，说他具有同时驾驭设计和市场的能力，也有宽大的胸襟，可以将不同的人聚集起来，一起完成规模庞大关系复杂的项目。

采访者： 王浩娱
访谈时间： 2007 年 3 月，电子邮件发出访谈请求与问题；同年 4 月郭先生自从加拿大来电电话回答问题；同年 5 月香港见面采访，谈了 24 个作品，并点评 67 位大陆内地移居香港建筑师的印象；同年 12 月再次电话采访。2008 年 11 月香港见面采访，主要补充加拿大工作情况。
访谈地点： 香港
整理情况： 2007—2008 年
审阅情况： 经过郭敦礼先生审阅
访谈背景： 笔者 2008 年毕业于香港大学，获建筑哲学博士学位。博士论文题为 *Mainland Architects in Hong Kong after 1949: A Bifurcated History of Modern Chinese Architecture* (2008)，研究 1949 年前后移居香港的 67 位中国近代建筑师在港执业状况。郭敦礼先生为 67 人中笔者有幸能见面访谈的两位建筑师之一（另一位是范文照前辈的哲嗣范政先生）。郭先生的谈话为理解 1949 年后中国建筑在香港的发展之路，提供了珍贵的视角。本文主要收录了关于香港部分的访谈内容。

2007 年 5 月笔者与郭敦礼夫妇（香港）

王浩娱 以下简称王
郭敦礼 以下简称郭

建筑教育：上海圣约翰大学、香港大学（HKU）和伦敦 AA

王 上海圣约翰大学建筑系创办于 1942 年，创办人黄作燊[3]是格罗皮乌斯的学生，并追随格罗皮乌斯从英国 AA School（建筑联盟，Architectural Association School of Architecture）去美国哈佛大学，因此上海圣约翰大学建筑系被誉为中国第一个采用包豪斯——现代主义教学体系的建筑系。您从 1946 年至 1949 年就读圣约翰大学，请问您记得当时圣约翰建筑系有哪些老师？他们教什么？如何教？1945 年黄作燊和陆谦受、陈占祥、王大闳、郑观宣合组"五联建筑师"事务所，他们五位都留学欧洲。黄作燊曾邀请他的合伙人及其他上海知名建筑师来圣约翰当客座教授，如陆谦受先生[4]和甘洺[5]，您就读期间遇到过这样的客座教授吗？

| 郭 陆谦受和甘洺没有做过我的老师，因为，当时的系主任是黄作燊，他按照 AA 的模式请两类先生，Full Time（常教）的和 Part Time（临时）的。其中临时的是做 Studio Master（客座教授）。[6]但当时学生很少，我们班才 5 人，除了我，还有欧阳昭、韦耐勤、徐志湘、张宝洁（张肇康的妹妹）。不像后来我在 AA 读的时候，有 100 多人，所以我们班的设计课就由黄作燊自己带，甘洺和陆只是挂名，没有教我们。比较我在圣约翰和 AA 的经历，国内还是先生教学生，但在 AA 主要是讨论，不但先生和学生讨论，也请外面的事务所，特别是 engineering firm（结构事务所）的工程师和我们讨论，看我们的设计是否可行。甘洺和陆应该属于此类老师。

我记得的老师中有来自德国的理查德·鲍立克，他二战后回到德意志民主共和国，在东柏林当建筑师，设计有 Stalinallee（斯大林大街）。鲍立克在上海的时候，还开了自己的事务所，以室内设计为主，程观尧[7]在他的事务所里工作过。还有 Hajek（哈耶克）教西方建筑史，我觉得他教得一般，讲文艺复兴、希腊罗马的柱式，是记忆式的学习方法。当时黄作燊也教我们读 *Space, Time and Architecture*（《空间·时间·建筑》，1941)，就像教科书一样，因此知道格罗皮乌斯他们，从工业化和形式追随功能的角度来思考建筑，而不是古典风格的角度。我们第一个设计作业是 weekend house（度假屋），之后是住宅，以及越来越复杂、大规模的题目。当时也接触过其他中国建筑师的作品，如读过范文照[8]的书 *Spanish Architecture in China*（《西班牙建筑在上海》）还可以找到他设计的一些住宅，如淮海路。

王 您来香港的第二年，1950 年，香港第一个建筑系——香港大学建筑系成立。创始人 G. 布朗（Brown）曾是英国 AA 的院长，因此港大建筑系也采用了现代主义教学体系。我们查到资料，在布朗任内您曾经应邀来港大做客座教授[9]，您觉得港大教育和圣约翰比有什么不同？

郭 甘洺和港大建筑系的创始人 G. 布朗教授是好友，所以每周都派事务所的成员去港大当客座教授。我会请港大前三名的学生来甘洺事务所工作。我还在 1966—1967 年在港大教本科四年级设计，因为在去加拿大之前正好有半年的空闲时间，就应当时的系主任 W.G. Gregory（格雷戈里）教授的邀请到港大教书，后来我要离开时，学生都舍不得走。我的学生有刘荣广（Dennis Lau）。

我们在圣约翰的教育是 AA 式的（黄作燊毕业于 AA），而香港大学也是（布朗原是 AA 的院长），所以是方向是一致的，都是现代主义。

我 1982 年去了上海，见到李德华、罗小未，他们是 1949 年后留在内地的圣约翰学生。现在的上海还是有很多新建筑的。但是，中国曾走过 post-modern（后现代）、vernacular（本土化）与 context（文脉主义）的路子。

其实，教育教的是想法，how to think of the time when you are living（如何思考你所生活的时代）。

香港建筑实践：香港甘洺事务所

王 我们知道，您刚毕业就从上海来香港工作，入甘洺的事务所，该所逐渐发展成为香港战后最著名的建筑事务所之一。您如何进入香港甘洺事务所工作的？您对甘洺先生的印象如何？

郭 我去甘洺那里工作是鲍立克介绍的，刚到香港的时候（1948 年 12 月—1949 年 1 月）我和甘洺就在一家租的酒店里工作。1949 年 2 月 13 日在香港正式开业时，就五个人，除了甘洺，我和林威理[10]，还有他从上海带来的两个绘图员（不记得名字了）。

甘洺的父亲也是建筑师。他自己是英国皇家建筑师协会成员（RIBA），AA Diploma（AA 文凭）。甘洺是个很好的老板，忙的时候，他把项目分给我们做，完全让我们负责，不来干涉。同时，他自己也做很多事情。后来，我有我自己的客户，当然就自己做了，我的客户约占事务所客户的 1/4。

王 您在甘洺的香港事务所工作时，您主要的作品是什么？

郭 我在香港的主要作品有[11]：

（1）九龙塘住宅 I（Residence for Dr. & Mrs. Y.S. Lam, Kowloon Tong）：是我非常喜欢的一个作品。完全是我设计的，包括室内。在 *Architectural Review* 上登过，chimney（烟囱）的设计类似 F. L. Wright（赖特）的手法。

（2）九龙塘住宅 II（Residence for Mr. Agon，Kowloon Tong）：花园水石，中国人的口味，业主是中国人和葡萄牙人的后裔，在港居住多年，天主教徒，在设计圆形烟囱时考虑到其宗教信仰方面的表达。

（3）铜锣湾大坑道豪宅（Fontana Gardens）[3]：还在，是香港第一个分层出售的豪华公寓。一梯四户，因为香港风大，所以用 wind box（风箱）的风车形平面，其他部分 RC（钢筋混凝土）结构轻巧且布置灵活。

总平面是山地，用地道进入，解决交通问题并提供停车空间，也不遮挡景观。立面装饰带强调水平向韵律，表达真实的结构，此立面处理是我常用的手法。庭院处理，请艺术家趁水泥未干时作画，增加趣味性。

（4）蚬壳大厦（Shell House，已经拆了）、中国保险商大厦、太平大厦等中环办公楼都考虑外立面遮阳设计。其中太平大厦因地小楼不高，还结合管道设计，梁柱里走冷气管。

（5）新浦岗衬衫工厂：按照衬衫制作的流程安排3 sections（部分）。

（6）尖沙咀香港酒店（Hong Kong Hotel）：策划设计，大型，有戏院、购物等功能，是我走之前的最后一个作品。H形平面，为从澳洲或英国来的单身女性，提供安全舒适且价格适中的短期住处，配合超市、餐厅、娱乐的服务，与尖沙咀周边设施联系。两周设计完成，透视图由港大学生（Eddy Khoe）画。

王 您觉得作为一位从内地来的建筑师在香港遇到的最大的困难是什么？是技术上的不同，还是业主问题，还是政府的政策不同？

丨郭 主要是业主问题。然后是语言问题，你要会讲粤语，才可以和业主交流，所以说到底还是业主问题。你还要会英语，因为这是官方使用的语言。我们在圣约翰都是用英语教课，所以都不成问题。另外，我籍贯广东中山，也在上海学习过，所以粤语和上海话都会说。

建筑不光是设计画图，而是包括两方面：imagine（想象力）和business（商业）。你要懂得商业和市场，懂得和业主交流沟通，帮助他制订计划书，同时要有想象力和设计能力，把计划书变成设计图。这就是master mind（总体策划）。我接触的业主都是香港本地的，不是内地移民。我来的时候一个都不认识，走的时候认识了很多人。你看陆谦受为李福树、简悦强设计住宅，他们也是香港的业主，其实是他的交

加拿大不列颠哥伦比亚本拿比丽晶广场（Crystal Mall）
（郭敦礼设计，摄于2000年）

际圈子。另外，香港政府的政策很好，是较为 benevolent, fair-play（慈善的，公平的）。基本上不存在"华人业主乐意找华人建筑师，西人业主乐意找西人建筑师"（笔者的假设）这种中—西的区分情况。但"业主"确实是理解这段建筑历史的关键。

王 您如何评价自己在香港的经历？

|郭 我们刚到香港的时候（50 年代前期），这里没有好的建筑师，所有的设计是 by-law architecture（法规建筑），什么都跟着 Building Ordinance（建筑法规）来，当时是按 volumn（体量）而不是 plot ratios（容积率）来控制的，[12] 把能占的空间都利用上，比如建筑高度是街道宽的两倍或一倍半。但是后来，上海来的一批建筑师，还有英国来的，比如在政府部门 PWD（HK Public Works Department，香港公务局）工作的一些从 Liverpool U.（利物浦大学）来的建筑师（虽然他们没有 AA 那么新派），都很好，渐渐改变了这种状况。可以说，我们是这种改变的推动力之一。比如我设计的蚬壳大厦和博雅学院，我争取说服业主，并在不违反法规的情况下，尝试些新的、好的东西。我常常和我的业主们说，付一样的设计费可能得到完全不同的设计，因为建筑师的心意和艺术眼光都不同。好的设计，在市场不景气时照样可以卖掉，在市场景气时可以卖得更好。

王： 您知道 *The Hong Kong and Far East Builder*[13] 杂志吗？除此之外，还有其他重要的建筑杂志吗？在香港您如何接触建筑设计、技术的最新信息？您觉得当时香港的建筑受哪些国家或地区的影响较大？都是哪些影响？

|郭 当然看的，报道香港建筑的杂志不多，所以通过这份杂志可以了解业界的情况。但我们也看外国杂志，比如 The *Architectural Review*（英国的 1897 年创刊）和 *The Architectural Record*（美国的 1891 年创刊）。我还有一住宅设计被收录在 *Architectural Review* 里（即九龙塘住宅 I）。香港受到美国、英国的影响最大。我们在香港可以看到基本所有的美国、英国的图书杂志，而且我常常到世界各地参观，顺便看看各地的书店。我走的时候（指离港去加拿大）把自己的很多书都捐给港大图书馆了。我当时比较喜欢的杂志如意大利的 *"Domus"*（1928 年创刊）。

香港建筑业界：HKIA 及其他内地移居香港的建筑师

王 1949 年前后多位中国建筑师从内地来港，到 1956 年，华人建筑师已占香港授权建筑师（Hong Kong Authorized Architects，HKAA）的 70%，甚至香港第一个建筑师的组织（香港建筑师学会[14]，HKSA）也在这一年由内地移居香港的建筑师徐敬直[15] 带领筹建，他也因此被选为学会第一届主席。1956 年您是香港建筑师学会（Foundation Member）第一批会员也是（First Council Member）第一届委员会委员，曾目睹学会筹建的整个过程。当时为什么要成立学会？是西方建筑师，还是中国建筑师主导？

|郭 之所以成立 HKSA，重点不是西方—中国之区别，而是建筑师—工程师之区别。因为当时 Authorized Architects 的登记包括建筑师和工程师，所以建筑师成立自己的团体以示区别。我在 1956 年第一届 Council Member（委员会）会议上就提出要改 Authorized Architects（授权设计师）为 Authorized Persons（授权人士），使 engineer（工程师）不再放在 architect（建筑师）的 title（头衔）之下。后来建

筑师和工程师的登记果然分了两个表，Authorized Persons 的称呼也最终实行。徐敬直当选是主要是因为由他提倡，大家都要给他面子的。

王 除了徐敬直，还有其他内地移居香港的建筑师当选香港建筑师学会主席，如司徒惠（1960）、李为光（1964）、欧阳昭（1970），您在 1966 年也当选主席。您觉得学会成立后是否成为内地移居香港建筑师的交流平台？除了在学会可以遇见来港的内地华人建筑师，您在甘洺的事务所里也有不少上海圣约翰的老师和同学吗？您和他们的关系如何？您与其他内地华人建筑师之间有什么来往？

｜郭 香港建筑师学会不是一个交流的平台，大家联系不多。倒是我在从九龙往中环的油麻地 Ferry（轮渡），常常遇见朱彬。[16] 其他的交往主要是同学或亲戚关系，如我和张肇康的妹妹张宝洁同班，她后来师从密斯，在芝加哥工作。范文照女儿、范政的姐姐范燕妮比我们高一班，是罗小未一班的，她很早去了美国，到 U. Penn.（宾大）读书，所以名字不在毕业生名录里，这样的情况还是比较多的。范政[17] 和我的妹妹郭丽荣同班，她也在甘洺那里干过，很早就不做建筑了，她还在香港。另外，南京的胡思永（Steve Wu）和范政同班，胡后转到南京工学院（现东南大学）读一年（受教于杨廷宝），并留校教书（1954—1979，教建筑学中西建筑史）。80 年代赴香港工作，是上海新锦江饭店、广州中国大酒店项目经理。90 年代前来到加拿大。

另外，我曾介绍多位圣约翰大学的同学来香港甘洺的事务所工作，有张肇康（四六届）[18]、韦耐勤（女）、周文正夫妇、徐志湘、欧阳昭（四九届）[19]、郭丽荣（我妹妹，1952 年离校）。其中韦耐勤、徐志湘、欧阳昭是我的同班同学。张肇康是我请他来的，他热爱建筑设计，但不喜欢考试，所以他到哪里也不登记。当时他在美国干得不得志，来甘洺事务所后，作我的助手（助理建筑师），参与了由我主持的 Dor Fook Mansions（Pokfulam Rd），Bernard College（博雅书院），Pacific House（太平洋大厦）等项目。[20] 韦耐勤、周文正不久回北京。徐志湘去了美国。欧阳后来转去工程方面，加入了王泽生、伍振民组成的 "Wong Ng & Associates"（1972 年退伍后出，改名 Wong & Ouyang 王欧阳建筑及工程师）。

王 您如何评价您及这批内地移居香港建筑师对香港建筑业的贡献？

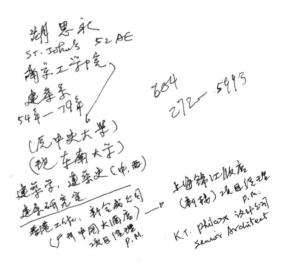

郭敦礼先生手写胡思永（Steve Wu）的材料（2007 年 8 月传真）

┃**郭**　内地去的这批建筑师因为其留学背景，与香港本地的事务所 Palmer & Turner（巴马丹拿），Leigh and Orange（利安）没什么分别。像甘洺从上海来港后，extra care up to date（非常重视改进自身适应环境），如果他们不改变，只是把上海的照搬过来，就不行了。相比较而言，我觉得范文照的设计比较好。我在做学生的时候就知道他。

王　在这份 67 位内地移居香港的中国建筑师名单中，您对哪些有印象？可否简单评价？

┃**郭**　(1) 陆谦受（LUKE Him-sau）：关于香港中国银行的设计，应该是以 Palmer & Turner（巴马丹拿）为主，因为刚到香港的一段时间，我曾经利用晚上的时间在一家模型公司兼职，正好做了中国银行的模型，所以知道。[21]

(2) 徐敬直（SU Gin-Djih）：我很熟，人很好，很会社交，一直在香港，后来好像生病去了美国。是他的热情组建成功了 HKSA。

(3) 徐和德（HSU, W.T. William）：徐敬直的儿子，他的经历和上海无关。建筑做得不错，但很可惜的是，与李兆基合作改造西贡鱼塘为 village 开始很成功，但下一个项目亏空了，把兴业也卖了。

(4) 王定斋（WONG Ting-Tsai）[22]：我的妹夫，1950—1952 在英国念书考 external examiner。

(5) 王定基（WONG Ting Ki）[23]：是王定斋的表哥。他所在的 Way & Hall 事务所的 Way, Hall, 和 Chau & Lee（周李建筑工程师事务所）的 Lee（李）都是本地的欧亚混血儿。

(6) 林威理（LING Wei-li, William）：甘洺事务所很多作品是他设计的，例如：Embassy Court at Causeway Bay。

(7) 关永康铜锣湾使馆大厦（KWAN Wing-hong）[24]：女儿是电影明星 Nancy Kwan（关南施）。

(8) 黄匡原（WONG Hong-Yuen）[25]：建筑做得不错，60 年代初去美国夏威夷了。

(9) 李为光（LEE Wei Kwong, Edward）[26]：建筑做得不错，美国回来的 Wong（王，上海人）和 Tong（童）曾是李的助手。60 年代去了夏威夷。

(10) 李尚毅（LI Sheung Ngai）[27]：周李建筑工程师事务所的工程师，我刚到香港甘洺事务所的时候，每月 300（港）元收入不够用，住 YMCA（基督教青年会）加上吃饭等费用共要 310 元。业余就和李尚毅一起做模型，一个礼拜 3 天，每天 3 小时，收入 7 元，每周就 21 元。

(11) 范文照（FAN Wen Zhao, Robert）：architectural talent（有建筑天赋）。

(12) 司徒惠（SZETO Wai）[28]：建筑做得很不错，品位很好，出版过作品集过。CUHK（香港中文大学）的设计，体育馆一定是他的作品。

(13) 阮达祖（YUEN Tat-Cho）[29]：建筑做得不错。

(14) 张肇康（CHANG Chao Kang）：very talent（很有天赋），就是不爱考试。

(15) 邝百铸（KWONG Pak Chu）30：有自己的 practice。

(16) OUYANG Chao, Leslie（欧阳昭）：工程师，我们是圣约翰大学 的同班同学，后在甘洺事务所同事，他负责工程部分。我从英国念书回来，他就去英国念 AMI Struct E.（结构工程），回来刚好 Wong Ng & Assoicates（王伍事务所）需要工程师，他就去了。和司徒惠一样，既是工程师也做建筑师。

离开香港

王 1967年，内地"文革"开始，也波及香港。有不少1949年来港的内地建筑师又一次移民北美，如陆谦受、张肇康等去了美国，您和王定斋、姚保照等去了加拿大。当时您40岁，刚当选香港建筑师学会的主席，也刚成为甘洺事务所的重要合伙人之一，应该说您在香港的事业正走向高峰，却决定离开香港移民加拿大，这个决定下得艰难吗？您觉得当时的移民是大量的还是少数人的行为？

｜郭 姚保照是退休后才去的。我当时去的时候40岁，按照法律规定，还（需要）参加考试才能做建筑师。但张肇康不喜欢考试，所以他到哪里也不登记，他爱的只有设计。王定斋比我走得更早，他原来是香港PWD的chief architect（总建筑师），后来去加拿大也在中央政府做事。

不是大量的吧。有好几次移民，1947年，1968年，现在。现在有40万华人，当时1968年才3万，1947年的移民情况我不太清楚。移民的主要原因有：1967年香港受到内地"文化大革命"的影响，而加拿大排华政策也在1967年放松。

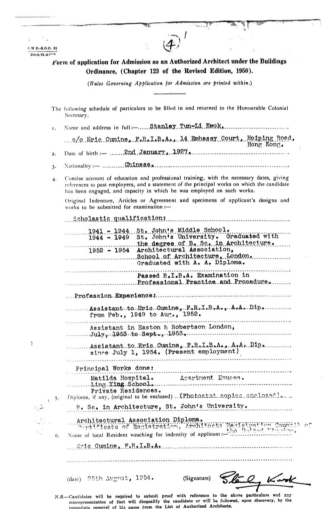

郭敦礼登记"授权建筑师"的申请表（香港历史档案馆，
档案号 HKRS 41-2-15C(3)，1954）

甘洺（Eric Cumine）香港事务所合影（1957），第一排左五：林威理，左六：甘洺。上方插入头像为合影缺席者，左一：郭敦礼，左三：欧阳昭，左四：郭丽荣（郭敦礼妹妹）。取自 Hong Kong and Far East Builder，12 卷第 5 期

香港建筑师学会第一届理事会成员合影（1956），左三：徐敬直，右一：郭敦礼。
取自 Hong Kong and Far East Builder，12 卷第 2 期

郭敦礼先生香港作品列表：

1 九龙塘住宅 I
Residence for Dr. & Mrs. Y.S. Lam,
Kowloon Tong

2 数码港某建筑
A building at Cyberport Rd.

3 九龙塘住宅 II
Residence for Mr.Agon,
Kowloon Tong

4 毕拉山道 居住区方案
Group Houses, Mount Butler Rd.

5 住宅客厅装修
Remodel living room, Dr. & Mrs. Chaun

6 铜锣湾豪园
Fontana Gardens, Causeway Bay

7 马己仙峡道 26 号住宅
The Peak, 26 Magazine Gap Rd.

8 马己仙峡道 15 号住宅
Magazine Gap Towers,
15 Magazine Gap Rd.

9 大潭红山住宅
Apartments on Red Hill, Tai Tam

10 宝云道住宅
Fairlane Towers,
Bowen Rd.

11 何文田住宅
Asjoes Mansion,
Homantin Hill Kowloon

12 薄扶林道多福大厦
Dor Fook Mansion Pokfulam

13 中环皇后大道蚬壳大厦 (1957)
Shell House, Queen's Rd. Central

14 德辅道中国保险商大厦
China Underwriters Building, Des Voeux
Rd. Central

15 中环太平大厦
Pacific House, Queen's Rd. Central

16 广东银行方案
The Bank of Canton Ltd.

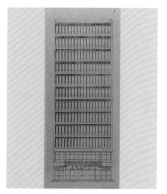

17 中环上海商业银行大厦
Shanghai Commercial Bank,
Queen's Rd.

18 新浦岗衬衫工厂
Factory for Smart Shirt, San Po Kong

19 香港明德医院南翼
Matilda Hospital, south wing, the

20 博雅书院
Bernard Collage Kowloon

21 某俱乐部
A club

22 酒店方案
Hotel Raja, Vientiane, Laos

23 弥敦道美丽华酒店附翼
Mirama Hotel, Nathan Rd.

24 尖沙咀香港酒店
Hong Kong Hotel, Tsim Sha Tsui

1　郭敦礼在加拿大的工作简历，详见：钱锋主编，赖德霖、王浩娱合编"中国近代大学建筑系毕业生（连载五）：上海圣约翰大学建筑系"，《建筑业导报》，No. 332，2005.7，92页。

2　关于郭敦礼的新闻报道有：BC Business (Jan 1987) Man in the Middle by Don Mitchell；The Province (24 Jan 1993) Stanley Kwok glides into Canada Inc. by Ashley Ford；The Vancouver Sun (18 Sept 1993) It's back to the drawing board for Stanley Kwok: 'Master planner' had ability to bring people together by Gillian Shaw；The Vancouver Sun (7 Sept 1996) The master builder: Stanley Kwok has his critics, but he was deemed uniquely fitted to mastermind a False Creek megaproject' by Rebecca Wigod；The Vancouver Sun (7 Feb 2004) False Creek in the Arabian desert by Trevor Boddy。

3　黄作燊（Huang, Henry, 1915—1975），广东番禺人，1937年毕业于英国AA，1942年毕业于哈佛大学设计研究生院。回国后创办上海圣约翰大学工学院建筑系，并任主任、教授，上海五联建筑师事务所发起人之一，参与"大上海都市计划"编制。1952年起任同济大学建筑系主任、教授。见赖德霖主编，王浩娱、袁雪平、司春娟合编《近代哲匠录——中国近代重要建筑师、建筑事务所名录》，59页。

4　陆谦受（LUKE, Him-Sau, 1904—1992），广东新会人，1930年英国AA毕业。英国皇家建筑师协会、工程学会会员。回国后在中国银行建筑课任课长，五联建筑师事务所创办人之一，参与"大上海都市计划"编制。1949年后回港，在内地与香港有很多建筑作品。来源同上，102页。

5　Eric Cumine（甘洺），欧亚混血，父亲为苏格兰人，建筑师，母亲亚裔。他在上海长大，说一口地道的上海话，在英国学建筑 (A.A. Diploma)，主持（上海）锦明洋行。20世纪40年代曾任上海市都市计划委员会委员、上海圣约翰大学建筑系客座教授。1948年移民香港重开事务所，与多位内地移居香港的中国建筑师保持密切业务联系。

6　郭先生在访谈中，常常使用英文。为忠实原意，笔者保留英文部分。

7　程观尧，见钱锋主编，赖德霖、王浩娱合编"中国近代大学建筑系毕业生（连载五）：上海圣约翰大学建筑系"，《建筑业导报》，第332期，2005年7月，92页。

8　范文照（FAN, Robert,1893—1979），广东顺德人，生于上海。1917年于上海圣约翰大学土木工程系获学士学位，1921年于美国宾夕法尼亚大学建筑系获学士学位。获南京中山陵图案竞赛第二奖（1925）、广州中山纪念堂设计竞赛第三奖（1926）。1927年成立范文照建筑师事务所，是同年10月成立的中国建筑师学会发起人之一，并任首届会长。1929年任南京首都设计委员会评议员，并兼任私立沪江大学商学院建筑科教师。1935年代表中国出席罗马国际建筑师大会。1949年后在香港设立事务所。设计作品：上海八仙桥青年会（1933，与李锦沛、赵深合作）、上海美琪大剧院（1941）等。见赖德霖主编，王浩娱、袁雪平、司春娟合编《近代哲匠录——中国近代重要建筑师、建筑事务所名录》，28页。

9　郭先生和甘洺在港大讲关于九龙塘的一个住宅，见 Hong Kong and Far East Builder, vol.12, no.5, 1957, 46页。

10　林威理，1914年8月11日出生，1927年就读上海圣约翰中学，1930年开始在（上海）锦明洋行跟随甘洺做学徒，1934年正式工作。1949年（香港）甘洺建筑事务所的主要成员，1966年和郭敦礼一起成为该事务所的合伙人。1955年起登记为香港授权建筑师。设计有香港最早的公屋北角村（1954）。

11　2007年5月面谈，郭先生提供了他设计的24件香港作品的照片，并逐一做了介绍。

12　在香港，plot ratios, site coverage, 1962年制订，1966年实施。

13　这本杂志由一位伦敦工程师格雷尔（Henry Graye）创刊于1936年，刊名 The Hong Kong and South China Builder（香港及华南建设者），1941年更名 The Hong Kong and Far East Builder（香港及远东建设者）。1954年格雷尔突然过世，杂志几易出版者和刊名，1965年更名为 Far East Architect & Builder（远东建筑师及建设者），1968年更名为 Far East Builder（远东建设者），1972年更名为 Asian Building & Construction（亚洲建筑及建造）。重点报道香港本地的建设情况，是研究香港近现代建筑历史的重要文献。

14　香港建筑师学会，1956年成立时英文名为 Hong Kong Society of Architects（HKSA），现为 Hong Kong Institute of Architects (HKIA)。

15　徐敬直（SU, Gin-Djih, 1906—?），1926年自上海私立沪江大学转入美国密歇根大学建筑系，1929年获学士学位，1931年获硕士学位。回国后在范文照建筑师事务所工作，后与李慧伯等人开办兴业建筑师事务所。1949年后赴港。曾获南京国立中央博物院图案设计竞赛首奖。见赖德霖主编，王浩娱、袁雪平、司春娟合编《近代哲匠录——中国近代重要建筑师、建筑事务所名录》，162页。

16　朱彬（CHU, Pin, 1896—1971），广东南海人，1918年清华大学毕业，分别于1922年与1923年获美国宾夕法尼亚大学建筑系学士与硕士学位。1924年与关颂声合办基泰工程司。1949年后赴港，继续主持香港基泰工程司。来源同上，214页。

17　范政，见钱锋主编，赖德霖、王浩娱合编"中国近代大学建筑系毕业生（连载五）：上海圣约翰大学建筑系"，《建筑业导报》第332期，2005年7月，99页。

18　张肇康，来源同上，98页。

19　欧阳昭，来源同上，95页。

20　上述张肇康作品，详见 CHANG W. M. Chang Chao Kang: 1922-1992 [M]. Committee for the Chang Chao Kang Memorial Exhibit., 1993.

21　笔者曾经根据陆谦受建筑事务所在港图纸档案，推断：陆谦受参与了香港中环的中国银行老楼的设计。详见：王浩娱.陆谦受后人香港访谈录：中国近代建筑师个案研究 [A]. 见：第四届中国建筑史学国际讨论会论文集 [C]. 上海同济大学，2007: 244-255。郭先生对此表示质疑。笔者重新调研，确认香港中国银行为 Palmer & Turner（巴马丹拿）事务所设计，而陆谦受设计的是香港中国银行的室内装修，是为 China Resources Co. 设计了该公司在中国银行第11—12层的办公室。在此感谢郭先生的指正。

22　王定斋，郭敦礼妹夫，1921 年出生于香港，1942 年香港大学毕业获土木工程学士，入 Messrs. United Industrial Engineers 作助理工程师，1942—1944 年随公司赴广西桂林工作。1946 回港，1948 年香港工程师学会第一界会员，1950 年登记为香港授权建筑师。1953—1966 年香港公务局（HK Public Works Department）首席工程师。1966 年赴加拿大作政府建筑师。他在香港设计的多处警署和警察宿舍，近年得到学者的研究与关注，详见柏庭卫（Vito Bertin）、顾大庆、胡佩玲，《大象无形：香港现代建筑三个典范》展，2011.11.5-12.17。

23　王定基，王定斋的表兄，1918 年出生于香港，1936—1939 年在香港 Messrs. Way & Hall, Architects & Surveyors 作建筑师助理。1946 年获中山大学土木工程学士，毕业后曾作湖南广西贵州铁路局工程师。1947 年返回香港 Way & Hall 作结构工程师，1955 年后登记为香港授权建筑师。

24　关永康，关颂声的堂弟，英国皇家建筑师学会（RIBA），毕业于伦敦建筑学会建筑专门学校（AA. Diploma）。1938 年后登记为香港授权建筑师，在香港自营事务所，与大陆基泰事务所（关颂声、朱彬、杨廷宝主持）保持业务往来，曾合作设计了九龙弥敦道香港电话有限公司大楼（1948）。

25　黄匡原，出生于广东，1945 年交通大学学士（B.Sc.），1949 密西根州立大学硕士（M.Sc.），1940 年代曾获广东省某建筑竞赛首奖（Kwangtung Provincial Assembly Hall）。1950 年来香港，1951—1958 年香港公务局（HK Public Works Department）助理建筑师，1958 年后登记为香港授权建筑师。

26　李为光，1919 年出生，1941 年中山大学建筑工程系毕业获学士学位，1941—1947 年在重庆工作（National 24th Steel Mfg. Co.）。1949 年美国宾夕法尼亚大学建筑系毕业获硕士学位，并在美国工作 Davis, Poole, and Sloan A.I.A.。1951 年回香港，入关永康的事务所工作。1953 年后登记为香港授权建筑师，1964 年曾任香港建筑师学会会长。

27　李尚毅，1921 年出生，1941 年获香港大学土木工程学士。1940 年代曾在内地作助理工程师（Kwangsi Enterprises Corporation, Canton-Hankow Railway 粤汉铁路局）。1946 年入香港巴马丹拿事务所（Messrs. Palmer & Tutner Architects）作助理工程师。1948 年香港工程师学会第一界会员，1953 年登记为香港授权建筑师。

28　司徒惠，1913 年出生，上海圣约翰大学土木工程学士学位，1938 年赴英国学习并工作（Babtie, Shaw and Morton, Civil Engineers, Scottish Division of the London, Midland and Scottish Railway 助理工程师）。1945 年回香港，自营事务所。1948 年后登记为香港授权建筑师，1956 年加入香港建筑师学会，并在 1960 年任会长。1964 年主持香港中文大学的规划和建筑设计。

29　阮达祖（YUEN, Tai-Cho, 1908—？），1933 年毕业于英国利物浦大学。曾任职中国银行建筑课，建明建筑师事务所。后赴港开设阮达祖建筑师事务所。见赖德霖主编，王浩娱、袁雪平、司春娟合编《近代哲匠录——中国近代重要建筑师、建筑事务所名录》，120 页。

30　邝百铸，1925 出生，1945 年中山大学建筑工程系毕业获学士学位，1951 年美国德克萨斯大学建筑学硕士。1949 年入香港巴马丹拿事务所（Messrs. Palmer & Tutner Architects）作绘图员、设计师。1956 年后登记为香港授权建筑师。

赵秀恒教授谈上海 3 000 人歌剧院观众厅研究

受访者简介 ## 赵秀恒

赵秀恒教授近照

男，1938 年 12 月生，天津人，教授，博士生导师。1956 年考入同济大学建筑系，1962 年毕业后留校任教。1987 年在日本综合研究开发机构任客座研究员。1989 年任中国建筑师学会建筑理论与创作学术委员会委员。1993 年获国务院政府特殊津贴专家证书。1995—1998 年任同济大学建筑系主任。主要作品包括：上海中兴剧场改建、无锡市商业幼儿园、曲阜孔庙文物档案馆、泰兴国际大酒店、浦东新区行政文化中心总体实施规划、清华大学大石桥学生公寓等。主要研究包括建筑设计基础新体系、中日两国建筑教育比较和城市景观控制理论等。

采访者： 华霞虹（参与人：吴皎、李玮玉；文稿整理：华霞虹、王昱菲）

访谈时间： 2017 年 12 月 20 日上午 9:30—12:30

访谈地点： 上海市同济大学建筑城规学院 C 楼都市院一层会议室

整理时间： 2018 年 1 月

审阅情况： 经赵秀恒老师审阅修改，于 2018 年 2 月 26 日定稿

访谈背景： 为开展同济大学建筑设计院 60 周年院史研究，我们对赵秀恒教授进行了 3 小时访谈。内容主要包括四部分：一、求学期间在设计院实习经历，尤其是参与上海 3 000 人歌剧院项目始末；二、同济"五七公社"期间改建上海中兴剧场；三、20 世纪八九十年代的多个实践期间，任职建筑系副系主任和系主任期间，承担的对设计院外部组织工作；四、2000 年后组织清华大学大石桥学生公寓投标、设计和建造过程。本文为访谈的第一部分，主要介绍赵秀恒大学四年级时和同学在同济设计院实习期间，由黄作燊等老师指导开展上海 3 000 人歌剧院设计和研究的经历。

上海 3 000 人歌剧院方案，赵秀恒提供

华霞虹　以下简称华

赵秀恒　以下简称赵

华　您在同济设计院庆祝 50 周年时出版的《累土集》中撰写的《我和设计院的缘分》一文，非常详尽地描述了从学生时期就开始的、在设计院的工作经历。我最感兴趣的是 3 000 人歌剧院这个当时很重要的项目。能不能请您详细介绍一下当时的背景？

　赵　1958 年土建设计院是成立在建工系下面的。因为 1957 年以后"拔白旗"，撤销了建筑系，之后与建工系合并。冯纪忠先生原来是系主任，现在成为副系主任。但是设计院的设计人员，主要还是建筑系的老师。那时候设计院在文远楼一楼，建筑系办公室与教研室在二楼，上课的时候老师们都上来研究教学工作，结束后就下楼去搞设计。好像是从五九届开始，学生进到设计院去实习。因为学制从五年改六年，六〇年同济建筑系没有毕业生。从五九届到六三届，每年到了四年级这个时候就进去实习一年。

华　实习一年？这一年还上课吗？

　赵　课很少，多数时候不上，以实习为主。到了设计院，学生被分到几个室，每个室里有不同的项目。老师们指导，学生们画图，深入地考虑方案，做设计。

　　当时我在三室，歌剧院组。这个项目的主要负责人是黄作燊先生，因为他和王吉螽、王宗瑗都对剧院比较熟悉，所以由他们来指导。但是设计，包括方案都是同学做。一开始做了很多方案，然后进行比较，老师觉得哪个方案更好，就在它的基础上发展。当时的老师非常放手，但是指导还是盯得很紧的。

华　您全班的同学都进了这个室吗？

赵 我们剧院组有十几个同学，都是同班的。1960 年实习时设计院里只有我们这一届，分成好多组。我们这个组十几个同学后来又有分工，有前厅组、舞台组，还有观众厅组。

这是老师分的工，我记得很清楚，是黄作燊先生分的。他几乎每次来都带很多有关国外剧院的资料，我都仔细地研究了，把其中的数据摘录下来。

华 黄作燊先生的资料是书还是杂志呢？是老师他们自己订的吗？

赵 是杂志，具体情况我一下子讲不清楚。好像当时国外的杂志只有同济有，华东院、民用院都没有。因为像冯纪忠、黄作燊这些老师是从国外回来的，他们有眼光，一定要有杂志。当时的资料室在文远楼的四楼，我们设计院在一楼，二楼是教研室，三楼是建工系的办公室，四楼很小的一块是资料室。同学自己不可以去看，老师可以临时借出来。大多数都是外国的，英文、德文的都有。

华 所有同学都可以看到这些杂志吗？

赵 可以，但是要按照你负责的这一块。你负责观众厅，就主要看观众厅，当然其他同学也看，可能就是看舞台，还有就是看它整个的造型、前厅，等等。杂志大家都可以看，但是关注的内容不一样。那个时候我还年轻，记忆力比较好，可以背出很多数据。另外还去实地调查。那时上海有蛮多的电影院和剧院，有很多现在拆掉了。我当时还专门做了一个统计表，哪个剧院有多少座位，有几层的挑台，楼上、楼下多少人，多少座位，我都记得。

华 是老师带着你们同学去参观，还是您自己去？

赵 自己去，到办公室开个介绍信，很方便。那时候的学生相当自立，自主性很强。老师按照教学日历的安排，通知到班长，他们就到系里开个单子，买了火车票回来报销，很简单的。包括设计院里，我们在设计院的时候出去调查，总要跑很多地方，车票都不贵，几分钱，设计院都报销，没有什么限制。师生之间的关系非常亲密，相互之间是很融洽的。我记得有一次"开夜车"，老师也陪着，我实在太困了，坐在椅子上就睡着了，那时候房间没暖气，黄作燊老师脱下自己的皮大衣盖在我身上，我非常感动。

华 这些老先生的家很多在市区里面，也在学校"开夜车"，不回家？

赵 跟着"开夜车"，有的时候很晚才回家，那时候也没什么出租车，怎么回去我不清楚，关键的时候他们都跟到很晚，所以老师也是很认真、很费心。

华 您说有很多的参考资料，您还记得具体的内容吗，比如说对你们这个设计来说，是哪些国外的资料，无论是形式上还是空间上对你们影响最大吗？

赵 我印象中，当时影响比较大的好像有两个，一个是汉堡歌剧院，一个是科伦歌剧院。汉堡歌剧院，我第一次看到它叠落式挑台的形式，后来 3 000 人歌剧院我们也选用了叠落式挑台，当然叠落的形式和它不是完全一样。我对它楼座的叠落印象蛮深的，一层一层地叠落，中间还有墙隔分开。我们没有用墙隔开，完整地叠落，为了交通更方便。

华 在这个过程中，比如您看到观众厅的做法，觉得汉堡歌剧院做得比较好，您会画出图来，然后跟老师同学讨论吗？你们会画出好多种布局进行讨论吗？

| 赵 会讨论的。老师指导，根据老师的要求再返回来看这个断面对视线有没有影响，然后就切很多不同的剖面。一般做剧院就切一个中轴剖面，我们不是。我们切了很多不同方向的剖面来测定它对视线的影响，还有舞台画框的遮挡，做得很详细。

华 您就是学生里主要负责观众厅这个组的？像舞台组和前厅组主要是哪些同学在做？

| 赵 是的。前厅印象中是李实训、王学祥，舞台组好像有俞文寿、仇家凤等几个同学。

华 3 000人歌剧院就是一个很完整的方案了，它后面做到施工图了吗？

| 赵 这个项目先是评审方案，评审后要做施工图。施工图方面，前后两段我不清楚，观众厅牵涉结构，还有声音。结构由朱伯龙老师负责，他根据我们的平面方案来配合结构。王季卿老师对音质问题提供了很多指导。但后来因为1960年后国家经济困难，这个项目就下马了，实际上只是做到扩初。我毕业以后留校。后来这个项目又要上，又叫我们几个人和几位老师继续做，我记得有张振山，还有冯先生。文化局安排的地方在校外，我们年轻老师们都住在那里，可是做的时间也不长。后来国家生活状态就很差了，是1962年之后的事情。

华 这一年你们就是在做歌剧院的一个项目？

| 赵 对，我们这一组一直在做歌剧院。做剧院的都知道，观众厅有最佳的视区，容量要大，视觉条件要好，这些与挑台伸缩都有关系，所以我会去研究视线。

剧院观众厅的视线，以前大家都这样做：要么画图测算，要么通过计算，一排一排加上去。但是我最主要想知道最后一排的高度和视线有没有遮挡，这两种办法都很吃力。所以我研究视线时，找出一个方法，设计了一个计算公式，还做了一个表格。这个表格很方便。你设置几个参数，马上就知道每一排的高度了。定了高度，根据眼睛看画框，也就是舞台框的视线，再决定上面一层的边界，到哪里要挑台？怎么样的形式对容量和视线都是最合算的？就这样来回地选取方案。底层决定了以后，看第二层伸出来多少好，才能决定第三层，因为3 000人歌剧院肯定需要做三层，每层容量不能做得特别大。

华 是因为整个空间占地不够，不能非常大吗？

| 赵 这个剧院的占地是够的，就是因为观众厅受到水平视角、垂直视角，还有视距等的影响，有个最佳的容量，不能无限放大。要争取更多的观众在优质视区里面，所以就要反复找。但是来回找实在太慢了，后来我就研究视线设计的方法。

后来我针对视线设计，写了篇文章给《建筑学报》，可惜因为"文化大革命"，《建筑学报》停刊，就把我的原稿寄回来了。上面有他们对文字的校对、盖的图章和选用在第几期的说明，但我现在找不到了。我研究的时候还是学生，写文章的时候已经留校当老师了。《建筑设计资料集》第一套第二册，关于体育建筑，就采用了我对视线问题的研究。他们从北京过来取经，当时我好像是刚刚毕业，同济有一个科技情报站，把我整理好的材料印了一本小册子，很薄的，好像是油印的，标题就叫《视线设计》。

当时做这个视线表格的时候还没有计算器，是手摇计算机，很笨的一个东西，但是很准。比如算"1+1"，你先扳到1摇一下，再扳个1，就加了；"2×6"，就要扳个2，再扳个6就要摇6次。当时设计院有手摇计算机，我也可以到设备处去借，因为我写这个的时候已经毕业了。

华 这个视线设计法还有个公式，这个公式是您总结出来的吗？

赵 对，是我推导出来的，然后把这个公式的原理写清楚，再做的表格。我设计的中兴剧场也受到3 000人歌剧院的影响，采取叠落式挑台，这个结构也是朱伯龙老师配合做的，他做3 000人剧院的时候就有这个凤愿，但没实现，所以在这里他也还是做一个悬索结构，即挑台的主梁是个悬索结构。3 000人歌剧院是一个"碗"，也是悬索结构，是几个方向的悬索，就像编织一个网一样；中央剧场是一个悬带结构，用来代替主梁。

华 做3 000人歌剧院的时候，也有结构专业的同学来画图吗？

赵 也有结构同学来的，因为也是在设计院实习。他们是五年制的，实习多长时间我不记得。方案基本上结构选型一定，就有结构的同学来帮着一起算。他们好像也在一楼的设计院里，和我们不是一个房间，但是我经常要过去讨论。一进去就听得到一直在摇计算机的声音，印象很深。因为结构计算有很多是超静定的，项目很复杂。结构室实际上专门配合结构设计，不单单配合一个项目，由结构老师指定几个人来负责这个项目。

华 3 000人歌剧院也做了模型，是你们自己做的吗？

赵 对，自己做，买了很多小工具，有很多是有机玻璃的、八角的柱子，然后拿锉刀锉。比例多少我一下子记不清楚，至少它的宽度大概起码0号图纸尺寸，因为它是很大的一个模型，里面装了很多灯。可能是1:50。能揭开看得到里头，还能看到前厅里的情况，比例应该是蛮大的。这个模型好像还参加了游行，是不是国庆献礼记不清了。

华 交流方案的时候老师每周一般来几次？

赵 不一定，有时候来得很勤快。一般至少每周3到4次，来了以后就要讨论，大家一起开会了。比如说，李家元由黄作燊先生做指导时，他画了图以后黄先生就提意见或给他改图。王吉螽先生来讨论方案时也会告诉我们怎么修改，怎么调整。汇报时我们会把画的图贴出来。这张照片里面墙上的立面图都是李实训和王学祥他们画的。

平时是画草图，汇报要画渲染图。我们向文化局汇报了好多次。因为最初的时候这个方案并不是直接定给同济的，而是由同济、民用、华东院一起做。各做各的，然后一起汇报。

华 这本毕业50周年纪念册里面有个4月4日区文化局汇报方案，就是说这个时候我们的方案在评选中胜出了，对吗？那是公开的吗？大家能看到评审，还是由这些老先生单独评？

赵 我们都坐在旁边。汇报是我们同学介绍，不是老师介绍。老师就是这么放手。记得很清楚，有一段介绍，黄作燊老师坐我旁边，让我沉住气，别紧张。那时候就是介绍观众厅的方案、指标以及为什么采取这种形式，怎么达到这个要求。有介绍整个造型的，有介绍观众厅的，还有介绍舞台的，由负责的同学自己去介绍，都是事先安排好的。结果也是当场宣布的。

华 真的是很公开透明啊。那么民用院和华东院是设计师来汇报？

赵 对。都是很有权威的工程师和总建筑师来介绍，介绍完了以后开始评，评完后再投票。谁投了谁的票是公布的，所以我们会知道他们投了我们的票，就是公正透明的。

当时的会场在文化局，有个蛮大的会议室，模型放桌子上，大家就围着坐边上。文化局负责的那个人叫张杰，我印象蛮深，他负责抓这个项目，经常往我们这跑。

华 我觉得汇报蛮有趣的,因为都是学生汇报,老师为什么不汇报?

| 赵 老师就坐在旁边听。汇报前,老师会指导应该讲的重点是什么,应该讲哪几个问题,层次都讲清楚,然后上去汇报。因为都是学生亲自在做这些事情,老师不过是指导,所以学生更清楚,甚至比老师还清楚,所以就是学生汇报。

其实在我们学校里,它是一个师生的概念,在设计院里其实就是具体设计人来汇报,然后比如有工程负责人在旁边。在学校里感觉好像是师生关系,在设计院实际上就是设计人和工程项目负责人的关系,所以不一定是项目负责人介绍,设计人介绍会更具体一点。

华 这些研究,比如说您去做视线分析,或者说他们研究舞台,都是由学生自己提出来觉得这个问题要研究一下,还是说老师提出这个事情还要再研究?

| 赵 研究的方向应该是老师指点的,他们会讲,这是一个很重要的问题,你好好把它搞清楚,还会提出要求。

华 等于老师指导了一些关键性的课题,具体操作是同学去做。老师可能不会仔细去做,但他有经验。非常有意思,我觉得设计院最初的模式真的很像医院,学生很像实习医生。您这一代毕业后都很快能自己独立实践,一年的实习经历对后面的工作有帮助吗?

| 赵 当然有很大帮助,不是一点点。因为实习时做的都是实际工程,而且老师那么放手。老师指导方向以后学生就会自己往里钻研,这对今后的工作帮助很大,所以我觉得这种教学形式其实蛮好。

上海 3000 人歌剧院模型,赵秀恒提供

薛求理教授关于参与上海戏剧学院实验剧场和上海电影制片厂摄影棚工程的回忆（1980—1983）

受访者简介

薛求理

薛求理近照

男，1959 年出生于上海。1978 年考入同济大学建筑工程班，1980 年毕业后到同济设计院工作。1982 年成为陆轸老师的研究生。1985 年至上海城市建设学院工作。1987 年在同济大学建筑与城市规划学院攻读博士学位，并赴香港大学学习。1990 年起在上海交通大学工作，后赴英国进修，并在美国工作。1995 年起任教于香港城市大学。主要作品《中国建筑实践》（中英文双语版，1999，2009）、*Building a Revolution: Chinese Architecture Since 1980* (HKU Press, 2006; 清华出版社,2009)。此外，《世界建筑在中国》，2010 年由香港三联和上海东方出版中心推出繁、简、英三种版本；《城境：香港建筑 1946—2011》由香港商务印书馆于 2014 年出版；*Hong Kong Architecture 1945-2015: from colonial to global* (Springer, 2016) 获国际建筑评论委员会 (CICA) Bruno Zevi 图书评奖之表扬奖；其作品还有 *A History of Design Institutes in China: from Mao to Market* (with G. Ding, Routledge, 2018)。薛氏的英文论文发表于 *Journal of Architecture, Urban Design International, Habitat International, Cities, Journal of Urban Design* 等杂志；在内地和港台发表中文论文 100 余篇。

采访者： 华霞虹（参与人：吴皎、王鑫；文稿整理：华霞虹、吴皎、熊湘莹）

访谈时间： 2017 年 12 月 14 日下午 13：30—15：45

访谈地点： 上海市四平路 1230 号同济设计院一楼贵宾室

整理时间： 2018 年 1 月

校审情况： 经薛求理老师审阅修改，于 2018 年 2 月 26 日定稿

访谈背景： 为开展同济大学建筑设计院 60 周年院史研究，我们对薛求理老师进行了 2 小时访谈。内容主要包括三部分：一、20 世纪 80 年代初同济设计院的工程实践状态；二、同济设计院 20 世纪 80 年代初报考研究生的状况；三、对大型设计院，尤其是高校设计院特点和价值的研究。本文为访谈的第一、二部分，主要介绍上海戏剧学院实验剧场和上海电影制片厂摄影棚两个项目的设计，以及薛求理老师报考陆轸老师研究生的状况。

1981 年薛求理水粉绘制上海电影制片厂效果图

华霞虹　以下简称华
薛求理　以下简称薛

华　薛老师您 1978 年进入同济学习，1980 年就进入设计院工作了。当时开展了不少的项目，像上海电影制片厂摄影棚、上海戏剧学院实验剧场等。1982 年您又成为陆轸老师的研究生，参与了一些实验室的方案。我觉得您是同济设计院这段时期非常好的历史见证人。您能给我们介绍一下 20 世纪 80 年代初同济设计院设计项目的一些特点，还有老师和设计师设计的一些特点吗？

｜薛　我是 1980 年 4 月加入同济设计院的，第一天报到大概是 4 月十几号。当时设计院分为土建一室和土建二室。我们一室的主任是史祝堂先生，副主任是负责结构的徐立月老师（江景波校长爱人），还有一位是叶佐豪老师（叶老师不参加生产任务，主力搞函授教育）。

史祝堂先生 1953 年毕业，跟陆轸、朱保良、朱亚新几位老师是同班同学，但是他们是从不同学校院系合并到同济后同班的。史老师和朱亚新老师原来是圣约翰大学的，陆老师从之江大学来，朱保良老师从浙江美术学院来。当时土建一室和土建二室是以建筑和结构工作为主，设备单独分为一个室。

当时我们一室的办公室在学一楼，每个房间有几个人，学一楼现在已经拆了。我估计当时一个室大概有三四十个人，分成几个项目组。二室的主任是陆凤翔老师，朱亚新老师也在那里，他们室以做住宅和宾馆项目为主。我们一室是以做大空间项目为主。室下面又分成几个工程组，其中一组负责上海戏剧学院的项目，负责的包括史祝堂老师和董彬君老师，他们也是同班同学。还有一位是周老师，1955 年同济毕业的；另一位王宗媛老师，是教建筑历史的王秉铨老师的太太；还有关天瑞、宋宝曙两位老师。这些是比较主要的建筑师。

宋宝曙老师当时是少壮派，40 来岁。他 1961 年南京工学院毕业，是从江苏省设计院调过来的。我觉得在我们室里他能力最强，特别是施工图方面是最强的。还有一组是吴庐生老师那边，他们当时在设计体育学院。吴老师提出将大球训练馆放上二楼，体育学院做了两层的练习场，也是一个大空间，屋顶大概是个联方网架，当时是创举。所以我们这个室的定位是做这一类跟一般的民用建筑不一样的大跨度建筑。

华 薛老师您能具体介绍一下上海戏剧学院这个项目吗？

薛 我第一天来设计院报到，第二天就被派到戏剧学院去了。当时戏剧学院实验剧场工程刚刚开始在做扩初，方案大概是 1979 年完成的。选址在上海戏剧学院后面的一块地，很窄小，整个剧场大概是 999 座。但是舞台特别先进，平面为"品"字形，两边有侧舞台、后舞台。舞台上有 52 根吊杆，用于变换布景。当时在全国只有北京中央戏剧学院有一个这样的剧场，上海就只有这个戏剧学院的剧场是演莎士比亚最出名的剧院，属于实验剧院。当时上海戏剧学院是全国的莎士比亚研究中心。它的观众厅比较朴素，是簸箕跌落式的，没有二楼。观众厅由董彬君老师负责，舞台部分是史祝堂老师负责，我进去之后的师傅就是史老师。我们的办公地点在戏剧学院面向华山路门房小楼的二楼，爬铁梯上楼，内有四个房间，两间给建筑、一间给结构、一间给设备，有一部电话。

华 这个项目，您刚才说的 1979 年的方案是谁做的？

薛 是史老师、董老师他们做的，还包括王季卿老师，他们彼此之间很熟。王老师也是之江大学毕业的，因为他搞声学设计，也经常来。为了搞声学设计他们还做了一个很大的模型，由设计院的模型师傅，带着两个小姑娘做的。当时设计院很少做这么大的模型。那个模型就做了观众厅部分，大概是 1:20 的。做这样的模型蛮复杂的，因为观众厅里面高低不平。另外牵涉 24 米的跨度，底下要做一根梁，这根梁技术上很复杂。虽然观众厅是一层的，但是它后面有一根挑梁，挑梁后面还做了一些池座。这根挑梁是一种簸箕式的曲梁，两边是立到地面的。这个结构的负责人是沈老师，具体名字我不记得了，是从外地调进来的。另有一位搞地基基础的唐老师，也很有经验，发表过很多论文和译文，好像也是外面调来的。还有一个徐老师是从钢结构教研室来的，我看她并没有比那几个人年纪大多少，但人家都叫她"徐先生"，凡是被叫"先生"的女老师都是很受尊敬的。徐老师主要负责一些钢结构，因为舞台顶上整个桁架都是钢结构。所以这几位专家等于设计了几个不同的结构。当时叶宗乾老师是搞电气的，还有一位年纪轻的董老师，是"文革"前毕业的大学生，也是搞电的。空调是王彩霞老师（范存养老师的爱人）、李老师，上下水是吴桢东老师。负责设备的老师不是天天来，因为他们要管室里面的好几个工程，所以他们一个礼拜大概来三次。

华 这个工程在当时算比较重要的一项吗？

薛 是，当时设计院的主要作品就是在同济新村的住宅，1979 年的时候大多是住宅，所以拿到这么一个公共建筑很重要。

我在戏剧学院工程中主要是跟史老师搞很复杂的舞台部分。当时都是手画，画坏一点就要刮掉。舞台底层这张图是我负责画的，到最后要出图时，纸面已经千疮百孔了。刮得多的地方后面就贴一块，蓝图晒出来也就会有个疤痕，是看得出来的，但史老师说就这样不用重画了。所以到最后好不容易要出扩初图的时候是很开心的。因为出图表示甲方和设计总监认可你设计的东西了。这个舞台特别复杂，是"品"字形的。吊杆那个地方很复杂，要有上人孔，标高也很复杂。它是莎士比亚剧的实验剧场，当时还没有很先进的高科技舞美，舞美是画在布景上，一道一道放下来的布帘和道具。

当时设计院比较重视这个工程，丁昌国先生也经常来，帮助解决大量的构造问题。那些构造图和施工图都是丁老师看和指导过的。戏剧学院实验剧场那些施工细部都蛮复杂的。另外，吴景祥院长也来过几次，吴老当时已经 76 岁高龄，看他一步步从铁爬梯走上来，我心里暗自捏把汗。吴老来到设计室，主要是听取设计进度汇报，参与讨论。

我在戏剧学院待了一年多，1980年去的，大概到1981年的时候我自己很想回来，因为上班路比较远，而且我看后期施工图都已经出了，人陆陆续续都在往回调。但史老师不肯放弃那个地方。因为史老师住在南京西路。这批老师也全部住在那附近，所以很乐意在那里做现场设计。现场设计里面还有一位邱贤丰先生，同济1955年毕业生，他的太太陈光贤老师在建筑系教书。邱老师代表戏剧学院基建科，但做的却是我们这个设计组的事情。

因为史祝堂老师到戏剧学院特别方便，而他到同济要乘班车，跟朱亚新老师和吴景祥老师乘班车来。所以后来整个设计团队都回来了，但史老师还是天天在那里工作，处理很多收尾工作，特别是舞台部分。

华 那时候施工了吗？

薛 那个时候已经开始搞基础了，1981年开始就已经有几个桩位下去了。那个地方本来是食堂，好像已经开始拆了。

华 这个项目现在还在吗？

薛 戏剧学院的结构还在。这个实验剧场项目在1986年得了上海市优秀设计三等奖。我们写过一篇文章，登在1987年11月份的《建筑学报》上面。但是戏剧学院后来改了，当时有一个问题是它的前厅特别窄，只有6米，还要靠一条楼梯上到二楼，很挤。而且戏剧学院在外面看就是一个白立面，然后在一边开了一个门和一个窗，另一边是白墙面，是留给露天演出时用的背景。戏剧学院当时的门是6米开间的玻璃门，负责结构的沈老师一定要在中间放一根柱子，但丁昌国先生要把它抽掉。当时最大的争议就是那根柱子，最后沈老师让了一步，把柱子抽掉了。

华 是不是把上面的梁做大了？

薛 这个地方最后做了一根暗梁，隐在玻璃后面，也就是在一楼二楼之间的地方。以前做结构还是很保守的，所以就做了这个。

华 这个房子造完了以后有拍照吗？

薛 有的。《建筑学报》1987年11月那期我和董老师写的文章里有几张照片。

华 在建造的过程中你们还会经常去施工现场吗？

薛 去。但在建造过程中去的次数不是太多，有的时候会去。

华 我们做了内装修吗？

薛 全部做的。门厅、侧厅是董老师、周老师等设计的内部装修，剧场观众厅里面的内装是史老师出的主意。史老师经常把我从设计院叫到戏剧学院去，因为做内装修的时候他要画画，他还拿铅笔教我画。整个内装的立面实际上是做成了曲折的面，因为当时也没什么钱，就做这种水泥的、曲折的面。做好以后效果非常好，因为观众厅和舞台能营造出一种很热烈的气氛。

华 你们后来去看过演出吗？

薛 做好以后是1986年，大家很兴奋，都去看了演出。当时我们在戏剧学院现场设计时有几个年轻的，是我们班里的同学，一个是结构的，陈硕苇。我们就经常在那里看电影。戏剧学院里有礼堂，每个礼拜都有电影看。一般就是5点多钟下班去看电影，或者看学生演出，这样大概过了一年多又回来了。

为什么要回来？因为设计院从上海电影制片厂又拿到一个任务。因为我们室有经验，所以交给我们。当时上海电影制片厂的基建科科长是同济建筑系 1965 年的毕业生，和许芸生老师很熟。工程负责人是关天瑞老师和宋老师。为了做这个项目，我们去参观了当时国内最权威的四个电影制片厂：湖南潇湘电影制片厂、广州珠江电影制片厂、西安电影制片厂和成都的峨嵋电影制片厂。参观了那些厂摄影棚的操作，并和摄影、美工和设计人员座谈。

回来后，我、宋老师、关老师一人出一个方案，最后宋老师再综合成一个方案。当时很流行水平线条，因为那个电影棚是 24 米 ×36 米不开窗的，这样的三个棚放在一起比较难看且体量大，所以宋老师就在前面办公楼加了一条体量，把它围起来做了一个方案，由我来画一张水粉画的透视图。这张图我一直保存完好，那个时候没有电脑，就靠这张图。后来讨论方案、定稿的时候吴景祥院长也来，一般讨论方案的是吴院长和丁昌国老师。丁老师是技术室主任。

这个项目原来要做三个摄影棚，但最后只造了一个。原因可能是没有钱，或者不需要这么多了。这个时候我已经离开设计院在读研究生了，施工图都做完了，但是没造。

我不知道当时造价多少，但是设计费是 16 万元，因为接了这个任务，管生产的陆老师十分兴奋。那时候设计院刚开始收设计费，给戏剧学院做的时候还没有。

电影制片厂的这个工程组里还带了一些小工程一道做，如之前的新华社宿舍、南汇水泥厂等。1982 年时设计院也搞定量工作，平均每个礼拜要求出一张 2 号图纸。而且那个时候因为大家是老师，他们要放寒、暑假，甲方就吃不消，说你们这一放假我们怎么办？

华　他们当时还是属于老师的编制，所以说设计院其实也不是像市场化的一直上班。

｜薛　以前节奏不像现在，是很松散的，也没有什么打卡。一是因为项目还不是太多，二是因为设计院的老师还有一些教课任务，像朱亚新老师他们都有教课任务和带实习的事情。

当时设计院分几个地方，我们这个室在学一楼，陆凤翔老师那个室在文远楼底下。当时我估计有七八十人左右，1983 年搬到新楼后大概增加到一百人左右。我们那时全院开会是在北楼借的一个阶梯教室，开会时就是做生产方面的陆老师、党总支书记唐老师和吴院长讲话。那个时候吴院长跟朱亚新老师都是只来半天，因为他们回去还要做研究。

他们要教研究生。当时设计院有三个研究生，一个是汪统成，一个是杨另圭（后回老家无锡工作），还有一个是唐玉恩，他们都跟吴院长做高层。他们的毕业论文是手写在硫酸纸上晒图的，我们后来也学样。

华　那个时候设计院的老师都可以带研究生，还是只是有几位老师可以带？

｜薛　除吴院长外，当时能够带的好像还有陆轸老师、吴庐生老师、王征琦老师和王吉螽老师。王吉螽老师先去也门教书了，大概是1981 年回来的，回来后就担任了建筑方面的总工程师，重大工程都来参加，上海电影制片厂做方案的时候他也来。

华　当时设计院项目做方案阶段是有很多老师参与的吗？

｜薛　方案阶段真正画图的就是宋老师，我，还有关老师。但是因为上海电影制片厂是重大工程，讨论的时候吴院长、王吉螽总工程师都会来。

华　那讨论是怎么开展的呢？有人汇报怎么做吗？

｜薛　很随便地开会，讲讲方案怎么样等等。例如宋老师和我分别介绍平面是怎样的，然后吴院长、王老师提意见，之后我们再修改。在学一楼的时候因为还没有会议室，所以讨论就在我们的房间里。把画的图纸往墙上一摆，几个人坐在那里看。要出方案之前开了好几次会，内部同意以后才能送到甲方那里去。

华　就跟我们现在改图差不多，还是比较随意的。后来您就去读陆轸老师的研究生了。当时读研究生有什么要求吗？

｜薛　要考五门科目：政治、英语等。那时第一个考上的是苏小卒（现同济建工系教授），他本来也是设计院的，比我们早一届考。当时唐（云祥）院长不让我们考，因为当时设计院人手很紧张。我们就白天缠着他，晚上到他家里去找。最后他同意一个人，就是苏小卒去报，这是第一届。实际上我们在1981年就能考，这两个相差的也不是太远，反正一个是跟着77届去考，我是跟78届去考，就是跟吴志强、王伯伟、蔡达峰那一届考试和入学的。我们考的时候，他还是不肯放，他说应该逐步放，不能一下子有这么多人去。那个时候我们这一室在学一楼，住也住在学一楼，有一间房间给我们住。

华　1982年就同意考了？

｜薛　都同意了，我们就考了建筑学。方向是自己随便选的。好像考的时候就要填导师。我本想填罗小未先生，但知道很多人报她，而报陆先生的人不多。那个时候陆老师负责生产，不太做具体的设计。一般搞生产的人，容易得罪人，会一直催进度、抓投资。其他各工种的人开会的时候都脾气粗暴，陆老师人很好，一点都不动气。他对各位老师都非常尊敬。而且经常跟我们这些年纪轻的（同学）说："我们设计院能够现在这样，全靠这些老师，我们的设计是吴老师、顾老师一笔一笔画出来。"史老师作为室主任，面对协调各工种的种种困难和火爆的工程师们，也是心平气和。他们都具有领导的才干。

华　这个很厉害，两位老师心胸很宽。陆轸老师后来出版了《实验室建筑设计》等著作，是因为他做了很多实验室的项目吗？

｜薛　当时陆老师在这方面已经是全国权威了。当时设计院出了两本书，是建筑类型研究丛书，一本《实验室建筑设计》，还有一本是《高层建筑设计》。《高层建筑设计》是吴景祥院长的，他在之前就出了一本《走向新建筑》的翻译本。关于实验室建筑，陆老师当时已经是权威了，很多人找他做咨询，包括学校里那些化学实验室改建什么，都来找陆老师。我们还做了一个无锡地质大队岩芯库的项目，地质队负责基建的工程师是同济大学海洋地质系的毕业生，所以找到同济。我们做了这个方案后，请谭垣先生和吴景祥先生指导和提意见。谭老和吴老是陆老师的大学老师和长期领导。

城市规划

邓述平先生谈同济大学居住区规划设计的教学与实践

受访者简介

邓述平（1929—2017）

男，1940年1月至1946年7月于四川江津国立第九中学读初中和高中；1946年9月至1950年9月在同济大学土木系学习；1950年10月至次年9月学习期间在江苏淮安淮河下游工程局参与治淮工作；1951年9月至次年2月回到同济大学土木系学习；1952年2月至1955年5月在同济大学土木系及建筑系担任助教；1955年5月起至1980年在同济大学建筑系任讲师；1980—1985年任同济大学建筑系副教授；1985年起任同济大学建筑系、建筑与城市规划学院（1986年起）教授，直至1994年退休。著名城市规划学者、教育家，同济大学城市规划专业创办人之一；长期从事城市规划专业教学，开拓了城市设计、修建性详细规划教学与实践新领域，主持编制的多版《居住区规划资料集》是中国城市规划专业教学和行业实践的重要参考书籍；1980年代主持开展的"山东省东营市孤岛新镇规划"先后获建设部科技进步一等奖和全国城市规划优秀设计一等奖。

采访者： 侯丽

访谈时间： 2013年12月27日，2014年1月数次补充访谈和资料认证

访谈地点： 上海市同济新村邓述平家中

整理时间： 2014年1月，完稿于1月17日

审阅情况： 经邓述平先生审阅修改

访谈背景： 2013年，《城市规划学刊》开设《规划往事》栏目，为了栏目供稿，及正在承担的几项研究课题需要，包括"中国当代城市规划体系与思想的形成研究""现代派和前苏联城市规划思想对中国居住区规划理论和实践体系的影响研究"以及"中国城乡规划学科史"等。采访者拜访了邓述平先生，希望了解他作为第一代同济城市规划专业教师、后来创办的详细规划教研室主任的教学工作发展，以及他亲身参与的"文革"前后的小区详细规划实践及其研究，试图梳理对当代城市建设具有重要影响的同济居住区规划教学与实践发展的思想脉络，包括其来源、发展与实践的关系等。访谈部分内容根据邓述平先生提供的当年《规划原理》教案补充完成。

邓述平大学时期肖像照

侯 丽 以下简称侯
邓述平 以下简称邓

侯 您是同济规划教学的元老之一，在 20 世纪 80 年代建系、成立详细规划教研室开始负责组织居住区规划设计教学，在实践方面也享有盛誉，因此我想向您了解同济居住区规划教学和实践的发展情况。

邓 这事说来话长。同济规划专业的前身是在 1948 年，我在念同济土木系的时候，有一个市政组，主要是金（经昌）先生（1910—2000）、冯（纪忠）先生（1915—2009）授课。他们其实是想办城市规划专业，在土木系里用了当时比较普遍的"市政组"的名称。同济土木的市政组专业学习中增加了很多课程，市政工程部分包括公路铁路、给水排水、城市规划；建筑方面，增加了冯先生讲的几门课，建筑美术，实际上就是现在的建筑史和建筑艺术，还有建筑构造和建筑设计。另外，还增加了手头功夫——美术绘画。

1949 年教学有所停顿，我们这个班级 1950 年的时候全部被拉去参加治淮工程。我被分在下游工程区，搞入海河道的测量，就是看水平仪、定线、护岸。治淮前还曾到福建、浙江交界处实习三个月，"支前"修路。一年里主要就是干这个。我是 1946 年进同济的，1950 年应该毕业了，年底回到学校，草草补了些专业课程，1951 年 2 月份分配工作。一部分同学接着参加治淮，一部分同学教书，主要去向是留在同济或者去南工[1]。我留在规划教研室给金先生当助教，那时教研室里还有董（鉴泓）先生。1951 年同济开始校园建设，我在两位先生指导下参加了一些建校工作，包括四平校部的总平面规划、道路设计、给排水设计，还参加过同济新村第一版的总平面规划和市政规划。

侯 您不仅能画同济校园和新村的规划总图，还能够直接做市政详细设计，这点今天的规划学生已经很难做到了。

邓 我在土木系受的教育，知识面还是蛮广的。我是同济从内迁回到上海以后第一年招生进去的大学生。在中学念书的时候，我就有一种懵懂的思想，对盖房子感兴趣，当时学生普遍的心态是"读书救国"，大家都选电机工程、土木工程之类，我就报了同济的土木。那时候我还在四川江津念书，国立第九中学，从小学五年级开始待了九年。1946 年日本投降，家人带我回上海考大学。同济土木系是念五年，第一年基础课，德语、语文、政治思想教育等；第二年开始土木工程的基础课，力学、材料力学；三年级以上开始土木的专业课程，我们工程类课上了很多，结构力学、静力学、钢结构都学过；金先生上道路设计、给水排水，讲得很好。给我们上课的都是比较著名的教授，桥梁是李国豪（1913—2005），铁道工程是童大壎（1911—2011），还有水利等，所以什么都能做。

青年教师时期的邓述平。金经昌摄

侯 第二年全国高校院系调整，您就从土木系到了建筑系？

邓 1952 年院系调整，同济成立建筑系，同时成立城市规划教研室。金先生担任教研室主任，冯先生也在规划教研室，还有董鉴泓、李德华和我，一共五个人。哈雄文（1907—1982）待了比较短暂的一段时间，就调往建筑设计教研室[2]。

这里我要插一句，念书的时候，金先生、冯先生从德国带来的书，龙门书店会整本影印，那时候没有什么版权概念，我们学生人手一册。冯先生有两本书对我影响非常大，尤其是德国建筑师恩斯特·诺依菲特教授编的这本《建筑设计资料集》（德文名 Bauentwurfslehre[3]）。我刚拿到这本书就很感兴趣，尤其喜欢读图、看各类平面设计。诺依菲特编的这套设计手册，资料非常详尽，总结整理和概括了建筑、工程、道路、铁路与站场、有轨电车各种基本要素，细到计算基础日照、建筑构造、卫生设备尺寸；各类建筑平面，如居住建筑、公共建筑，乃至农村建筑无其不包。这是 20 世纪 40 年代出版的，后来它反复再版，一直到 2000 年我还买过最新一版的。后来我编《居住区规划设计资料集》（以下简称《资料集》），实际上是出于对这本书的热爱和兴趣，受到它的启发，经过多年的教学资料积累而成。《资料集》于 1996 年正式出版，收集资料花了十几年，编这本书不容易的。后来中规院主编的《城市规划资料集》当中的居住区规划资料集分册，也是在这本基础上编辑、扩容的。

侯 《资料集》经中国建筑工业出版社出版以后影响极大，我们当时人手一册，再版了好几次，多少年来都是规划学子和从业者们重要的专业参考书。我看在《资料集》的序里提到，早在 1960 年代，同济就编写过教学用的《居住区规划参考图集》。

邓 《资料集》之前有好几个版本。1952 年成立规划教研室后，最大的苦恼是可用的教学资料太少。《城市规划学刊》的前身——《城乡建设资料汇编》就是在这样的背景下诞生的。1955 年或者 1956 年前后成立了资料室，那几年系里的变动也比较大，一会儿建筑系、一会儿城建系，我被分派负责资料工作。这工作我本身就感兴趣，所以非常卖力。看到国外有代表性的作品，都手描下来或者翻拍制成幻灯片、整理存档，有时请同事一起帮忙翻译和手绘。成本比较高的是到学校复制室，用一种大画幅照相机拍下来，不是胶片的，是玻璃板制版，精度很高。

建系之初，同济大学很照顾我们，图书馆宝贵的外汇大部分都拨给建筑系用。那时每年订购外文书，

50 年代末，邓述平先生（左）与金经昌先生（右）在同济大学图书馆前

都是我去选购；书到了，我也近水楼台、先睹为快。20 世纪 50 年代以后的规划专著，包括大伦敦的规划、爱丁堡的规划、柏林规划，资料室都买的。柯布西耶的全集也订过。这些书不知道在今天的学院图书馆还找不找得到。1964 年，我和城市规划教研室的其他老师以近十几年来国外城市居住区规划和建设的实例为主，加上部分优秀学生作业，编辑了《居住区规划参考图集》（以下简称《参考图集》）。当时节选比较多的是来自英国、德国、瑞典，也有美国、法国、日本和印度昌迪加尔等的案例。从《德国建筑杂志》[4] 上摘录的尤其多。我觉得这些资料对学生学习很有价值，例如住宅组团不同的围合方式，半围合的、条状的、点状的，各种不同的布局手法，有尽端道路式人车分流。各种不同手法的例子，有细部，非常好。

另外，教研室还编辑了活页印刷的《居住区规划设计参考图》，本想放在每期《城乡建设资料汇编》末尾，后来内容越来越多，就印成活页零星发给学生，最后形成一个系列，包括居住区的组织结构、居住建筑、公共建筑、道路、建筑群、场地、总平面、效果等九部分，每个部分都包括一些基础技术资料和规划设计实例，汇集成册。从资料整理和分类上，可以看出最初那本德文书对我的影响。后来 1982 年恢复教学后又出了《国外居住区图集》，很多来自 1964 年的《参考图集》。1982 年时城市规划教研室分成了一室、二室，一室做总规，二室做详规，所以那本图集是以二室的名义出的。

侯 我注意到《参考图集》里面苏联和其他社会主义国家——除了东德以外——的设计案例选得比较少，这是不是因为那个时期我们已经从"全面学习苏联"转向的缘故？从这些教学资料集里也看不到在 19 世纪 50 年代初期比较流行的古典主义的围合式街坊，都是较为灵活的住宅组团或者小区形式的布局。

｜邓 我觉得不是因为时间的关系。早期学苏联的时候我们也从国际书店进口一些俄文书，规划的、工程的，少量的建筑书。比如这本书里有列宁格勒的规划、斯大林城的规划。同济的规划设计教学，我觉得苏联影响不大。当时苏联的建筑和规划跟欧美还是有差距，走的路子不一样，我们买的不多，有一些，英国和德国的规划相对走得前面一些。对我个人来说，欧洲居住区建设的实例，尤其是德国和瑞典的看过以后非常有启发。

小区规划思想的形成是受了苏联和英美邻里单位规划思想的影响。1954年年末赫鲁晓夫上台以后苏联开始提小区规划，最初做"扩大街坊"和"街坊群"，当时只是解决了在较大面积内统一安排学习、幼托、绿地、运动场地的问题，放弃了古典形式主义的周边形布置。1959年苏联的城市建设法规和1960年苏联建设科院城市建设会议更加肯定了小区的做法，明确提出了小区规模和公建分级分组的规划原则。我们国家是在1956年、1957年开始搞小区。从创造安宁、方便、舒适的居住环境和安全地组织居民生活的观点出发，小区也不是固定的、唯一最完善的组织结构形式。

你看，金先生在1952年上海曹杨新村的做法，就不是围合式，那时也谈不上小区，是比较尊重自然地形地貌、重视日照朝向的行列式布局，更多是从邻里单位和英国田园城市中找到启发。同济那时参加莫斯科西南居住区设计竞赛，由六个住宅组团组成一个居住区，没有小区的分级。1957年同济规划教研室还做过一个大连西路实验小区的规划方案。那年同济请了东德一个教授，哈·雷台儿[5]讲欧洲建筑史。我们希望他能讲些城市规划方面的内容，后来他回去以后收集了资料，回同济开讲城市规划，介绍了欧洲最新的规划思想。当时德国城市已经进入汽车交通时代，规划上开始研究人车分行、尽端式道路，建筑之间通过步行系统和绿化贯通，与美国的邻里单位思想是一个脉络的。同济跟刚刚成立的上海市规划勘测设计院合作，在大连西路选取一块地，想把这些欧美最新的规划概念放在上海基地上试一试。这是研究性质的，超前的，有探索和发现的意思。

那时上海工人住宅区的规划道路多采取网格的形式，在小区内布置行车道路，将小区分隔成6～9公顷大小不等的街坊，这样布置的道路网用地面积比重较大，而且道路功能划分不清，导致本不必进入小区的车辆选择捷径穿过。实验小区尝试采用尽端式道路，围合成一个组团，住宅布局以条式和点式结合，顺着地形地貌布局较为自由，朝向以正南或者东南为主。规划人们生活在一个步行环境里面，住宅与公共建筑及小区中心有直接的步行道路和绿化联系。这个方案先后有上规院和同济二十几个人参加，同济建筑系的老师基本上都参加了。那时人们工作非常认真，哪怕是一个实验性的方案，想尽量做得好，画得非常细。找到了这块基地的航拍片，还做了模型，拍了模型局部。《同济大学学报》为了发表这篇文章特意加大页面印刷总平面图，专门套印了彩色结构图，这在1958年非常不容易。

大连西路方案非常有代表意义，吸收了雷台尔带来的欧美规划新思想，并融合了金先生他们之前设计曹杨新村的经验。更加尊

同济大学学报第三卷第四期刊登的大连西路实验小区规划总平面图

重自然，尽可能保留了原有的自然河网，充分利用自然地形，自由布局，形成邻里中心，公建之间建立较好的联系。

当时的教学思路，希望学生学习适当超前一点，动手能力强一点。你看《参考图集》里收录了我指导的 1962 年届李明陶[6]的毕业设计作业，在吴淞老镇的新外滩设计，包括新的中心区商业步行街的设计，在当时来说非常前卫，比上海新外滩的建设早了几十年。李明陶这张总平面画得非常仔细，虽然当时小汽车还不普及，道路上的斑马线也都认真画了。当时这些新外滩的设想，步行街、斑马线的应用等，隔了将近 20 年才实现。

侯 看到 1962 年的毕业设计作品和这些手绘总平面图非常亲切，因为在 90 年代计算机绘图还没有普及之前，学生居住区规划设计训练的时候还是基本依据了这些套路和表现方式，包括室外环境的处理，尤其是草地要用针管笔一点点点出来，那时候是期末交图最大的工作量之一。

| 邓 点草皮是很花时间（笑）。从什么时候开始的已经记不清楚了。那时都是手工徒手绘画，跟现在计算机绘画比，可以说有利有弊。我们当时没有很多跟外国交流的机会，居住区规划的教学方法都是自己摸索、创新。在讨论方案的时候，我们指导学生把各种类型的住宅剪成小纸片，如条形、点状，方便方案过程推敲排列、朝向、组合方式等等，定下来以后就贴在上面，进行方案比较的时候比较快。我们在 50 年代初做同济新村方案时就用了这个方法。

摆纸片只有平面的效果，找不到立体空间的感觉，就要求学生用模型，这样可以更好地推敲立体空间的关系；条件更好的话可以拍照拍下来，以摄影的手段辅助。一开始是用木头切割，比较麻烦，后来用塑料（泡沫），自己设计出来模型切割器，请木匠师傅做，各个教研室都定做了一台。

油印版《居住区规划参考图集》封面

侯：同济在"文革"前所做的居住区规划项目能够实施的可以说寥寥无几。大连西路实验小区人车分行的道路交通组织和莫斯科西南区住宅区国际竞赛方案采用十字放射的高层居住建筑群组合方式都是探索性、实验性，超前于时代发展的方案。您说说"孤岛新镇"吧，这是同济第一次从规划到建筑单体、市政设计全面参与的居住区项目，并且得到建设部优秀规划设计金奖和科技进步一等奖。

| **邓** 胜利油田最初找到同济建筑设计院做"孤岛新镇"规划，建筑院说规划做不了，转到我这里。我非常高兴。我是有恃无恐。怎么讲呢？到"文化大革命"后期，我到9424——上海在安徽的一个炼铅基地，在那里做了焦化厂的总平面设计。做了半年多又去上海高桥化工厂做了工厂的建筑设计和结构设计。俞载道先生（1920—2013）当时在高桥，得到他很好的指导。所以道路、给排水我做过，建筑设计、结构设计也做过，施工图都画过。除了电和暖通没有做过，其他都有所了解。所以我说可以做，并且得到当时同济副校长徐植信的支持，请各个系派教师支持工作，道路、暖通、给排水，电是同济动力科做的。这样组织了"孤岛新镇"设计的工作小组，技术力量很扎实，建筑、市政工程，全部的配套都做了，包括公园广场的设计。去汇报的时候，油田的李晔书记提出来，要20年不落后。我回答他，你按照我们规划实施，我保证20年不落后。

"孤岛新镇"设计思路的来源，跟教学有很大的关系。我之前给建筑学专业讲《城市规划概论》和《城市规划原理》，从1983年起给规划研究生讲《现代城市规划理论》，系统地把工业革命以后欧洲城市规划发展的过程梳理了一下。给学生上课对我也是个学习的过程，教学过程中要把来龙去脉搞清楚。这样对规划理论发展的了解不能说全面，但轮廓是比较清楚的。例如，看到欧洲工业革命以后造工人村、田园城市，有乡村优点和城市生活特征的这些东西多多少少都给我有些影响。孤岛新镇的规划受这些思想的影响，带有一定的理想主义，在具体的对象上有所体现，实施出来，这个机会很好。为什么叫村呢？因为他们是基层，是一个基本单位。石油工人工作条件很艰苦，居无定所，我希望能够给石油工人创造一个很舒适的、有故乡感觉的和谐社区。孤岛八个新村分别起名叫做"振兴、中华，文明、建设，团结、友爱，光明、幸福"，就体现了我的这些理念。设计要有内涵。那时我就提出来社区的概念，这个社区是很多人在一起共同生活，是一个社会概念，是"故乡"的概念，包括生态概念、实施的重要性，那时都提了。

讲了那么多年居住区规划布局的思路、手法、细部，（我）希望不要再纸上谈兵，都想在这里应用、能够实施。从（孤岛新镇的）设计手法上来讲，主要是自己创作，教研室几个人大家一道做方案。"振兴村"和"中华村"最早，不同的手法和模式我们动了不少脑筋。例如点状和条状结合创造空间的灵活性；还尝试在"中华村"做弧线，实际上是几个直线单元形成的折线；还有长单元和短单元相结合的手法，阶梯状错开的做法，都带有试验性、探索性，希望做些新花样。包括车道与步行和绿地系统的关系。组团规划与建筑设计也有关系，例如我提出来南北住宅应该车道共用，那么建筑设计就要考虑南北入口。建筑设计也有所创新，几个组团围绕一个中心，安排生活服务设施和教育设施。每个村针对地块划分和地形，都有不同的布局手法，后来的"建设村"空间变化也非常多。你看，住宅组团布局有的与道路成45°，有的平行于道路，整体都是南北向为主。

假如说当时做孤岛还是比较拘束的话，后来我们有了更多机会做其他居住区，更加放得开，尝试也更大胆了，房屋和空间组合的变化更多。后来规划方案做了好多，但是像孤岛新镇这样从头做到尾全面实施的再也没有，时代变了，房地产开发项目这么多，没有那么多精力。

同济详规教研室讨论孤岛新镇方案 自左至右：张鸣、郑正、王仲谷、邓念祖、陈文琴、周秀堂、夏南凯

邓述平先生（左五）与同济员工在第一批建成的中华村住宅楼前

孤岛新镇居住区规划模型照片

假如说（我）有一点成绩的话，就是把（居住区规划设计）《资料集》整理出来。有人讲我们形成了同济居住区规划的一种风格，不知道是不是可以这么说。不过我知道像"振兴"（村）"中华"（村）这几个案例，后来被模仿得很多。我一直讲，"戏法人人会变，各人巧妙不同"。手法和空间组织都会了，做到最后效果如何就看规划师、设计师各人的能力了。

1　即南京工学院，东南大学的前身。

2　哈雄文后来去了哈尔滨工业大学。

3　诺依菲特（Ernst Neufert，1900—1986），德国建筑师，达姆斯达特工业大学教授，曾经是格罗皮乌斯的助手，参与过包豪斯德绍校舍建设。一直对建筑设计的标准化非常痴迷，这本《建筑设计资料集》（德文名 Bauentwurfslehre）是他最为著名的作品，1936 年出版后被先后翻译成 18 种语言，其中德语版再版了 39 次。

4　德文名 Deutsche Bauzeitschrift，即 DBZ 杂志，创刊于 1953 年，是德国建筑和规划领域最受尊重的刊物之一，刊登较多的实例图片和设计图。

5　雷台尔（Räder），来自德意志民主共和国魏玛大学土建学院建筑系，受中德文化协定支持，在 1957 年和 1958 年分两次来华一年左右。

6　后来分配到北京建筑设计院。

邹德慈院士谈"一五"时期中国城市规划工作与建设中的几个问题

受访者
简介

邹德慈

男，1934 年 10 月生，江西余江人。1951—1955 年，在同济大学建筑系都市建筑与经营专业学习；1955 年 9 月毕业后，分配到国家城建总局城市设计院工作；1964—1969 年，先后在国家经委城市规划局、国家建委城市局、政策研究室和党组办公室等工作；1969—1974 年，先后下放至江西清江和河南修武国家建委"五七干校"劳动;1974—1979 年，在天津交通部一航局设计院工作；1979—1982 年，在国家城建总局城市规划设计研究所工作；1982 年 10 月起，在中国城市规划设计研究院工作，先后任城市规划经济研究所所长、院副总规划师、副院长、院长、院顾问、院学术顾问等。1991 年，获得英国谢菲尔德大学荣誉博士学位。2003 年当选中国工程院院士，2010—2014 年任中国工程院土木、水利与建筑工程学部常委、副主任。"一五"时期，曾参与大同、集宁、呼和浩特、德阳、绵阳、湘潭等新工业城市的初步规划，具体承担施工组织设计、经济分析和方案综合比较等工作，并担任德阳总体规划项目负责人。

采访者： 李浩
访谈时间： 2013 年 3 月 14 日下午
访谈地点： 北京市海淀区新疆大厦，中国城市规划设计研究院邹德慈院士办公室
整理时间： 2013 年 3 月 27 日
审阅情况： 经邹德慈先生审阅修改，于 2013 年 4 月 1 日定稿
访谈背景： 2012 年 12 月底，中国城市规划设计研究院批准成立邹德慈院士工作室。经研究，工作室明确将城市规划历史与理论作为主要研究方向。
2013 年 1 月底，邹德慈先生主持的国家自然科学基金项目"新中国城市规划发展史（1949—2009）"（批准号：50978236）正式通过结题验收后，院士工作室的研究工作随即转入对"一五"时期城市规划历史的深化研究。应访谈者的邀请，邹德慈先生进行了本次谈话。本次谈话主题为"一五"时期社会背景及 1957 年的"反四过"。

邹德慈先生，拍摄于 2013 年 5 月 31 日

李　浩　以下简称李
邹德慈　以下简称邹

李 邹先生，对于新中国城市规划发展史而言，"一五"时期是非常重要的一个时间段。可否请您回顾和讲述一下这一时期的城市规划工作情况？

　　邹 我们国家的第一个"五年计划"，是从 1953 年到 1957 年，实际上在这一时期，我个人真正参与城市规划工作的时间还比较短。我是 1955 年从同济大学毕业，然后被分配到北京，来到当年的国家城建总局城市设计院（简称"城院"）工作，也就是中规院（中国城市规划设计研究院）的前身。

　　当时分配来城院以后，我们首先有半年左右的实习期。实习生大概是五级技术员，是很基层、很底层的技术人员。大体上一直到 1956 年以后，我个人才算是真正地参与到城市规划设计院的专业技术工作中。到 1957 年，我被提了一级，成为四级技术员。然后，由于当时的特殊历史背景和体制，和当年很多同时期毕业的工程技术员一样，一直到 70 年代末"四人帮"被粉碎以后，才被提升为正式的工程师。所以说，在"一五"这段时期里，我的经历可能也不过是两三年而已。再加上位置很低，所接触、了解的情况有限。

　　今天来回忆这段历史，稍微查了查当年的一些历史文件。回忆当年的情景，我觉得还是非常有意思的，同时也有利于提高对当年我们国家历史背景、时代条件等的再认识。因为改革开放以来，进入一个新的时期了，很多人可能包括我自己在内，把所谓计划经济时期的很多事情统统给抛弃了。同时还产生了一些我认为是不正确的认识，没有很好地总结计划经济时期的经验、教训和问题。包括进入一个新的时期以后，怎样从原来的那种体制转换到新的体制里来？这是一个很大的转换，旧的是否都不行了？旧的丢掉了，新的又不知道怎么干，干什么？这些问题，都需要很好总结才行。

邹德慈先生接受采访中
注：2013 年 3 月 14 日，新疆大厦，邹德慈院士办公室

一、"一五"时期的社会背景

| 邹　第一个"五年计划"是 1953 年开始的，当年我还是个学生，在大学三年级，刚刚从 1952 年的院系调整以后进到城市规划这个专业。"一五"计划的前两年，正好是我在学习这个专业的时候。

1953—1957 年是我们国家非常重要的一段时期。为什么这么看呢？ 1949 年以后，首先是三年的恢复调整时期，从 1950 年到 1952 年。这三年里有很多大的事情，最大的事情就是抗美援朝。本来按说建国了，应该进入经济建设了吧，可是我们国家一穷二白，底子非常薄，气都没喘过来就抗美援朝了。这耗费了我们很大的人力、物力，我们国家可以说是全力以赴投入到战争里。

1953 年抗美援朝结束，开始第一个"五年计划"。这一"五年计划"是以经济建设为中心的。具体来说，苏联援助我们建设 156 个重点项目，这些项目都是最最基础的一些工业项目，特别是一些重工业和交通工程。那时候我们还没有钢铁、化工、航空等的基础，国民政府也没给我们留下什么了不起的工业。

第一个"五年计划"规模很大，很了不起。当时我虽然还只是一个大学生，但在学校听到很多这方面的宣传与教育。所以，当我 1955 年大学毕业的时候，可谓满腔热情。那时候，同学们几乎都是满腔热情的，都无条件地服从国家统一分配。特别是从 1952 年开始，全国的高等学校实行助学金制度，这个助学金制度是很实在的，就是连着三年住在学校，吃饭不要钱，全国高校无一例外。我印象中可能比现在大学里的伙食还要好一点。大家非常高兴，深深体会到我们确实是党和人民培养的，这个比你喊什么口号、怎么宣传教育，都要实在。

那么，国家就殷切地希望，特别是学理工科的大学生，赶紧毕业，毕业以后投入到第一个"五年计划"的经济建设中去。当年，我们就分配到城院了。

20 世纪 40 年代邹德慈（前排右一）童年留影
资料来源：邹德慈提供

二、"反四过"

| 邹 到了城市设计院以后，要说我个人已经赶上了"一五"的末尾了。今天翻翻当时的历史文件，从 1956 年左右开始，中央和国家已经在总结第一个"五年计划"的经验和教训了。这方面的文件还真不少，涉及的问题也真不少。我这次又翻翻这些文件，也蛮感叹的。按理说在那个时候，实行计划经济，国家的经济建设包括城市建设，统统是由国家统一管理的，不过呢，从 1953 年开始到 1956 年，也就两三年时间，即便到 1957 年也不过四年，已经开始非常认真地总结经验和教训。在这方面，好像即使今天，我们也没做到吧？现在有那样的总结吗？没有。那个时候这样认真的总结，充分肯定了成绩，可是重点倒是抓存在的问题，总结教训。这些文件，其中反映了"一五"时期在经济建设方面，相当一部分是城市建设，大量的问题都挺清楚的。而且是做调查研究的，确实是一分为二的，很多存在的问题都反映得很充分，这是我今天重新来翻翻这些文件的感觉。

说实在的，当年我还是一个俗话所说的"小不拉子"——刚刚大学毕业，刚参加工作没一两年，也没有接触太多的、实际的规划项目，不可能有很多感受和体会。即便知道一点问题，可能在当年最多也是听听传达，传达是有的，可是印象也并不太深。

今天回过来一看，倒反而加深了点印象，确实存在不少问题。但这些问题最主要还是因为没经验，咱们中国就没有搞经济建设的经验，从管理干部到技术人员，到工程技术本身一些必要的制度标准等，几乎是从无到有。再加上学习苏联，也确实受苏联专家的一些影响，可能有这几个方面原因，所以很多问题出现。可是出现了、发现了，就总结了，可以说给你指出了。

那么，是不是这些问题当年一经指出就马上改正了呢？我个人不可能有这样的判断。不过只感觉到，其实从 1953 年、1954 年一直在指出问题，要你接受教训，也可能有一些接受了，有一些好像接受了也

未必马上就纠正了。老实说，关于城市建设方面的几个主要问题，最早从 1953 年的有些文件里头就已经提出来了。[1] 也怪，每年提，每年还有，然后再提，可以说有点絮絮叨叨。

比如说，我们后来经常说的那一段，比较突出，给我们这些规划人员最有印象的，就是所谓的"反四过"。"四过"就是四句话，就是规模过大、标准过高、占地过多、求新过急。这是当时中央指出来的在城市建设中最主要的问题。当然还有其他方面的问题，归纳起来是"四过"。原来我记得这"四过"，好像是一篇《人民日报》社论里提到的，今天翻翻文件并不全面。《人民日报》社论中是提到这"四过"，可是最早提出"四过"好像是在 1953 年。当时好像中央关于增产节约的指示、通知中已经有了这"四过"，提法也大致一样。

而且，这四句话也有具体内容。规模过大，当时指的是城市规模，或者叫城市人口规模，定得太大了。标准过高，主要指的是规划建设的一些标准，可能主要还是一些建筑方面的标准，其中蛮重要的是关于居住的标准、住宅的标准，也包括一些民用建筑的标准。那个时候不大用"公共建筑"这个概念，而是统称为"民用建筑"，或者说城市里的民用建筑。占地过多，可以理解，几乎和现在一样，指的就是城市建设的占地大，"占而不用"什么的。可能还是"占而不用"多一点，圈地圈得大，用了一部分，空置了一部分，浪费了。另外，占地过多里头，可能也包括道路太宽，道路的占地多了。求新过急，主要是样样都要搞新的。这跟今天的一些问题有一些相似，可又不完全一样。那个时候并没有出现什么大量拆除旧城，反过来，那时候强调的是要你充分利用旧城，能用旧城的就用旧城。那时候在城市规划里很强调新的发展区、新的工业区要尽量靠近旧城，目的是什么？就是让你要充分利用旧城。

本来说老实话，那时候的很多旧城区，一般来讲水平比较低。虽有一些设施，可是多半比较旧，不堪使用了，可是让你要充分利用，你不要动不动就去建新的。特别是关于必要的一些城市公共设施、基础设施，一定要挖旧城的潜力。可是事实上很多城市都喜欢新的，搞"一五"、搞大规模的经济建设还不弄点新的，要那些旧的干嘛？

当时倒是有一些倾向，包括地方政府等，说没法挖钱了，没法利用了。倒没敢说把它们都拆了，他们还没有这种观念。放着去吧，咱们如果能搞点新的，就搞点新的。然而，新建一个大的工业项目，必然跟着新建一套配套的设施。除了新建职工宿舍，还有学校、医院、商店等，一套所谓"福利设施"（当时叫文化福利设施），都在建。至于说，还要建个职工俱乐部什么的，总要给大家放放电影，是吧？商业方面的也很多，都喜欢弄新的。"求新过急"指的是这样一种问题和现象。这样一来，当然就要多花投资，多花钱的。

因此，这四句话都有具体现象为根据，倒不是空泛而提的。而且，当年的国家建委（那时的国家建设委员会统称一届建委，后来一共有三届建委，这是后话了）工作很实，可以说既管区域规划，管选厂，也管城市规划。城建部倒是直接管规划，管实施，管规划院，去跟人家编规划什么的。可是，真正的大政方针都是国家建委在管。

我也觉得很有意思，那时候大家的效率还是挺高的，很多调查研究都是建委做的，建委有些"老人"，有少数后来也到城建部了，个别在城院。这些人蛮有效率的，他们就是调查，靠纯调查或者说找问题。

李 从档案资料来看，在当年的规划工作中，从事规划编制的一些技术人员，地方上的一些规划管理人员，也都有不少调查研究或工作总结报告。

邹 对比起来我总是很感慨，以前的很多做法今天都没有了。当然，情况不同了，计划经济过渡到市场经济了。但是，国家好像反倒啥也不管了似的。今天到底有多少浪费呀？可能很具体的问题，并不很清楚，谁也说不清。这里还有一本从院档案室找出来的，《关于西安市城市建设工作几个问题的检查报告》，检查了，检讨了，里头有很多具体问题。另外还有几份，包括太原、成都等，显然是统一布置的。这几个重点建设城市都去做了调查，调查出来的问题都要改正，等等。

所以，一方面，"一五"时期这几年，建设规模确实很大，号称"156个项目"，分布在十几个重点城市，并驾齐驱，都是在苏联专家的帮助指导下选厂，从规划、设计，到建设，而且进度很快。像一汽，在长春的第一汽车厂，也就不过是第一个五年计划的短短3年时间，从一无所有开始，一个应该说比较现代化的汽车制造厂就建出来了。1956年一汽生产的中国第一辆汽车试制成功，毛主席给新车起名，叫"解放"牌。不但汽车，其他方面的发展都相当快。所以正是：成绩很大，问题不少。应该总结经验，这对整个经济建设来说是毫无疑问的。

"一五"时期城市规划建设工作方面的部分总结材料
资料来源：中国城市规划设计研究院档案室

与城市设计院两位老院长的合影
1994 年 10 月摄于中国城市规划设计研究院 40 周年
活动期间。前排左起王峰（左一）李蕴华（右一）
均为原城市设计院副院长

邹德慈（左）和王文克先生（右）在一起 1994 年 10 月
摄于中国城市规划设计研究院 40 周年活动期间。
图片来源：邹德慈提供

就我的角度来回顾第一个"五年计划"时期，我认为是挺了不起的一个时期。没有"一五"打下的这么点基础，我们以后一直到今天，国家经济发展起码也没那么快。我看也是因为那时太快了，又没经验，确实存在不少问题。关于中央提出来当年城市建设这四个问题，我认为是客观存在的，应该承认。所以现在，有的老同志提出，要给"四过"翻案，这个可能太激动了一点，我个人不是特别赞成。因为客观存在这些问题，对吧？指出这些问题，总结经验教训，是必须的。只不过，后来采取的一些措施，可能过激了点，这是有的。包括一直到后来出现"三年不搞规划"什么的，这就有点极端了。可是要总结经验完全没错，包括要接受一些教训。

说到"四过"，我说得非常简单，非常粗略。如果今天要来研究这段历史，历史资料还是蛮丰富的，现在可以查。这部分珍贵的资料，我觉得应该很好地保存，作一些专门的研究。作为个人，我只能算是经历过一段，刚参加工作，就已经处在这段时期里了。一方面参与了一些当年新工业城市的规划，作为基层的规划人员，参与做一些具体的规划设计。另一方面，接受到当年的一些宣传教育，基本上贯穿了增产节约。

所以，像我这个年代的人，参加工作以后，在城市建设上没有什么激动人心的打口号什么的。但是到了 1958 年，就不一样了。1957 年以前接受的宣传都是增产节约，简单说就是挨批。那时候主要批两个：一个批建筑上的浪费，形式主义；一个是批城市规划方面的，或者叫"四过"。

三、"反四过"的后续影响

丨邹 1958 年可是个大变化。后来，当年建工部以刘秀峰部长为首搞了几次座谈会，做了几次报告，倒有点反"反四过"的味道，很有意思。这要专门研究了。

我还是蛮肯定刘秀峰当年那两个报告，后来"文化大革命"时被称为"黑报告"。刘秀峰的两个主要报告，一个是青岛会议（《在城市规划工作座谈会上的总结报告》），针对城市规划、城市建设；另

1959 年前后北京展览馆（原名为苏联展览馆，1954 年为举行苏联经济及文化建设展览会
而建造）。资料来源：建筑工程部建筑科学研究院，《建筑十年——中华人民共和国建
国十周年纪念（1949—1959）》，1959. 图片编号：63

北京展览馆全景鸟瞰（1959 年前后）。资料来源：建筑工程部建筑科学研究院，
《建筑十年——中华人民共和国建国十周年纪念（1949—1959）》，1959. 图片编号：64

一个是 1959 年的建筑艺术座谈会(《创造中国的社会主义的建筑新风格》)。刘秀峰分别提出两个报告,都送到上层了,送上去以后,都没有回应,就给"Pass"(淘汰)了。当年也不容易,一个部门的正部长,就给撂一边了。

现在想想,刘秀峰 1958 年那个报告,跟 1953—1957 年中央的基本调子是不一致的。他想要翻身,可是没翻过来。可是呢,1958 年那个报告,它的写作是通过专家讨论形成的,然后由建工部这拨秀才班子加以归纳、综合、润色,最后以刘秀峰的名义做的。其实 1958 年的那个报告,倒是提了很多城市规划方面比较理论的一些问题,比如说关于区域的问题,这些具体内容我记不清了。上次青岛会议(指 2013 年中国城市规划年会)又拿出来了,我记得一共 10 个问题。

那时候,我们听得挺带劲的,而且,他确实叙述了一点当年国外的关于城市规划的一些理论,等等。很带劲。而说老实话,增产节约这一系列的报告,听了并不是很带劲,因为都是挨批的。说心里话,挨批总不大舒服,虽然有些事情不是我们直接做的,但得挨批。总之,你做的什么都过了,标准也高了,规模也大了,占地也浪费了,你想想;刘秀峰的报告,听着舒服。现在回忆起,当年的现实思想和反应就是这样。

可是想不到,对于青岛会议,中央,现在可以看出来大概是国家计委、建委这些人,是不同意这个报告的。所以,后来到了"文化大革命",什么都被拉到路线上去,两条路线在斗争。今天才能体会到,倒也没说错,可能是路线的不同,有路线之争在里头。如果说第一个"五年计划"的这些东西是符合那个时期的方针路线的话,1958 年显然是反路线的。所以也长不了,1958 年折腾了一下子,也就完了。一直到 60 年代初,就销声匿迹了。

所以,今天回想起来,计划经济时期 30 年左右,当然其中有 10 年是"文化大革命",国家的基本路线是要在勤俭的条件下,发展我们的经济和基本建设,始终贯穿的是增产节约。可以这么说,它的根据是我们的国情,当时的国情。

可以这样讲,我们一搞建设就有一个毛病,就要讲排场,就要摆谱。还没怎么富呢,谈不上富的时候就要摆谱,就要讲排场。今天看看那个时期,中央指出的这些问题其实都在讨论这个问题。然后说,有些事情,中央搞一点可以,北京搞一点可以,因为首都啊;但是,地方上经常就跟着来了,最突出的一直到 1959 年。1957 年以前,从北京也好,中央也好,基本上还是本着勤俭建国的方针来建设。1959 年,我们为了庆祝建国十周年,稍微摆了摆富,其实谈不上摆富,搞一点"形象工程"吧。最突出的当然是北京,从天安门广场到当年所谓的"十大建筑",人民大会堂、历史博物馆等。

李 这"十大建筑",即使在现在来看,也非常经典。在当年十分困难的社会条件下,新中国成立没多久,各方面的建设很不容易,可能也确实需要搞出一些成果,给大家鼓鼓劲,算是一点"精神食粮"。

邹 这个东西呢,上面一旦提出来,下面马上就跟风。最明显的是江西南昌。北京搞了天安门广场,南昌就搞一个八一广场。这个我记得很清楚,人家都是言之有理:"八一是建军节,中国人民解放军是在南昌起义,才建立起来的。哦,你要搞天安门了,我这儿就搞一个八一广场吧。"八一广场也不小,蛮有气势、气派的。可为了纪念建军节,由于打着这个旗号呢,后来也罢了,中央大概也不好再说,"你这个不行,不能搞"。但是,人家说了,为什么你行啊;为什么北京可以搞天安门,我就不能搞个八一呢,等等吧。总之,当时是带动了一些地方政府。

1959 年,同时又来了一个建筑艺术座谈会,又给建筑翻案,也是用专家的观点。这些内容,我认为也并不错,倒是这种座谈会的方式,涉及了一点建筑、城市的一些本质性的问题。学术性的问题,是有必要,

1959 年前后南昌八一大道（1959 年前后）。 图片来源：建筑工程部建筑科学研究院，
《建筑十年——中华人民共和国建国十周年纪念（1949-1959）》，1959. 图片编号：414

1959 年前后太原迎泽大街。 图片来源：建筑工程部建筑科学研究院，
《建筑十年——中华人民共和国建国十周年纪念（1949-1959）》，1959. 图片编号：211

友谊宾馆（1959年前后）。 图片来源：建筑工程部建筑科学研究院，
《建筑十年——中华人民共和国建国十周年纪念（1949-1959）》，1959. 图片编号：90

也是应该要研究、讨论的。1959年的报告也是一个"黑报告"，中央也根本没有理会。可是在学术界，我倒认为，这两个报告都有一定价值，不能全盘否认。特别是，不能用"文化大革命"时期的造反派思维，什么"两条路线斗争"啊，"非左即右"啊，一定这个是正确路线，那个是错误路线，并不好，不公平。今天来看，把这些问题，统统简单地归结到节约不节约，多花钱还是省钱，可能又是片面的。因为那个阶段，讨论增产节约干嘛，最终就是为了省钱。是多花钱了，还是省点钱，很重视花钱的问题。

所以，涉及了比如说关于建筑方针"实用、经济、美观"上，当年批得很厉害。批什么呢？是从批民族形式着手。这一点很有意思，好像跟苏联有点同步。苏联同样经历过斯大林时期的建筑、赫鲁晓夫时期的建筑。你别看赫鲁晓夫这个人，他对建筑艺术还挺感兴趣，他除了政治上反斯大林，在建筑艺术上也反斯大林的建筑艺术。

李 斯大林和赫鲁晓夫，在建筑艺术方面主要有哪些不同？

|邹 所谓斯大林建筑艺术，主要就是比较古典，而且重装饰，大概接受了西方文艺复兴后期那种建筑重装饰、重形式的影响。所以，苏联出现了一批"生日蛋糕式"建筑。到现在你去俄罗斯，业界还会讲："你看，你看，那几栋就是斯大林时期建的，那是'生日蛋糕式'的。"确实也是，它们都是一些公共建筑，几乎一个个都是像奶油蛋糕一样的塔式造型。然后，有很多装饰，门啊，窗啊，檐口啊。这种装饰，有一点文艺复兴后期巴洛克和洛可可的风格，比较琐碎。其实今天看来也蛮好的，我倒不一概反对这个装饰。可能整得有点过头，就要多花钱了。

赫鲁晓夫就反这个，跟反斯大林一块反。赫鲁晓夫提倡什么？提倡的基本上是现代建筑。就是说反对过多的装饰，造型立面比较简洁，现代建筑都是这一套。这个年代，想想跟我们反大屋顶差不多的时候，是不是也受点影响啊？苏联反对这个装饰什么，我们反对大屋顶，其实也是反对带装饰的这种风格，

三里河住宅区一角（1959年前后） 图片来源：建筑工程部建筑科学研究院
建筑十年——中华人民共和国建国十周年纪念（1949-1959）[R]. 1959. 图片编号：102

也认为这是多花钱。事实上确实也是比较多花钱，看看那个年代这些文件里都有。

那时中国民用建筑，城市里的民用建筑追求民族形式、形式主义。典型的是北京的"四部一会"，现在三里河一带，几个大屋顶都给去掉了。听说有两个大屋顶，当年是在地面预制好的，一直到现在还存着没有放上去，大概存在"四部一会"那些楼的后面。这个很有意思，不妨去查查，问问看。不舍得，既然都已经做好了，反对民族形式了，这个东西不敢再当众弄上去，就在那儿存着。另外，也有的把屋顶改了，设计上修改修改。友谊宾馆是一个例子。友谊宾馆就是屋顶没了，中间那个好像还是一个屋顶，其他改成中国建筑，也叫"簏顶"。就是檐口这块儿批檐儿，用绿的琉璃瓦来做，也蛮好看的。一股风似的，在建筑上反这个。梁思成就遭了殃，成了这方面被反的代表了。

平心而论，1953年、1954年的时候，如果民用建筑上都去追求这个所谓民族风格，是不妥的，是要多花钱的，这个钱没必要（花）。那么由于这样倒也造成了一种误失，以为建筑上的美就是要多花钱。所以，后来建筑方针上"实用""经济""安全"没有问题，"美观"必须要加一个前置词——"在可能的条件下注意美观"。我认为，把这个问题弄到建筑方针上，也造成一定的副作用。

李 您说的对，美观不一定要多花钱。

┃邹 我记得，当年我们讨论的时候，也说过，建筑的美观也好，城市的美观也好，是不是就必须得多花钱？可不可以少花钱也能做得美一点？我想答案显然是不一定，对不对？这个问题，大概我们学过建筑，学过城市规划的学生，应该懂，的确是不一定。比如，一个姑娘没钱，穿着普通布料的衣服，可不可以剪裁得美一点，或者不美一点？这都可以的。干嘛非要绫罗绸缎的，那叫美吗？对不对？用普通布料，也可以做成一件比较美观的衣服。那个时候，女同志穿列宁装，男同志穿中山装；后来女同志的列宁装，起码还要束束腰什么的，可以更适合女同志的身材，对不对？不一定要多花钱的，什么东西一到了方针上，就比较容易走极端了。

1991 年 7 月邹德慈先生被授予英国谢菲尔德大学荣誉博士学位
图片来源：中规院党办

四、"骨头"与"肉"

| 邹 下面我谈几个具体的问题。首先，关于"骨头"与"肉"。在这个时期，中央曾提出来在经济建设里"骨头"与"肉"的关系问题。我现在没找到，好像最早是毛主席在哪次讲话里提到的，后来一直用。骨头与肉是比较通俗的说法，实际是什么呢？骨头是代表着生产性建设，因为经济建设以生产性建设为主体，包括工业、交通、动力等，不细说了；肉是非生产性建设。

那时候很明确，就是把各项建设分为两种不同的类型。非生产性建设主要指的是城市建设这部分，也就是职工宿舍、配套设施、市政这一块。那么在投资上，当年很强调首先要保证生产性建设，而且对于生产性建设提出来的是要比较先进的。这个也对，咱们原来没有，现在在建就要建技术上比较先进的。当年依靠苏联帮助，好像苏联也明确是把他最先进的东西拿来支援中国。据说确实有一些工厂苏联还没有呢，就把先进的生产技术先用到我们中国来，这就叫"无私的兄弟帮着援助"吧。

城市建设、非生产性建设就要低标准，因陋就简，能节约就要节约。为了节省投资，骨头与肉就成了一个比较专业的术语。整个"五年计划"时期，这是一个比较重要的概念，要区分两种不同性质的建设，明确重点，要把人、财、物首先用在骨头上，用在生产性建设上。可是后来就过头了。过头了就是骨头多，肉少了。曾经有几年我印象很深，当时中央也提出来，现在要解决好骨头与肉的问题。什么问题呢？因为肉不够。

这也是个辩证的关系，你一个劲儿地保生产性建设，骨头很壮，肉却不够了。大家都明白，如果肉不足，一个人也不可能是健康的。后来曾经也调整过一点关系，就是强调也要重视一点肉吧。这个方针调整什么的，也影响我们城市规划，我们就属于肉。当时为了包很多骨头，这个肉恰恰是不足，而不是肉过头了。

1991 年 7 月与英国谢菲尔德大学教授合影
图片来源：邹德慈提供

五、"6 平方米"与"9 平方米"之争

｜邹　其次，"6 平方米"与"9 平方米"之争，也是那个年头的话题。指什么呢？就是标准。新建的住宅，当年都是作为职工宿舍、单身宿舍，采用什么居住标准？ 9 平方米是苏联的标准，这倒是很清楚，苏联专家把 9 平方米带过来，认为我们中国建新的职工宿舍，应该采用 9 平方米。这个 9 平方米、6 平方米都是居住面积，今天我们不大用居住面积来做规划了，当年的居住面积非常严谨。

所谓居住面积，就是一栋住宅或者一套住宅宿舍仅仅为居住生活使用的那一部分面积，居室、卧室属于居住面积范畴，厨房、厕所以至于走道等属于非居住面积，然后有个平面系数 K，后来还有 K_1、K_2，这个我不细说了。当年设计标准、规划标准都是以居住面积来说话的，居住面积除以平面系数 K，就是建筑面积，很死的。而且当年采用的是标准设计，这也是苏联的做法，标准设计里的 K 值既是设计标准，也是我们规划时候用的标准。实际上和投资真正比较有关系的是建筑面积，K 是一个平面系数。不细说了。

这个居住面积标准苏联为什么采用 9 平方米？是有根据的。大概有两点根据，据我所知是这样：第一条根据是物理性质，据说一个人住在居室里头需要有一定的空间能够满足这个新鲜空气里氧气和二氧化碳的交换。居室的高度如果是 3 米的话，经过卫生测定认为 27 立方米是一个起码的要求。就因为一个人，要有 27 立方米的居住空间，才能够满足新鲜空气和二氧化碳的交换。

李　也就是说，9 平方米的这个标准，有着明确的科学依据。

｜邹　科学性是非常强大的。这个算下来便是 9 平方米，所以苏联建议用 9 平方米。我们国家翻译过

1995 年 10 月 19 日在纪念芒福德诞辰一百周年学术研讨会上致辞
图片来源：邹德慈提供

苏联的《公共卫生学》，其中就有这方面的解说。9 平方米如果算成建筑面积，大致上是 18 平方米的样子，测算下来平面系数 K 值是 50%（0.5），这些又是与住宅的建筑设计直接有关的。

"一五"时期，我们最早建的一部分职工宿舍就是用的 9 平方米。比如说长春第一汽车厂的宿舍。后来说不行，9 平方米太高，这就牵涉投资的关系了，咱们中国 9 平方米高了。所谓"标准过高"，其中一个重要内容就是这个标准太高。

这个居住标准反映在城市规划上，又是直接涉及居住用地的需求，是可以计算出来的。建筑面积除以层数，然后再除以建筑密度，就是一块居住用地的地盘所需要的大小。发现不行，高了，然后很有意思，也找出了一个理由，说中国人肺活量比苏联人要小一点，苏联人高头大马的，他肺活量大，所以他需要 27 立方米，中国人平均下来不需要那么多。听了也是科学的。所以一派就建议我们用 6 平方米够了，不要 9 平方米。这样就产生了"9、6"之争。

不要小看啊，当年真的是有两种意见在争论。当然从增产节约角度支持 6 平方米，"这个不行，9 平方米标准太高，6 平方米够了。"甚至有一派支持用 4.5 平方米，为什么？便于近远期结合。说我们近期建都按 4.5 平方米的标准，以后生活条件提高了，4.5 就可以变成 9。这就叫做近期不合理使用，远期再合理使用。

后来也挺笑话的，拿现在已经按 4.5 平方米建设的住房说，过了 10 年马上就得加一倍，这房子能那么变吗？对不对呀？所以说 4.5 太抠儿了，而且远近不好结合，最后大概还是用了 6 平方米，大概是这样。

当年我们都很感兴趣的，单拿一个标准米计算这个居住用地。可能那个时期人量的是 6，建造了一些居室比较小的按标准设计的标准住宅。

参观深圳世界公园留影（1990 年代）
（左起：金瓯卜、周干峙、陈占祥、任震英、吴良镛、伦永谦、邹德慈）
图片来源：邹德慈提供

六、近期远期之争

丨邹 第三个值得说一说的问题，近期、远期之争。规划工作的特殊性就在这些方面。那个时候编制规划也是分近期、远期。近期是 5～10 年，远期是 15～20 年。国家建委定的规划编制办法是这么规定的。

我记得很有意思，那个时候批我们城市用地圈地大了，现在不用，空着。我们的理由有一条，就是说我们的规划是远期的，城市规划不能只搞近期啊，远期需要扩大。按远期规划呢，那就必然要大一点。其实今天也有这个问题，在圈地上面全是规划圈的。后来有一种意见出来了，别搞远期了，为了增产节约，你就做近期规划，五年到十年，远期再说吧。其实倒也是一个办法。

再后来反而乱了，有的规划是按近期，有的规划按远期。远期规划跟现在一样，没有什么太多依据，15—20 年嘛。现在想想，那个时候的 20 年，如果从 1957 年算的话，就到 1977—1978 年了，这倒也好，干脆改革开放了。但是，谁也不可能预测到，到了 1978 年以后，中国还有那么大的变化。

所以，近期、远期，6 平方米、9 平方米，经常在这里倒来倒去。倒到什么时候呢？其实也简单，到了 1958 年统统打破。那时候提倡快速规划，大跃进了，规划就赶快变吧。到了"大跃进"，这一类问题几乎也没人再有兴趣去争。"大跃进"以后又怎么样？大跃进以后就是 1959 年、1960 年了，干脆就"三年不搞规划"了。对不对？咱们的历史就是这样。

---

1 在 1953—1954 年间，《人民日报》即有文章批评"不少城市在编制城市公用事业基本建设计划时，……企图百废俱兴""过高估计人口的增长数目，盲目扩大市区""在城市的规划上，一心想搞得大，搞得新"等现象。参见："改进和加强城市建设工作"《人民日报》，1953-11-12：2；蓝田，"按照经济、适用、美观的原则建设城市"《人民日报》，1954-1-7：3。

历史与理论研究

莫宗江教授忆朱启钤、梁思成与营造学社 [1]

受访者简介

莫宗江（1916—1999）

莫宗江教授（摄于1994年）
莫涛提供

男，广东新会人。1931年在北京参加中国营造学社工作，先后任绘图生、研究生、副研究员，协助梁思成调查、测绘了赵县安济桥、五台佛光寺、应县佛宫寺释迦塔、正定隆兴寺，以及大同华严寺、善化寺等一批隋唐以来重要的古代建筑；抗日战争时期随梁思成转赴云南昆明、四川李庄，参加川康建筑调查、前蜀王建墓发掘等；协助梁思成绘制《图像中国建筑史》图版[2]和《宋营造法式图注》[3]；1946年供职于清华大学建筑系，历任讲师、副教授、教授；参与设计中华人民共和国国徽设计，参加"景泰蓝"创新设计工作，参加梁思成主持的《中国建筑史》教材和建筑科学研究院《中国古代建筑史》编写工作，指导并参加梁思成遗著《营造法式注释》整理出版工作；著有《山西榆次永寿寺雨花宫》《宜宾旧州坝白塔宋墓》《涞源阁院寺文殊殿》《巩县石窟寺雕刻的风格及技巧》（与陈明达合作）等，对中国古建筑的视觉景观和几何构图等进行分析研究，探寻设计手法，发表了《汉阙几何分析图》[4]；曾任清华大学建筑系建筑历史教研组主任、中国建筑学会建筑史分会副主任、《中国美术全集·建筑艺术编》顾问。1987年梁思成领导的"中国古代建筑理论及文物建筑保护"研究，获国家自然科学奖一等奖，莫宗江是获奖者之一。

采访者： 王军
访谈时间： 1995年7月7日
访谈地点： 北京市清华大学莫宗江教授家中
整理时间： 2013年7月录音整理，2018年月2月25日编辑定稿
审阅情况： 未经莫宗江教授审定
访谈背景： 采访者时为新华社记者，为计划中的《梁思成传》收集史料，值北京市推行大规模旧城改造。

抗日战争时期，莫宗江（前）梁思成（后）在四川李庄
中国营造学社工作室。清华大学建筑学院资料室提供

莫宗江　以下简称莫
王　军　以下简称王

梁思成的北京规划与朱启钤的改建工程

｜莫　1949 年后，梁先生提了一些重要意见。当时呢，因为被批判，所以后来回避这个问题。大家都听说梁先生保护旧城，北京作为一个世界著名的城市，古代文物是世界水平的。这一点，梁先生写过一些介绍文章，确实是这样。后来，批判之后呢，没人敢再谈这个问题了。林洙在这里面讲了一段这件事，说中央有位同志批评说：中南海，封建帝王住得，我们就住不得？！这些问题谈下来之后呢，梁先生不好再说了，别人不敢再谈了。

可现在回头看，梁先生当时的意见是对的。梁先生谈的是两个问题，一个是古城作为一个世界著名的文物，应该把它保护起来。可现在已经晚了，城墙也拆了，城市面貌完全变了，这些立体交叉一来，就是说，城市我都不认识了。进城，我很怀疑这是哪儿啊，东单、王府井，到那儿一看，我全不认识了。东二环、东三环，完全不是纯正意义上的北京。

这些问题不谈了。考古所去了没有？

王　考古所，没有去。

｜莫　北大考古系？

王　我跟宿白先生（1922—2018）聊过一次，他以前听过梁先生保护京都、奈良的事儿，他跟我谈过一些。其他就没怎么谈了。

| 莫 因为过去的考古所基本是靠北大，所以呢，过去跟考古有关系的，包括殷墟啦，考古发掘都是考古所的（人在做），考古所基本上是北大考古系他们培养出来的骨干搞的考古发掘。反正考古发掘，过去殷墟这些重大发现，都跟北大有关。考古所过去的主力，基本上是从北大出来的，从北大史学系、历史学系这方面转进考古，他们知道的比我们多，我们过去跟着梁先生出去调查的时候，只允许调查、照相、测量，没有发掘的权利，不能动土。因此呢，古代建筑遗址都在地面以下，地面顶多露出一点痕迹，看不出所以然。

所以，过去我在讲课的时候，关于城市这方面，我得大量利用他们的材料。在这方面，考古方面发表了不少文章。（指着书架）这里头是《文物》跟《考古》，大概你要是把 1949 年以后的考古这方面的发现（资料收齐了），得有这一倍还多。我是劫后残余，剩了这点儿。

话说回来了，一下子这么讲，可能讲不出所以然来。我只是告诉你一些个值得去的门路、你准备做这方面的（研究）有利于打基础的一些情况。

除此之外，你刚才一谈，突然引起我一个感觉，我多少年来，想说没说。梁从诫跟林洙都跟你谈过营造学社？

王 对。

| 莫 可都没有谈我们的社长。

王 朱启钤，谈了。我跟朱启钤还是同乡呢，贵州开阳人嘛，我是从那个地方考过来的。

| 莫 我告诉你一个事情。1949 年前在北京居住、生活过的人，很多人都不知道，北京的长安街过去是不能往北走的。

王 不能往北啊？

| 莫 往北是两条路。除了东单、西单往北，一条府右街可以往北；另外一条呢，是靠近北京饭店西边，原来是一条河，叫什么来着？

王 是叫南河沿吧？

| 莫 那条河原来通什刹海的，元朝时是运粮河。

王 对对对。

| 莫 只有这两条能够往北去 5，长安街能够往北的路，是朱（启钤）先生开的，南长街—北长街、南池子—北池子，这两条路是朱先生打通的 6。以前这两个地方是里边出不来、长安街进不去，红墙一直封着。

王 那里面有路吗？

| 莫 里面有路。

王 就隔着一道墙。

| 莫 里面都是宫廷太监，宫廷那些值班的这个司那个司的衙门，所以，他们不准出来，外面人不准进去。那些都是宫廷内部的人。这是一个事情。现在，你走长安街能够往北去，这两条路要是不通（怎么走），我小的时候住在宣武门外。

王 您是北京人？

莫 我5岁来的。就是过去清代那些文化人，到北京来考举，多半住在南城宣武门外这一带的会馆。如果这一带的人，要想到东四那边去看望亲友，必须进宣武门，一直到西四，才能走故宫后面的那个路，到北京城的东直门那一带。于是乎呢，如果他要去探望一个亲友或是长辈，这来回一天，又没有近路可走，即使他坐的是马车、骡车，来回也得一天。为此呢，朱先生一打开这两条路的时候，交通情况完全变了。这是一个事情。

第二个事情，过去正阳门是老百姓不能走的。（打通正阳门）这又是朱先生干的。前门的门洞，两边儿是封住的。东交民巷，现在的历史博物馆往南去，这边人民大会堂往南去，这两个地方的城墙和城门，是朱先生打开的 [7]。是他拆开的，打通的。

以前北京的火车，出了前门这两个门洞之后呢，东面是东车站，西面是西车站，西车站是去武汉、广州的，东面是天津、上海的。

（正阳门打通）是他作总理的时候打的。[8] 这个，还有没有人提到？我是小时候看见的，在朱先生家里头。因为小时候，营造学社是在朱先生家里头，我可以进他的图书室、收藏室，书很多。中午吃过饭，我就赶紧进去，找到一个什么东西呢，这么大一本照相册，里头是这么大张的照片，那些老照片是紫色的，这本照片一打开是什么呢，不知道是英法联军还是八国联军烧掉的正阳门城楼 [9]，烧完之后，清理过现场，烧剩的柱子、柱础，虽然打扫干净了，看到还是一场大火之后的残址。

底下的照片呢，是重建这座正阳门城楼，是朱先生在北京，处理北京打通这些路的时候，是他重修的正阳门城楼。他负责，命令下去招标、重修，（现在）几乎没人提到（这件事）。前门外的箭楼跟城楼之间是瓮城，为交通方便，在打通了正阳门两边的通道之后，把瓮城拆掉。瓮城一拆掉之后呢，箭楼跟城楼之间，打通了。箭楼两边怎么办呢？城墙切掉了，砌了两条上去的坡道，洋式的、水泥抹的。因为把城墙切掉了，这边是个断口。这些通通是朱先生搞的。

我为什么说这个事情呢？当年的营造学社，一进门，旁边直着这么大一个类似镜框的，像西方镜框那样的，里面好多图片。正当中是朱先生的像，那些图像都是钢笔画的，都是（朱先生）经管北京的时候，改建北京、改造北京的建设，经手的事情。所以，我觉得谈北京的城市的时候呢，过去没人谈这个问题。现在，朱先生也去世了，认识的这些人都（去世了）。

朱先生和晚一代的梁（思成）先生、刘（敦桢）先生，他们当时都作师生的关系，所以，见了桂老（按：朱启钤，字桂辛，时人尊称桂老）的时候，都说桂老、桂老，都是这么的。整个营造学社是师生系统的。他们那一代也去世了，剩下我们这一代，很多人没有看到过这个东西，没有人知道这个。所以，我觉得谈城市规划，谈北京的历史发展，朱先生的这个功绩，我觉得了不得。中山公园是他打开的 [10]，中山公园原先对着长安街是不通的。中山公园、劳动人民文化宫，这两个南面红墙都是封死的。因为中山公园原来是皇帝祈祷好年辰，同时又象征他是这个地方领主的社稷坛，代表国家的政权。

西面社稷坛，东面是太庙，这两个都是《周礼》所规定的左祖右社，皇宫左边是祖先，右边是社稷坛。这两个还是左祖右社的时候呢，都是由端门里头进去的、天安门里面进去的，根本不通长安街。好吧，话到此为止。然后，北边神武门打通啊，这一系列，都是朱先生干的。

王 打通神武门，就是景山前街吧？

莫 对，这一带过去都是老百姓不能走的，宫里头的职官能够走，太监能够走。老百姓没权利走。老百姓要走，走哪儿呢？地安门。地安门到神武门，跟景山之间这一区，都是禁区。我们这些人能够在这儿走来走去，全是朱先生干的（笑）。原来北京城是皇帝跟统治阶级使用的，老百姓只能在这儿忍着。

好啦，我开一个头，如果你对北京有兴趣，对北京的城市建设、改造有兴趣，除了梁先生谈的北京的设计，中轴啊，一直包括林洙告诉你的那个梁先生当时的意见——北京城要把它好好保护起来，然后呢，整个国家中心应该在西郊建一个集中的中心[11]。这些意见都是对的。可是，挨了批判之后没实现。

有一个事情，我不知道你在北京没在北京？尼克松来访。尼克松一来，长安街的南北是不通的，把我堵在长安街南的小街里头了，我回不来了。老百姓不能从长安街过往北走，因为美国总统来了。如果要是按梁先生说的，党中央在西郊现在新车站（按：即北京西站）这一带，建一个新中心，根本不受影响，而且国家保密啦，行政效率都提高了。

梁先生当时让我帮他画一些建议的插图，那时候，我知道他讲的这个事情。国民党的时期，派梁先生去参加联合国大厦的设计，作为中方代表去的。他非常欣赏联合国大厦设计的一个重要的点，就是联合国大厦设计成了几十层楼，联合国内部这些机构要跟另外一个机构联系，在楼上把文件往那通道里放进去，一按电钮，"呜"就下去了，到那边去了，效率非常之高。

而我们现在，这个部要跟那个部联系，就得在长安街跑汽车，在城里跑汽车。现在的战争可不是开玩笑的，争分夺秒啊。而且，对窃听、保密这一套东西，要求非常之高，如果按照梁先生当时讲的，在现在新车站那边搞一个中心的话，我们的国家整个的效率要高多少？失密率要减少多少？保卫中央的人力和物力要省多少？所以，现在回头来看，这些是梁先生当初应该被肯定的，应该给他这个。

王 当时梁先生考虑新的行政中心，是考虑到保密这方面的事情了吗？

丨莫 他给中央的报告里写的。

王 考虑到保密方面的需要了吗？

丨莫 那当然啦。

王 因为，很多人只是从保护古城的角度来看这件事情。

丨莫 1949年后，美国就在海上封锁我们，封锁了二十几年，想把我们困死。什么意思？国际上的斗争，列宁"十月革命"之后，十四国围攻列宁[12]，我们也就被封锁了20年，他们的敌我关系是非常清楚的。西藏搞了那么些事情，英国记者一直在里头作怪呀，英国记者在里面煽风点火。这些事情我们不是不知道。因此呢，保密、防窃密、提高工作效率这些，今天来讲，越来越急迫，越来越紧张。因为，现在窃听不得了。

所以，现在，回头一看，梁先生当时这是对的，一下子（给批了），有点冤了。可是，经过"文化大革命"，谁也不奇怪。不打仗的敢去抄人家指挥十万大军浴血奋战过来的老帅，不干活儿的敢去批斗干活儿的（笑）。所以，现在回头看，梁先生挨批判也不奇怪，不过是这类事情之一而已。好啦，这是我可以给你的补充。

没有人提到朱（启钤）先生的贡献。我为此，对朱先生非常佩服，这是给老百姓干了好事，保护了这座名城，没有破坏这座名城。我们现在是把名城整个弄得面目全非，不认识了。我走到哪儿都不认识了，特别是这立交一起来，将近十公里的马路，我过去全不认识了，从那三环到那二环一直都（不认识了）。我小时候在北京长大，我一九二几年来的，在北京长大。那时候的旧城几乎看不见了。只剩下中心的皇城这一圈，还看得见。什么现在保留四合院的标准区啊，这个那个的，已经是危乎殆哉！我最近因为想把我从前喜欢的画捡起来，想找北京过去的小胡同啊，住宅啊什么的，门口大槐树啊什么的，西北郊几乎没有了。瑞典（人）拍过北京，出过这么一大本北京城墙，全是城墙城门 13。

王 就是喜龙仁吧？

｜莫 Siren!

王 知道。

｜莫 从前营造学社有这个，他是确确实实对古代的文物尊重、爱好，认真把它的艺术效果照出来了。城墙这么干巴巴，他能够照这么大一本，照得很有水平。所以，由这些东西看起来的时候呢，我再找，没有了。我们这些回忆旧北京的人，觉得有些东西很惋惜，确实在世界上来讲，像西方的古城啦，巴黎、维也纳、柏林，保留旧城市的街道面貌，有过历史、重要的街道，整条街都保存下来。我们现在很难了，这方面已经很难了。现在变成底下能够做的，还能做多少的时候了，尽力而为吧。

王 我想问您一个问题，南池子、北池子，不是修成一个门了嘛。

｜莫 那个门是半洋式的。

王 这个门也是朱先生那会儿修的吗？

｜莫 朱先生那会儿能够调动的工程师都是从国外回来的。

王 "南长街""南池子"那几个字，是谁写的？

｜莫 可能是请的书法家写的。所以，那个字非常古典的。不是后来、现在的书法家龙飞凤舞这一套。那个时候，这些东西，还多多少少是按照古代的传统来整顿这个城市。所以，我觉得这方面呢，它是符合历史规律，城市必须按生活改造，必须要整顿。但是呢，改造跟整顿的时候，不要脱离过去形成的历史面貌，不要破坏它。我觉得这些东西都是对的，当时是对的。北京市有公园，是朱先生干的。

好了，向你补充一段，这一段，可能已经能跟你谈的人很少了。我是十几岁的时候赶上的。在那个时候生活过来的人，现在都上百岁了，是我的父兄那一代的人啦，甚至于，是那个小说家叫什么来着？写鼻烟壶的那个，好像就叫《烟壶》14，是连载过的小说，都讲的是老北京，那时什么王爷，横行霸道啦，那个时代的。我都没有赶上那个时代。我们那时，已经是北洋军阀内战的时候了。好了，我岔得太远了。

王 您谈得挺好的。

｜莫 因为你，从你现在的工作跟任务，跟你希望做的来讲，是值得一做的。我现在也没人可谈了。我跟学生讲课，我 1946 年来的，1986 年退休。讲课我讲过这些东西，没有人有兴趣。因为我们培养的，是建设新中国、搞新建筑的，搞新城市规划的，没有人对研究古代这些历史的(感兴趣)，文史方面没兴趣。

"圆明园是不可能恢复的"

｜莫 我讲课讲过一个东西，我说圆明园是不可能恢复的，因为我备课的时候看的——康熙六下江南，乾隆六下江南，于是乎，北京康熙乾隆时候的畅春园跟圆明园，吸收了中国南方园林的最高水平、最出色的一些成就，没有抄，没有硬抄，是把那些南方的成就利用、建成在这儿。英法联军、八国联军一把火烧掉的这个[15]，这是世界珍宝啊！所以，那些教士回去说，这是万园之园，世界上没有园可以跟圆明园比的，并没有夸张。因为南方这些园林，也是宋元明清以来留下来的名园，特别是乾隆南下，他都住在那些名园里头，一方面是继续康熙的，笼络南方的这些文化名人，希望把清初的大屠杀冲淡了它。他住过这些名园，这些名园都是南方的世家、豪门世族，最高文化阶层的。然后，乾隆临走的时候，赐给园主一个什么官，于是就把清初的伤疤给包上了。

康熙、乾隆，两个六次南下，不是简单的。两个都是政治家，没有康熙，我们现在的中国地图就不是那样。而这样一来，他们这个时期建成的畅春园跟圆明园，是世界水平的。乾隆在南方住这些名园的时候，估计他是带着当时宫廷造园的这些专家跟画家去的。因此，他住过这些名园，都带着图回来的。乾隆说什么呢，说吸取了南方这些名园的长处，没有忘记自己条件比它更好。换句话说，南方这些精华被汲取回来，是在更高水平上重现在这儿的。重现到什么程度呢，我不知道故宫的珍宝馆你去过没有？我从前带着学生去参观的时候，我看过，非常吃惊。

故宫的珍宝馆（按：即宁寿宫），是乾隆做了60年皇帝，退下来做太上皇的时候，给自己盖的，它里面有一个主厅，是现在珍宝馆的主厅（按：指宁寿宫乐寿堂），我当时带同学去，是什么意思呢？我让他们看看，在清代康熙乾隆的时候，国家强盛到什么程度！那个厅里的槅扇，几十个槅扇，每一个槅扇都紫檀木框子，里面都是高级木材，黄杨啊什么的这种，都是当时最名贵的木材。我让同学们看什么呢，窗棂子上面不是有那个条子嘛，条子之间，安了一些连续的雕刻，这么大，景泰蓝的，镀金的。正当中是这么大一个玉环，一个槅扇上不是四个就是六个玉环。几十扇槅扇，清一色一样的。[16] 我说这套家具不得了啊！

这套家具记载什么呢，宫廷里的库房拔出去的珠宝珍宝，发下去，选最好的工匠，在广州啊这些地方，用南洋进口的名贵木材，按照宫廷的要求加工，做完回来安在这儿了。我说，我们现在想恢复圆明园，得花多少钱啊。它是那一百多、二百年，国家收入的将近三分之一盖成的。如果我们说重建、恢复圆明园。我们国家能够花得起这么大一笔钱干这个？底下来了，我是建筑系的！我说能够盖出的是一个空房子吗？我说你看过《红楼梦》没有？大观园修好了，凤姐往那儿一坐，那帮采办什么什么的回来了，窗帘子、糊窗纱什么的，这个那个的，一个一个来，挨着个布置，每一幢房子里是一个样。

因此，圆明园里的这些园，每一座每一座，不是差不多的建筑，它是尽可能不一样的建筑，房子盖完是空的吗？如果里头它也像大观园似的，里头一套一套的各不相同，得花多少钱？我说，完了呢，大观园里宝玉的那个屋子里头，墙上雕花好些个，里头都是非常珍贵的玉器、青铜、珠宝。我说，如果没有这些东西，你恢复的圆明园是圆明园吗？是英法联军、八国联军抢劫的这个园吗？我说，即使你有本事把它恢复成那样了，你还真得用冲锋枪来站岗啊（笑）。我说，人家可是集体带武装来抢劫！就冲你摆的这些东西！英法联军、八国联军都是这么干的。你说，这圆明园能恢复吗？没有到这水平，你能说你恢复了圆明园？！

因此，只能留下这个残址来说明当年英法联军干了些什么，你可以做一个博物馆陈列，做模型陈列，但是你不能说我要恢复圆明园。不可能恢复的，它是历史条件形成的。我不知道清代是不是，好像唐代国家收入的不知三分之一还是一半，是供皇帝的小金库。国家全年收入的一半或者三分之一是皇帝用的，他有那笔钱搞了一百多年修成这个园。1949年前，北京穷成什么样？

现在战争一打响，一个钟头过去，几百万发子弹出去了，你没工业行吗？我说马克思已经说过了，资本主义国家是剥削工人剩余价值，我们现在无产阶级夺取政权，你不能再剥削剩余价值，只能靠我们省吃俭用，我们能把钱花在修复圆明园？！没有人听，照样提议要搞，而且荒唐到什么程度？拿西洋楼做圆明园！那些石柱啊什么的，不是圆明园，我讲课时讲了。

圆明园图一画，圆明园三个园，圆明园、长春园、万春园全盖起来之后，后头另外开起一长条，石柱那个，法国传教士搞起的一些个学当时的巴黎的西方建筑，引起乾隆兴趣的是什么？是它有喷水池，他欣赏那个。那是中国园林吗？！那是圆明园吗？！所以，我对不起啊，我得跟你打个招呼。

所以，退休之后，我不讲这些是什么了。我觉得实在伤心，我讲得这么清楚，可是谁也不听！所以，我说当初梁先生建议党中央应该在西郊整一个新城，挨批不奇怪。我说我现在，也该挨批。所以，我退休之后，闭门谢客，没有人上我这儿来。我连沙发都不要。我结婚以前，天天晚上有系里的同事上我这儿来喝茶，谈天说地的。经过"文化大革命"，我们家挨批挨斗过了之后，没有人上我这儿来了。我也就闭门谢客，搞我的……我现在可告诉你，"文化大革命"过后，我没有谈过这些事情，第一次是跟你谈这事情。

王　是吗？我很荣幸！

┃莫　不是。这些问题是应该有人（关心），该平反的平反，该纪实的纪实，还历史一个正确的。

王　对对对对对。近两年，外商来北京搞很多房地产项目，包括王府井、西单，还有很多地方，都在搞。以前，北京市也有这么一个规划，就是旧城里面要控制高度，不能超过。但是呢，外商进来之后，他们想盖多高就多高。

┃莫　我告诉你啊，有些东西你没办法的，有些时候是因为政治的需要，还有我们已经形成的历史上的旧观点旧风气，不可能短期（内改）变的。马克思讲得很清楚，即使夺取了政权，你要建设社会主义，要想改变旧观念那是几代人的事情。"文化大革命"说明什么？所有"文化大革命"冒出来的歪风邪气，都是原来中国的。不是外来的，不是新的。苏联自从出现，一直到勃列日涅夫，一直到戈尔巴乔夫正式宣布取消共产党，全是苏联内部出来的，不是外来的。外来因素有，是美国智囊团建议的，可以腐蚀，把它瓦解，不能靠硬攻。

所以，（北京城）现在变成什么东西？这些东西啊，恐怕将来得想办法，将来如有条件，该整顿的整顿，该整理的整理，该恢复的恢复，那是下一代人的事情，因为现在估计21世纪啊，远远超过现在。技术、能力、条件，都远远超过现在。现在，电子一条街（按：指北京中关村电子一条街）已经摆在这儿了，将来小学生都能用电脑了，将来我不知道会是什么样，不管吧，那是以后的事情。

现在，当代人应该做的，是把那些正确的东西，该记下来的东西，该整理的东西，你作为档案都行，还历史一个正确的。因为刚才你告诉我，你现在工作的单位、你的计划，你可能有条件搞，北大、考古所没搞，清华建筑系没搞，梁先生创办的建筑系，他想的这些东西，没有人接下来，没有人接下来。我们这些人挨批判了，至少已经是靠边站了。这个都是历史形成的，得靠你们去另起灶炉。

王　我想把这些资料啊，都给收集一下。因为很多事情啊，就是我所了解的，对我们这代人是非常新鲜的。

┃莫　所以呢，我很赞成林洙他们现在这样搞，现在我们单位是把整理营造学社资料的任务交给林洙了，总算有人在做了。我这里还有一个东西，没法给你谈的就是，这是我自己的毛病吧。自从梁先生入党之后呢，我就很少到梁先生那里去。因为我不是党员，所以，我不应该知道党内的事情。因为你知道以后除了泄密之外，一点儿好处都没有。人家知道你是梁先生很喜欢的学生，又常去，不定哪天你把你知道的东西给泄走了，你自己都不知道。所以，我很少去。所以，林洙写出的很多东西我不知道，因为梁先生不会对我讲的。因为梁先生当初入了党，有些政策不能对我讲，不应该对我讲，所以，我就很少去。

王 我做这个工作，已有两三年了。关于北京的城墙啊，怎么被拆的？拆的过程中的那些事，我找了当时主持工程的那些人谈过。

| 莫 梁先生不肯跟我讲，因为牵扯到很多中央领导的意见。所以，自从梁先生入党以后，他觉得有些话不便跟我讲，我也就不过问了。我们并不能认为党中央领导这些同志对古代文物都很熟悉，不可能的。他们也不是搞这个专业的。过去，马上打天下的，不是搞文物的，不是搞历史的。所以，一点儿不奇怪。所以，有些事情，他不便谈，我也就不问了。可是，林洙看了梁先生的这方面的记录、日记、材料，所以，她写出来的好些东西是我不知道的。不管吧，我把我所知道的事儿的出入都告诉你了，希望你能够做出点成绩来。

王 谢谢！谢谢！

| 莫 朱（启钤）先生的事情，没人问过我，我也没跟人谈过。

"沧州狮子应州塔，正定菩萨赵州桥"

王 您能跟我谈一谈当年和梁先生去野外调查的经历吗？

| 莫 梁先生都写了。

王 我想问您几个问题，你们去应县木塔的时候，我听梁从诫先生说，梁思成为拍那个塔刹，攀上去了，这个过程您能跟我谈一谈吗？

| 莫 梁先生上去了，我那个时候才十几岁，都是梁先生带的。梁先生上去之后，我想，我要上去，我没想到，爬了几下我就下来了。那铁链，冰手！

王 冰手啊，那是几月份的事？冬天？

| 莫 反正，我带研究生夏天去朔县，在应县的西边，几乎是（与应县）东西平行的，一变天，带的衣服不够了。同学们告诉我，把所有的东西全穿上。第二天才知道，天亮了，北边山头已经下雪了。

王 夏天还下雪了！

| 莫 还不到初秋。雁北跟这儿不一样。所以，我上去没多久，我怕我手冻僵了我就……离地面六十米啊，老天爷！二十层楼！如果一下去，就从二十层楼下去了！

梁先生上去了。梁先生是以身教的，我学的东西都是梁先生亲手带出来的，所以，梁先生有时候一看我不会，（就说）"宗江，起来。"做给我看。做着做着，（就说）"你接下去。"叫我接下去，梁先生这么（把我）教出来的。因为他知道，我去的时候，才十五六岁，你想，我1916年生的，我1931年去的（营造学社）。

所以，梁先生喜欢我什么东西呢，他很喜欢我能画。所以，他觉得我，好像是他很喜欢的那个小孩儿，

《图像中国建筑史》载应县佛宫寺木塔底层斗栱图片，
莫宗江被梁思成当作建筑比例尺摄入

这么带出来的。他对我很少讲什么，都是做给我看。后来，他发现，我学得很快。他几乎带一遍，我就会了。

王 你们是从最顶层，那个屋檐下面往上爬的？

莫 你等一等，我把图给你看一看，你就知道。这是一本英文的，梁先生他原来先写了一本中文的《中国建筑史》。（打开《图像中国建筑史》英文版，手指应县木塔底层斗栱照片）梁先生让我量，我就去量，我那边一过，（梁先生说）"别动！"他就拿相机，给我照下来了。

王 是在哪个位置啊？

莫 在这排（手指应县木塔照片显示的木塔副阶屋顶之上第一层正檐下的斗栱）[17]。梁先生当时就说，这个建筑这么大，看过木塔照片的人都没感觉。我带着学生去，学生到那儿一看吓了一跳，没想到这么大一个大家伙！看到这个（照片）就看出来了。而且这个的模型就在历史博物馆，谁也不奇怪。看过模型的人，到那儿还吓一跳。（笑）

王 这是哪一年的事儿？

莫 三三。

王 1933年。当年梁先生从这儿爬上去，是怎么个爬法？

莫 （指着《图像中国建筑史》英文版应县木塔全景照片）从这儿上到这儿，从这儿上到这儿，这儿有个小窗户出去，就这么大。从这儿，出了这个，这上面的铁链断了，垂下来，出去之后，到这儿呢，找到这铁链了，顺着铁链往上爬。梁先生由这儿爬到这儿，再上，上不去了。那天太冷了。我由这儿到这儿的时候，我就下来了，我不敢到这儿了。梁先生到这儿，上到最后怎么办？城墙在这儿，我们到城墙上，架起经纬仪，经纬仪望远镜里有量的那个刻度，把底下量的尺寸按照刻度把它加上去，因为当时我们只能爬到这儿，再往上，上不去了，所以尺寸只量到这儿。

山西應縣佛宮寺遼釋迦木塔

《图像中国建筑史》载山西应县佛宫寺木塔渲染图。莫宗江绘

王 量了一半，哦。

　　莫 这大圆球（按：指塔刹的圆形覆钵）以下有尺寸，大圆球以上是按照望远镜的那个刻度——那个望远镜里的刻度，有高的刻度，有宽的刻度——这么加上去的。

王 哦，是这样。是夏天的事啊？

　　莫 已经秋天了。

王 初秋？

　　莫 嗯。雁北跟北京不一样，雁北的初秋就已经下雪了。1934，这是 1934 年测的，这儿写的。（民国）二十三年，就是 1934，二十三年实测，这是 1935 画的。[18]

王 梁从诫跟我说，他父亲那会儿去找这些古建筑，有时候就是根据燕赵地区的民谣。

　　莫 对。

王 民谣说"沧州狮子应州塔，正定菩萨赵州桥"。

　　莫 梁先生写了那篇文章。[19]

王 对。沧州的狮子，你们去过吗？

　　莫 我们没去成。现在已经修了，已经修复了。不是狮子。

王 是什么？

　　莫 （打开《图像中国建筑史》英文版，手指应县木塔断面图第四层）这一层，拿放大镜看，这一层佛像，正当中是释迦如来，（两边）是文殊、普贤，一个骑狮子，一个骑象，那个大铁狮子，是骑狮子的那个菩萨的坐骑。莲瓣以上的菩萨没有了，只剩下铁狮子了。

王 哦，沧州的狮子指这个啊。

　　莫 两个，一个是这个，一个是涞源阁院寺，比这个还稍微早一点，辽代的一座大殿，我们去的时候已经没有了（文殊骑狮像）。当地老百姓告诉我们说，当初大殿里是一座大狮子，骑着这个大狮子的像，是那个大殿里的主像。当地老百姓说，那个像做得非常好，"文化大革命"的时候全给砸了。

王 你们在 1949 年前的时候去过那个地方吗？

　　莫 之后去的。之后，建筑系教师带着（学生）到那儿实习，也是测量实习，就去过那一次。

王 那会儿，还在吗？

　　莫 那会儿，那个像已经没有了。因为我画这张图的时候（手指《图像中国建筑史》英文版应县木塔渲染图），这些像都在。

王 这图是您画的？

　　莫 我 19 岁画的。

王 这是您画的!

　莫 这张图就是。所以,为什么梁先生喜欢我呢!

王 这两张画(按:《图像中国建筑史》中的应县木塔渲染图、断面图)都是您画的啊。

　莫 一个十几岁的孩子,他带了我几年,我到了19岁画出这张图。建筑系毕业了都画不出来。所以,梁先生后来一直带我,一直带我,就为这个(笑)。他觉得这小孩不错!(拿出一图)这是1931年画的。就是因为梁先生,当时他的弟弟回来告诉我说,梁先生要开始研究中国建筑了,这单位需要一大批画图员。他问我:你愿意不愿意去?他又知道我喜欢画,就拿了我一张画去了。梁先生看了这画,觉得好,还可以,就要了我了。

王 他的哪个弟弟啊?

　莫 梁思敬[20],后来在设计院工作。他搞纪念碑的时候,在天安门。梁思敬拿去了。这是我跟梁先生去应县木塔那一年画的云冈。[21]那时候,大概十五六岁的时候画的(笑)。[22]所以,梁先生很高兴,一直带着我。梁先生的同学杨廷宝,他们在美国是同学,他比梁先生高一两班,我们每年开一次学社成立的(纪念)会,他们作为学社的领导,就是社员吧,他一看我画成这样,老师非常高兴(笑)。他什么意思呢? 把一个十几岁的孩子教成这样!

王 当年你们为什么没有去沧州呢?

　莫 不是我们,当时去沧州,是叫刘致平去的。他出了点事情,他住在旅馆里头,半夜有人敲他的门,把他吓坏了。因为过去在旧中国,你要是下去,在小店里面,被窃被抢,一点儿不奇怪。他到了沧州,一看情况不对,第二天就坐车回来了。你看,他就没去成。

　大石桥,我跟梁先生去的,大石桥的图,也是梁先生叫我画的,应县木塔也是。正定大佛寺,也是梁先生带我去的。正定的图,也是让我画的。应县塔、正定、大石桥,三个都是让我画的,就是沧州没去成。因为沧州,当时我们搞建筑,雕刻没去。那大铁狮子,原来那像,好家伙! 估计原来那个建筑,很大的。

1933年莫宗江(左)随梁思成、刘敦桢(右)、林徽因(中)
赴山西大同云冈考察途中。清华大学建筑学院资料室提供

王 现在，整个建筑物都不在了？

莫 只剩了那个铁狮子。那个铁狮子锈得很厉害了。最近，报纸，前个把月吧，登出来一次大修，可是没有人提到上面那个佛像。我们看到辽代的，都是一个骑狮子，一个骑象，从唐朝起就是这样的。如来佛的两个大弟子，一个文殊，一个普贤，在佛教里头，是除了佛以外，最高的两个菩萨。骑狮子是文殊，骑象的是普贤。五台山是骑狮子的文殊像，四川的峨眉是骑象的普贤。这是中国两个佛教圣地。

沧州的狮子，一直没有人去。我估计铁狮子底下，当初一定有大殿的基础，可是我们不能做，没有考古发掘，没条件，我们不能去动土寻找。绝不可能当时是把铁狮子露天摆在那儿。这么大一个铁狮子，当时的建筑规模一定了不起。没人做。梁先生写的那四个 [23] 里头，我们做了三个。

发现佛光寺

王 关于佛光寺，您能和我谈谈当时发现的过程吗？

莫 咳，别提了，佛光寺，我的老师高兴得不得了！我们第一次看到唐朝建筑！我们当初为什么高兴到那种程度呢？原来日本人说，中国已经没有唐朝建筑了。日本人说什么呢？日本学者是善意的，他说，中国人要想研究唐朝建筑，只能到日本来。日本有比佛光寺早的建筑，从建筑史上是很清楚的一个事情，日本留下了几个最早的唐朝建筑。

日本自己的建筑发展史，前头没有。所以，很明显的是，这些建筑是日本当时派的遣唐使带回的中国工匠干的，所以是地道的唐朝建筑。特别是鉴真大师去盖的那个唐招提寺，完全是中国式的。请中国工匠过去很容易，你请一个当地好的师傅，跟着天皇派来的代表团，到日本去，工匠是愿意的。好工匠希望自己能搞出一个作品来，用现在的话，叫给自己树一个纪念碑吧。他希望搞出自己理想的好建筑。所以，那种情况，请好工匠，他一定去的。

日本留下了这些东西，我讲建筑史的时候没办法，讲到唐朝，我还得引用日本的这个。有了佛光寺以后，我们才开始发现了两个唐朝建筑 [24]，可都没有日本那么早，佛光寺已经是晚唐的了，日本有唐朝早期的建筑。扯远了！不好，我现在成了老先生，啰唆！没完没了。

王 挺好的，挺好的。听说梁先生是看了一幅敦煌的壁画，是这么找过去的，是吧？

莫 那是法国伯希和拍的《敦煌图录》，我们用的是北京图书馆（按：时称国立北平图书馆，后文同）的《敦煌图录》。当时我们条件好，北京图书馆馆长——当时的——也是营造学社的理事 [25]，所以，我们借北京图书馆的书很容易，北京图书馆给了营造学社一个研究室，研究室在内部借书，不需要通过外头，直接到仓库里，写个条就调到研究室来了。没有外头人借的时候，那个书就一直在研究室，外头有人借，然后到研究室提出去。所以，我们有时候，从研究室借出来送到营造学社去。《敦煌图录》什么的，就一直摆在办公桌上。

王 就这样找到佛光寺的啊。你们去找佛光寺的时候，是从北京出发的？

莫 不是。我们过去的工作条件是这样的。这次计划，到哪一省？走哪几条线？先到北京图书馆，把原先所有的地方志，县志、府志，全借出来，顺着县志、府志上的，顺着线路一路抄过去。这里面记载的有哪些有名的庙？哪些古庙？哪些重要的文物？都抄在一个本上。我们走的时候，就顺着这个本子一路找过去。到了地方上，挨着个问：这庙是在哪儿？什么地方？现在保存情况怎么样？哪个地方能去？可是，从前，很多地方不能去，县里就告诉我们，那个地方不能去，因为对你们的安全没法保证，离城远了。

王 土匪多，是吧？

莫 怕你们出了问题，他没法交代。因为都是从上头拿着介绍信来的。他也不清楚，好像是很重要的科研单位来的，又是有名的人物。一听，梁启超的长公子，这可不得了！就怕万一你出了问题他负担不起。所以，远的地方，不安全，就不让我们去。我们也知道，那时候交通非常困难，你真是在离城几十里的地方出了问题，只能人把你抬进城去，真是摔了、伤了，甚至于碰到抢劫的刀伤了，也许进城的时候，就已经流血过多了。

王 你们遇到过这种情况吗？

莫 一路都是民警拿着枪送我们啊，一到不安全的地儿，民警就叫我们停下来，他上高处看，看完打招呼，可以走，就过去。因为，据说，当地那些警察跟土匪之间是有契约的，默契，他一看那情况，就知道不要给他们去找麻烦吧，来的人不是普通老百姓。所以，一看那个，好像招呼打通了，走吧。真是动手的时候，民警打不过土匪。

一到不安全的地方，县政府就派兵送我们。我们到云南去的时候，从大理到丽江。现在，电视里不是介绍吗，旅游不得了。我们那时候，那是危险地区，一路都是带着枪护送的。

王 林徽因先生每次都跟着你们去吗？

莫 两个都是我的老师，梁先生是建筑系毕业的，可是宾夕法尼亚大学那个建筑系不收女生，就是没有女建筑师。所以，（林徽因先生）她学的是舞台美术，她考的是艺术系。后来，梁先生到哈佛研究院继续搞建筑史的时候呢，林先生学的是那个学校的舞台艺术系。[26] 所以，两个人的专业不一样。可是，回来搞古建筑的时候，经常在一起，一起出去，林先生也去。我们敢上的，她都敢上。

王 是吗？

莫 铁链子不算。爬铁链子是一个很偶然的条件，没办法。梁先生年轻的时候，骑摩托车，在南池子还是南长街，转弯的时候，跟汽车碰上了，撞断了一条腿。[27] 所以，以后在腿的方面，田径就不行了。可是，他原来很喜欢体育，清华的体育馆，这么粗的绳子有9根，他能从第一根爬上去，转到第二根下来，脚不落地，从第三根再上去，一个来回。他腿坏了，就练手了。梁先生敢上，我也敢上，就是这个（爬铁链子）我不如他。

王 林先生也是能上的，是吧？

莫 林先生是很淘气的女孩子，敢爬树上房的！所以，梁先生带我们出去测量的时候，我们敢上，林先生就上，她也上。所以，后来搞得这么热闹，就是因为这个，因为在工作里合得来。所以，我们后来形成了测量的一套规矩，一进去，照相的照相，测图的测图，抄碑的抄碑。林先生当时是作家，所以，她对抄碑有兴趣，对历史文物有兴趣，她的艺术欣赏是很敏感的，非常敏感。所以，我们古建筑一看好的时候，她呀，一起动手。

他们还有一个事情，我非常尊重他们。他们美国留学的，带了美国学生的习惯回来。我跟梁先生出去这么多年，跑这么多地方，他从来没有让我帮他拿过东西。一清早起来，什么事儿都是带头的。一起来，哗哗哗把铺盖一捆，吃早饭，吃完早饭，交通工具来了，在门口，梁先生自己拿起行李就走，我们也拿起行李，跟着就出去了。他什么事儿都是自己动手的。这些是带回来的美国学生的习气。我跟梁先生这么多年，他从来没有让我做这个做那个。他好像带自己的弟弟似的。

王 很尊重您。

莫 大概也许是他喜欢我（笑）。"九一八"事变、沈阳事件的时候，东北大学建筑系刚开了两年，可是梁先生是在"九一八"（事变这一年）的夏天，接了营造学社这个研究任务。我听梁先生讲，他在东北大学办了建筑系之后，他来讲建筑史，他一讲建筑史就发现被动了，没有中文的建筑史，（只有）德国的鲍希曼、日本的关野贞啊什么的，他一讲中国建筑史，都得用外国材料，没有中国建筑史。于是乎呢，他在沈阳东北大学做建筑系主任的时候，一到暑假，他就测北陵，他得集攒自己的中国建筑史的资料。所以，后来，营造学社、朱先生一聘请他的时候呢，他就辞了东大，到营造学社。那是 1931 年暑假的事情。他刚到北京不久，接着就是沈阳事件。

王 听说，他在东北大学的时候，张学良那会儿是校长，他们之间合作得怎么样？

莫 挺好的。张学良有雄心壮志，是要把东北大学建成超过南京中央大学的。所以，他重金聘请这些教授，一个教授一幢小楼，高薪高待遇。他已经下了决心，要把东北大学办得超过中央大学。可是，没想到"九一八"事变。我们那时候，对张学良是有看法的，觉得他是年轻有为的。在当时所有的军阀里头，

1936 年梁思成（中）莫宗江（左）考察陕西咸阳顺陵
清华大学建筑学院资料室提供

1937 年，莫宗江（上）、林徽因（下）
在山西五台佛光寺后山墓塔[28]

那时候认为最厉害的，是广西跟东北，广西就是李宗仁、白崇禧，东北就是张学良。所以，蒋介石当时让张学良做了副总司令。张学良当时比李宗仁、白崇禧的资历年分都晚，岁数也小，可是，当时蒋介石估计，除了中央之外，最强的是东北。所以，蒋介石做了最高统帅，让张学良做了副统帅。所以，他一直担心，如果篡夺兵权的话，只有张学良。再加上西安事变，所以，他后来绝对不放张学良。因为西安事变差点儿把他给解决了，如果周总理不去的话，如果他手下把杨虎城他们一打的话，蒋介石当时可能就被打死了。周总理一去，和解了，共同抗日了。

王　听梁从诫先生说，找到佛光寺，是在黄昏的时候。

　莫　我们测量完了，大家高兴，下来，该吃晚饭了。于是，就不在和尚的屋子里吃晚饭，这是林先生出的主意，走，我们上大殿前面去，上那儿！好像野餐似的。地上铺上席子、毯子，在那儿吃的晚饭。一边吃，一边看。

王　一边欣赏啊！

　莫　那是林先生的成绩。

王　怎么回事？

　莫　整个佛光寺我们去测的时候，建筑全刷了土朱，就是后来重修的时候，没有钱画彩画，通通用土朱刷了一遍。我们测量完了的时候，林先生忽然跟梁先生讲，她说梁底下好像有字。

王　测量完了之后，是吧？

　莫　她看见梁底下土朱淡的地方，隐隐约约有字！

王　测的时候，你们知道是唐代的吗？

　莫　测的时候我们不敢说。

王　不敢说是唐代的？

　莫　因为我们测应县木塔什么的，跟佛光寺非常像。你看那个大相片，佛光寺也是那大斗栱、大椽檐什么的，所以，我们一直拿不准。后来，林先生说，看着像有字，她是远视，梁先生就跟着拿望远镜看，说好像是有字。于是，请纪先生（按：即纪玉堂，时任中国营造学社测绘员）到村子里找人，搭了架子，凑了点木料杉篙[29]搭上去，纪先生拿水去刷它，没想到这一刷，湿的字刷出来了。一刷湿了以后，土朱底下的字透出来了。

梁先生趁着纪先生把它洗湿的时候，照的相。后来发表的，是洗湿的那个字。没洗湿的时候，是这样的，全是土红色的。这梁底下写的是佛殿主女弟子宁公遇[30]，是施主的名字。然后呢，大殿的前头，有一个石幢，上头刻着唐朝大中十一年女弟子宁公遇[31]，由此知道梁底下那个题名，是这个年代的。

王　女弟子，宁公遇。

　莫　唉，一晃六十年过去了。梁底下写了右军中尉王，那可不得了的，皇宫里的禁卫军，左军、右军。负责整个右军的统帅，是右军中尉。（宁公遇是）禁卫军右军统帅的夫人。

这梁底下四个题名都有。我们在四川的时候，发表这篇报告的时候，没有照相制版，抗日战争时期我们住在乡下。

1　本访谈记录关于发现佛光寺的部分内容，曾被引用于王军："五台山佛光寺发现记"，《建筑学报》2017年第6期。

2　梁思成在《图像中国建筑史》前言写道："我也要对我的同事、营造学社副研究员莫宗江先生致谢。我的各次实地考察几乎都有他同行；他还为本书绘制了大部分图版。"梁思成：《图像中国建筑史》（汉英双语版），北京：中国建筑工业出版社，1991年，4页。

3　《宋营造法式图注》约于1952年或1953年由清华大学建筑系作为教学参考资料编印。

4　《汉阙几何分析图》见《莫宗江先生手稿选登》，载于《南方建筑》杂志1995年第4期。楼庆西在《怀念良师莫宗江先生》一文中写道："根据几十年的调查与研究，莫先生深信我国古代匠人在设计、建造这些古建筑的过程中，必然会有一定的程序和方法，遗憾的是至今仍未发现当时的文献与可靠的图纸，所以只有依靠我们从众多的实例中去寻找和发现。莫先生曾经花大量时间与精力去从事这方面的探索。我们经常看见他手握比尺和量规，对独乐寺、应县木塔、紫禁城、天坛等建筑个体与群体的测绘图、照片仔细观察，量测、分析，从中寻求这些建筑在视觉、景观上的相互关系，在立面构图上的几何规律。莫先生认为西方古代建筑的柱式存在着严谨的几何构图规律，那么在中国古代建筑的造型上也可能同样存在。经过多年的深入研究与探讨，他提出了对中国古建筑在视觉景观和几何构图等方面的设计原则与方法的精辟分析与论断。"（《建筑史论文集》第14辑，2000年）惜莫宗江相关论述至今未能整理出版。

5　指府右街、南河沿。长安街原东至东单、西至西单，20世纪50年代始向东西方向打通延伸。

6　余荣昌记于民国三十年（1941）的《故都变迁记略》载："三年（1914），天安门左右，东辟南池子街门，西辟南长街街门，住居地安门内外者，可由此两路直达前门，不必再绕行东西安两门矣。"余荣昌：《故都变迁记略》，北京：北京燕山出版社，2000年，7-8页。

7　朱启钤1915年实施的正阳门改建工程，拆除了瓮城，在城楼两侧的城墙，增辟券洞以利交通。

8　朱启钤1912年任交通部总长；1913年兼代国务总理，同年7月内阁改组，转任内务部总长；1915年兼交通部总长；1916年洪宪政变，引咎去职。详见：《朱启钤自撰年谱》，《蠖公纪事——朱启钤先生生平纪实》，北京：中国文史出版社，1991年，第5页。实施正阳门改建工程时，朱启钤任内务部总长兼交通部总长。

9　正阳门城楼1900年被八国联军烧毁，1903年重建。

10　1914年，在朱启钤主持下，北京社稷坛开放为公园，时称中央公园，1928年改称中山公园。

11　梁思成、陈占祥1950年2月《关于中央人民政府行政中心区位置的建议》提出，在北京西郊公主坟与月坛之间，建设中央人民政府行政中心区。

12　徐天新在《评"十四国武装干涉苏俄"及其它》（刊于《历史教学问题》，2004年第3期）一文中介绍：1919年月8月28日，罗斯塔社（俄罗斯通讯社）援引芬兰新闻局的消息说，英国陆军大臣丘吉尔不久前在自由党代表大会上宣称，要在8月底9月初组织十四国军队联合反对莫斯科。但他没有具体指出是哪14个国家，列宁看到这份电文后，在电文下面空白处写了14个国家的名称：英国、美国、法国、意大利、日本、芬兰、爱沙尼亚、拉脱维亚、立陶宛、波兰、乌克兰、格鲁吉亚、阿塞拜疆、亚美尼亚。实际上，丘吉尔并没能组织起十四国武装干涉苏俄，因此谁也无法确切知道14国是哪些国家。对此，苏联在1959年澄清了事实。

13　瑞典学者喜龙仁（Osvald Siren）1921年至1923年在中国进行了集中的艺术史调查，拍摄了大量图片，出版了《北京的城墙与城门》（*The Walls and Gates of Peking*，1925年）、《5至14世纪中国雕塑》（*Chinese Sculpture from the Fifth to the Fourteenth Century*，1925年）、《北京皇宫》（*The Imperial Palaces of Peking*，1926年）、《中国早期艺术史》（*A History of Early Chinese Art*，1929—1930年）等。

14　中篇小说《烟壶》，邓友梅著，发表于《收获》1984年第1期。小说以清朝末年的北京为背景。

15　1860年英法联军火烧北京西郊皇家三山五园，即玉泉山、万寿山、香山一带的圆明园、畅春园、静明园、清漪园、静宜园。1900年八国联军攻占北京，洋人进圆明园多次，匪徒乘机混入抢掠，同治、光绪两朝重修圆明园成果被毁殆尽。

16　乐寿堂五抹槅扇，边框、抹头以楠木为芯，外贴紫檀面。槅心紫檀回纹灯笼框，卡子花镶嵌蝙蝠夹寿字纹珐琅，槅心双屉夹蓝纱，槅眼双面贴落臣工书画，裙板、绦环板为酸枝木，双面镶嵌珐琅夔龙框、铜镏金云龙团纹。槅扇采用包镶工艺和镶嵌工艺，是乾隆中晚期内檐装修工艺的典型特点。引自故宫博物院：《营造之道——紫禁城建筑艺术展》，2015年。

17 梁思成在《山西应县佛宫寺辽释迦木塔》调查报告中，对照片中莫宗江身侧"奇特"的斗栱作了这样的记录："第一层外柱头铺作栌斗内出华栱与泥道栱相交。泥道栱上承托着柱头枋五层。华栱头直斫亦不分瓣卷杀，至为奇特，除此塔外，他处还未得见同样的做法。"梁思成：《山西应县佛宫寺辽释迦木塔》，《梁思成全集》第十卷，北京：中国建筑工业出版社，2007 年，47-51 页。

18 《图像中国建筑史》"山西应县佛宫寺辽释迦木塔"图版上注有"中国营造学社测绘民国廿三年九月实测廿四年六月制图"字样，即 1934 年 9 月实测，1935 年 6 月制图。梁思成率莫宗江首次调查测绘应县木塔的时间是 1933 年 9 月，同年 12 月出版的《中国营造学社汇刊》第四卷第三、四期合刊《本社纪事》报道了此事（第 340 页）。陈明达《应县木塔》载："关于此塔的研究工作，开始于 1933 年""1935 年由莫宗江同志绘成了五十分之一的实测图，在绘制过程中，并曾再去应县补充测量"（北京：文物出版社，1966 年，1 页）。《图像中国建筑史》图版所注"民国廿三年九月实测"，当是此间的补充测量。

19 梁思成 1934 年 3 月在《中国营造学社汇刊》第 5 卷第 1 期发表"赵县大石桥即安济桥——附小石桥、济美桥"，有言曰："北方有四大胜迹，著名得非常普遍，提起来，乡间的男女老少大半都晓得的'沧州狮子应州塔，正定菩萨赵州桥。'为著记忆力的方便，这两句歌谣便将那四大胜迹串在一起，成了许多常识之一种。"（见该期汇刊第 1 页）

20 梁思敬是梁启超之弟梁启文之子，梁思成的堂弟，是梁思成创办的东北大学建筑系二期学生（1929 年入学），20 世纪 50 年代在北京市规划局及设计院工作，参与了人民英雄纪念碑设计。

21 1933 年赴应县调查佛宫寺木塔之前，梁思成、刘敦桢、林徽因、莫宗江调查了大同华严寺、善化寺、云冈石窟。

22 1933 年莫宗江随梁思成、刘敦桢、林徽因赴大同调查，时年 17 岁。

23 即"沧州狮子应州塔，正定菩萨赵州桥"。

24 另一处唐代建筑，当指 20 世纪 50 年代初发现的重建于唐建中三年（782）的山西五台县南禅寺，为中国现存最古之木结构建筑。

25 即袁同礼，1929 年任国立北平图书馆副馆长，1934 年兼故宫博物院图书馆馆长，1945 年任国立北平图书馆馆长，是中国营造学社理事会成员。

26 林徽因 1927 年至 1928 年在耶鲁大学戏剧学院学习舞台美术。

27 1923 年 5 月 7 日，梁思成与弟弟梁思永乘摩托车参加北京学生举行的"国耻日"纪念活动，行至南长街出口处，被北洋军阀陆军次长金永炎的汽车撞伤，急送协和医院治疗，诊断为左腿股骨复合性骨折，三次手术后始康复，从此左腿比右腿短了约一厘米。

28 关于此塔，梁思成在《记五台山佛光寺建筑（续）》中写道："按其砖式及外表轮廓论，当属唐末五代遗物。其形式曾见于敦煌壁画中。其覆钵形式酷似印度三齐（Sanchi）窣堵坡。盖元明喇嘛塔之先型，亦现存此型之最古者，我国建筑史中之重要资料也。"（《中国营造学社汇刊》第七卷第二期，1945 年）林徽因、莫宗江被梁思成当作建筑比例尺摄入，此乃梁思成古建筑调查常用之法。清华大学建筑学院资料室提供。

29 拙文《五台山佛光寺发现记》引用本段采访记录时，误将"杉篙"写成"沙包"，幸得一位不知尊姓大名的网友指正，特此致谢。

30 佛光寺东大殿槽内明栿下皮有四处唐人题字，此处为"功德主故右军中尉王佛殿主上都送供女弟子宁公遇"。

31 此处经幢上刻"大中十一年十月廿日建造""女弟子佛殿主宁公遇"。

邵俊仪教授关于 20 世纪 50—60 年代川康建筑调查和研究的回忆[1]

受访者
简介

邵俊仪

男，1931 年生，浙江省鄞县（今宁波市鄞州区）人。1953 年毕业于同济大学建筑系房屋建筑专业，1957 年研究生毕业于南京工学院（今东南大学建筑学院，后文中"南工"所指皆同）建筑系，师从刘敦桢[2]先生，是该校历史上第一批四位研究生（均为刘先生弟子）之一。研究生毕业后，由国家统一分配来到设于重庆建筑工程学院（现重庆大学）"建筑工程部建筑科学研究院理论及历史研究室重庆分室"工作。1986 年调动至新组建的苏州城建环保学院（现苏州科技大学）建筑系，任教授、系主任。曾参与编撰《中国建筑技术史》《中国美术全集》等权威书籍中的相关篇章与条目，发表过《别具一格的四川藏族民居》《重庆吊脚楼建筑》等论文。

采访者： 龙灏
访谈时间： 2017 年 9 月 22 日、10 月 19 日及 2018 年 2 月 27 日
访谈地点： 江苏省苏州市邵俊仪先生住所
整理时间： 2018 年 2 月
审阅情况： 尚未经邵俊仪先生审阅。2018 年 3 月 1 日定稿
访谈背景： 重庆大学建筑城规学院在 2017 年 11 月举办了纪念"重庆大学建筑教育办学 80 周年"系列活动。采访者代表学院前往苏州邀请两位曾长期在学院工作的老校友邵俊仪、许家珍伉俪返校参加活动，同时对二老的早期求学与工作经历做了两次录像访谈，作为学院办学历史的一部分记录。2018 年 2 月 27 日采访者又与邵先生电话核实了一些情况。

2017 年 9 月 22 日采访结束后龙灏（左）与邵俊仪、许家珍夫妇合影

龙 灏 以下简称龙
邵俊仪 以下简称邵

关于南京工学院最早的研究生教育

龙 邵老师，您从同济大学毕业以后，是怎么到南京工学院读研究生的？

邵 1953 年我们四个人毕业以后，被送到哈尔滨学了一年俄语，本来要跟哈工大的苏联专家读研的。[3] 但中苏关系恶化以后，苏联专家回国不回来了，就又被分回到同济大学。一开始同济的意见就叫我们跟施工方向的苏联专家读研究生。施工是以土木系为基础来学的东西，跟我们学建筑的根本搭不到边，因此我们就去找了李国豪校长（按：当时李国豪应为同济大学教务长）。李国豪[4] 非常同情我们，他说："你们打报告，我一刻也不停就往高教部送。"后来高教部说你们安心学习，我们会研究解决这个问题的。就是这样，后来才安排到南工去。1955 年开始跟刘敦桢先生学习中国古代建筑史（按：时间应指具体跟随刘先生的学习、研究工作，不包括下文中所述"打基础"的学习时间）。

龙 当时学校的培养方式是怎样的？

邵 当时学校的培养方式主要还是以培养建筑史方向的基础，从打基础的这个角度出发的。美术课还要上，素描、水彩都要学。建筑史就是中建史、西建史，中建史由刘先生、潘谷西[5] 先生来讲；还要学中国美术史。那时候南京工学院开不出来这门课，就请南京大学的傅抱石[6] 先生给我们讲，就是那位大画家傅抱石先生（按：当时傅抱石先生应为南京师范学院美术系教授），来南工给我们四个研究生单独开课。

刘敦桢著《苏州古典园林》第一版封面　　　　　　　邵俊仪先生绘苏州"网师园水亭"手稿

龙　就是说，那个时候读建筑学的研究生还要做美术等基础训练？这是一个特殊的培养计划，还是南工的一个正常培养计划呢？

　邵　这个就不太清楚了，反正就是要我们打基础，但是高一档要求的基础。我读了三年多，将近四年，前面有一年左右的时间是在打这个基础。

龙　刘先生是如何带领学生开展研究和学习的？

　邵　他分几个方面。一个方面就是讲课，另外一方面呢，就是参加他们的一些研究工作。比如说他们搞苏州古典园林研究，经常叫我们出来，在苏州的古建、园林里面参观、调研，跟老师的研究团队一起了解情况。我们还要参加教学工作，就是古建测绘。因为我们是搞古建研究的，就要对本科生的古建测绘进行指导。这个工作中间，我们是作为先头部队去了解情况，到山东曲阜，住在一个老的大庙，很荒凉的宿舍里面，建筑的屋顶、山墙的三角形部分都是镂空的，跟外面通着，晚上有狐狸、野猫来来去去。"庭院深深深几许"，根本没人，这个庭院里面就只有我们四个年轻研究生住在那里。半夜里，野狐狸窜来窜去，女同学章明[7]吓坏了，她就跑到我们寝室这边来，我们让一间给她住。

龙　您是否还有那个时候的照片和文字、图纸等手稿留存？

　邵　没有了。

龙　刘敦桢先生的品格和治学，哪些方面对您产生了影响？

　邵　刘先生对我们的影响是潜移默化的。他的治学态度很严谨，他的文章，写了以后要放一放，要再思考，不断地修改，还要听其他人的意见。重要的文章，他自己写了、修改了以后，还要请下面的讲师、助教给他提意见。他搞《苏州古典园林》[8]这本书，研究室里面投入了很大的力量，画图的时候，风格问题、取景问题都要再三考虑，一幅图不晓得要画多少遍才能通过。我们从他那里就知道了学术的态度应该是怎样！他并不是为了要出一本书，赶紧一气呵成、推出了就算数，他精益求精。这一点我印象很深！而且他为人是实事求是，在后来的那些运动中从来不会说违背事实的话。

龙 你们几位跟着刘先生读研究生，自然就是历史、古建方向了。当时南工建筑系还有别的研究生吗？

邵 没有。以后的就不清楚了，反正我们在的时候就没有接着招生。

龙 你们四位在南工读的这个研究生也有点空前绝后的感觉，另三位后来都去了哪里呢？

邵 胡思永[9]最后去了香港，章明去了上海民用院工作，乐卫忠[10]做过上海园林设计院院长。

龙 这三位老师毕业以后好像就没有专门搞历史理论研究了，而您毕业以后做的工作，基本上就在做民居、历史建筑的研究和教学，而且一直是在研究机构、高校里面。可不可以这样说，真正继续了刘敦桢先生在古建、民居方面研究以及在后续教学上有传承的，基本上就是邵老师一人了？

邵 嗯，差不多吧。但乐卫忠在园林设计院还是接触园林建筑的，其他的应该没怎么做了。

关于原"建筑工程部建筑科学研究院理论及历史研究室重庆分室"与重建工历史理论教研室早期的部分工作

龙 邵老师，您说您是分配到"建筑工程部建筑科学研究院理论及历史研究室重庆分室"工作的。那就是说，理论上不是分配到重庆建筑工程学院的，是吧？

邵 是的，但是是在重庆建筑工程学院建筑系历史理论教研组上班。我不需要给学生上课，因为当时我大概算是一个专职研究人员，是为了组建或者充实重庆分室的研究力量而分配过来的，这个是前一个阶段。以后（按：主要是指"重庆分室"停办后）就参加了教学工作。

龙 您是什么时候到重庆报到的呢？那时候应该觉得重庆很偏远吧？

邵 我是1958年年初，一二月份到重庆报到的。在当年的管理体制下，如果不去报到，一辈子的后果都会很严重。许老师[11]有个同学，同样学建筑的，她就因为不愿意离开上海，最后一直到退休就只能在里弄做事，家里困难得不得了。就是因为不服从分配，任何单位不能录用！

龙 当时"重庆分室"的正式人员有哪些呢？

邵 不知道，也没有特别明确。为什么呢？大概实际上没有那么多的专业人员。我估计就是打统账的，就是不上课的时候，历史教研室有任务来了，大家就一起出去调研。

龙 那是否可以这么理解：当时重建工建筑系的历史理论教研室，就是这一拨人。这些人中间，像您当时分过来的身份是"重庆分室"的专职研究人员，另一些人可能是留校任教的老师，反正大家都在一起，也没有分得特别明确，有事情大家一起做，基本上是这样的吧？

邵 对。教研室包括有吕少怀[12]、辜其一[13]、叶启燊[14]、吕祖谦[15]、白佐民[16]等。吕祖谦搞西建史。后来尹培桐[17]进来了，他也搞西建史。

龙 "文革"前，您是作为专职的研究人员，没有参与教学，那时候重建工建筑学专业在历史理论方面的教学情况您知道吗？

邵 那个时候我就记得是辜其一和叶启燊在上相关的课。

龙 系主任叶仲玑[18]被运动冲击以后就不能上课了？

邵 他好像上一点设计课，但没有到历史组来上课，没有发挥他应有的作用。他翻译过一本《力的判断》，也因为运动冲击不能出版。叶仲玑为人很耿直。我跟他还有一些接触，因为1957年我还在南工的时候，他也正好在南工，是在杨廷宝先生的建筑设计研究所[19]里面工作，类似访问学者。

龙 您参与教学是从什么时候开始的呢？我记得我们重建工是比较早开设地域建筑设计，包括仿古建筑设计等这些跟历史有关的设计课的。

邵 是"文革"以后。那个时候我就带研究生的仿古建筑设计课，也上本科生的中国建筑史理论课。后来因为李先逵[20]研究生毕业了，考虑到他今后的发展，觉得我自己还可以去教其他专业课程，建筑史的课程就让他上了。说到上课，我觉得对教师来讲时间的掌握是蛮重要的。虽然说上课不是那么严格，但还是要遵守一定的教学秩序，一节课或者是这一阶段要讲到什么程度，教师心里应该有数，尤其是年轻教师、刚上课的教师，要认真对待。我就碰到过有些年轻教师，本来开一门新课的备课很重要，但他准备得比较少，以为可以讲两个小时的课，他一个小时不到就没了，后面还有十分钟、一刻钟甚至一节课怎么办？这个用四川话讲就是"幺不倒台"（按：意思是"下不了台"），就是因为他的准备不充分。所以作为年轻教师，开始的时候要多准备一些，准备得成熟一些、多一些，就不会出现课堂上的这个尴尬局面了。

龙 是的，谢谢邵老师对后学们的忠告。确实，后来我们年级的中国建筑史就是李先逵老师上的，他是哪位老师的研究生呢？

邵 是叶启燊的。

龙 在中国的民居建筑研究这一块，当年您分到这个"重庆分室"以后参与川西藏族民居、成渝路沿线民居的调查工作，现在回过头来看，这个工作当年应该算是从来没有人做过、非常有开创性的吧？

邵 是的。但我们做的只是在西藏的边上，还是属于四川省的范围，也没进入西藏。

龙 嗯，应该叫康藏地区吧？这个工作的开创性，真是很值得尊敬的。那个时候除了您以外，藏族民居、成渝路沿线民居的调查工作，都有哪些老师参加了呢？

邵 主要参加的有叶启燊、我、白佐民。成渝路沿线的民居调查，叶启燊和我去得比较多。民用组的余卓群[21]也参加过。

龙 没有学生参与？

邵 没有学生。

龙 这些调查你们是什么时间去呢？寒暑假吗？

邵 不，就是正常的工作时间，不是寒暑假。

龙 那就是专门做研究了。

　邵 是的。

龙 当年建筑历史理论研究室重庆分室的研究工作，项目的来源是什么？

　邵 我的理解，来源主要有两个渠道：一个是建筑科学研究院理论及历史研究室有两个分室，一个是南京的、是主要的；[22] 其次就是我们重庆分室。作为分室，来自总室的任务就是我们的主要工作内容。还有一个就是大概在1958年的时候，由北京建筑科学研究院理论及历史研究室牵头抓建筑史的研究工作，需要大家协作、不能各自为政。什么时候、怎么牵头我就不清楚了。大家认为，最重要的就是从民居着手，因为民居是一切建筑的发源。当时的主要研究力量，就是"老八校"[23] 的各个中国建筑史教研组的力量。具体分工、题目并没有明确，我们重庆分室和建筑历史教研组的任务就是负责四川这一块的民居调研，但是并没有提出什么具体题目，就是各地区负责本地区及附近的民居建筑调查。我们分室的工作就是以四川民居为主要对象，比如成渝路沿线的建筑、四川西部的藏族民居，还包括成都附近的羌族民居等，负责人是辜其一。具体情况领导当时也不跟我们说的。但作为分室，它工作的情况到一定的时候需要跟总室汇报。

龙 那就是以北京的建科院理论及历史研究总室来牵头，然后"老八校"[23] 按地域来分片，大家都是以民居为方向做调查研究？

　邵 是的，研究方向是明确的。

龙 我想，这样的调查、研究工作不可能一次就做完的。你们去过几次现场，有怎样的一个过程呢？一般一次大约会在现场待多少时间？最长的一次是去哪里、待了多久您有印象吗？

　邵 从研究室安排工作的角度讲，地点有去甘孜的，有去阿坝的，有去理塘、巴塘的，我跟叶启燊参加阿坝地区的，白佐民跟辜其一或是其他人参加甘孜地区的，去的次数蛮多的。我到阿坝地区至少有三次，最长的可能有两个月左右。现在回想起来，那个时候真是蛮辛苦的，当时我们信息掌握比较差，不太了解情况，其实西藏叛乱以后，到阿坝、甘孜地区去非常危险。进去的一般公共交通是没有的，只能坐粮食局、森林工业局运输、运送粮食的大卡车进去，那里面的粮食要从四川地区运进去。我们是凭高校的介绍信才能去，一般不让进去。当时在路上经常有被打散了的小股叛匪袭扰，看到汉族人，尤其是干部，是要杀的呀！我们不知道，要是知道的话，我们大概就不会去了！我们在路上曾经遭遇过一次打枪了！有拿自动步枪的士兵坐在汽车驾驶室里面，副驾驶座的顶上有个圆的窗可以开的，搁上枪就可以打。我们没枪就坐在后面，因为是运送粮食的车，我们就把装粮食的口袋往旁边码成一个堡垒，人就坐到当中躲起来。我们到了当地还去拜会了当地的驻军领导，需要得到他们的保护嘛。而且因为有不安全的因素，我们到的蛮多的地方都是住在县政府的范围里边，不能住在其他地方。县政府有夯土墙围起来，办公都在里面，有武装守卫。袭击一般发生在晚上，叛匪是小股的、力量比较小，但是他们骑马、很快，晚上袭击得比较多。

龙 搭车需要经过什么部门允许吗？

　邵 也不需要什么特殊部门允许，那个时候都有学校开的介绍信。管理车队、运输部门的负责人一看是大学里来的就很尊重。

龙 然后就能够给你们安排一个车，让你们搭车到阿坝地区去了？

  邵 对。

龙 工作的时候你们去那些村寨或者民居做调研的时候，还会有人保护你们吗？

  邵 没有。就是在去甘孜、阿坝的路上有。

龙 后来成渝路沿线的民居调查，工作条件是不是稍微好一点？

  邵 稍微好一些，安全性高一些，但也蛮辛苦的。乡下住的地方，现在的人不敢想象的。被子是发硬的、黑乎乎的，下面都是稻草。

龙 你们在去做调研之前、出发前会做怎样的准备工作呢？

  邵 主要是确定线路。根据详细的地图，我们主要考虑走哪些线路比较能够获得资料。线路决定了以后就从重庆乘车到成都，再由成都出发，爬二郎山进到甘孜、阿坝地区。那个工作是非常非常辛苦的，供应也不好，要爬山，要晕车，还很危险。

龙 有个细节想问一下您，你们出去调研，长的时候要去一两个月，那调研工作需要用到的纸墨笔砚、照相胶卷等这一类的东西显然不可能像现在这样随时随地可以买到。当时是要全部要提前准备好，一路带着吗？那时的相机是"120"还是"135"的？

  邵 对，当时拍照拍得不太多，胶卷不可能带太多，都是黑白的，"135"的比较多。当时用的都是自来水笔是肯定的，墨水是不是要带着就记不清了。那个时候准备工作还是比较简单的，就是指南针、钢卷尺、胶卷、相机、记录本等，这些是要准备的。

龙 胶卷就只有回重庆再去冲印了吧？

  邵 只能回重庆冲印。而且胶卷不像现在数码相机，室内光线暗了可以调感光度，胶卷的感光度有限，太暗了还不行。

龙 而且现场照得好不好也不知道，回来以后洗出来不行也没办法了！想想那个时候资料的收集还真是挺艰难的。老师们有当年在调研现场的合影吗？

  邵 没有。大家公私分得很清。那个时候照相机、胶卷是比较稀罕的，胶卷是为工作准备的，拍一张取景都要横选、竖选，选很久，不能拍私人照片！

龙 我看到这些当年的调研成果，里面有各种房子，有地主、富农的比较好的房子，有比较大的寺院，也有一些贫农的民居。这些调研的具体对象，你们当时是怎么选取的？是现场看到什么画什么，还是之前通过什么手段先有一个预定目标的选取吗？

  邵 没有预定目标。我们只是决定了线路以后，按照计划一个点、一个点地往下走。到了目的地，可能是一个村庄，我们就先走一走，看一看，选取比较典型的或者好一点的建筑或建筑群进去看。觉得有价值的我们就测绘，价值不够大的，我们也选取了一些拍照。

龙 当时的现场调研，对建筑的主要记录手段是什么？您刚刚提到测绘，也提到照相，测绘就是会去量尺寸，画图记录，然后拍照？

邵　对。我们主要的工作就是收集民居的资料。资料分两个大类，一类就是测绘图、原始测绘，一类就是照相。照相跟测绘相互补充，测绘为主，因为测绘有具体的细节、尺寸记录。还有一个就是访问、对居民进行提问，发现一个建筑方面的问题就去问为什么是这样的？举个例子，他在二楼的一个厅里面开一个门，可这个门直接开在外墙上，那个地方很危险，为什么在这里开一个门啊？问题就提出来了。答案是：在一个农业社会，农作物收下来、谷子打了以后要晾晒、要吹，要把果实跟外壳分离，他那个开门的方向就是收获的季节里通风最好的一面，打开这个门就可以组织穿堂风，把粮食弄干净。

龙　它就不是给人出入的门，是通风的门！

邵　对，通风的门。它是用来吹干粮食的，像我们汉族的农村里面不是有个木头的、可以手摇的风扇吗？藏族地区是利用这种穿堂风来筛选青稞。像这些问题，就是边看、边测绘、边记录，完了还有提问，问当时、当地的居民对于这些建筑有些什么看法。

龙　当地居民的提问，除了围绕你们对于建筑本身的一些观察和疑问以外，还会不会去了解居民的生活状态、家庭情况、平时怎么用这个房子等这些问题呢？

邵　对，也会问。比如说他们冬天的取暖问题怎么处理？有些地区的民居建筑是平屋顶，但冬天很冷、下雪很厚，雪的重量怎么处理？它建筑上面都有一些处理的手法的，比如屋顶周边的女儿墙上就会有一个很大的口子，雪多了以后就可以从这个口子直接把雪给推出去。

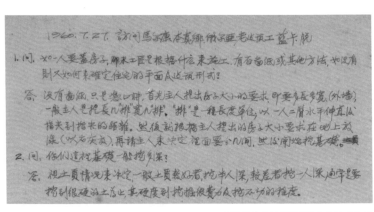

邵俊仪先生提问调研记录手稿（局部）

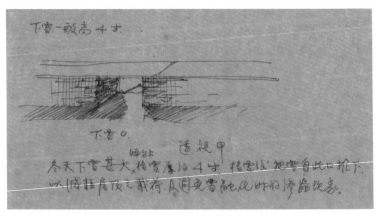

邵俊仪先生调研手稿（局部）——藏族民居女儿墙预留扫雪口

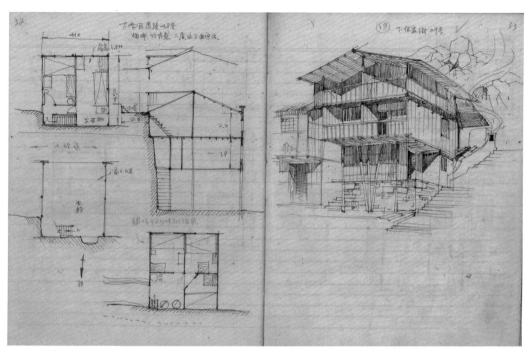

邵俊仪先生调研笔记本上的手稿（成渝路沿线民居）

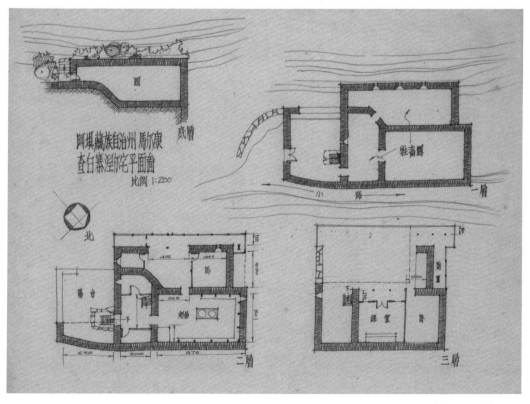

整理后的调研成果图纸

龙 是的,我看到您的调研图纸上有一些很细节的记录,比如画了一根杆子并且记录说是阻挡什么东西的,说明当时调研还是蛮细的。现场草图的整理工作是在调研期间直接进行还是回重庆以后再进行的呢?

邵 回去整理,也有一些是当场画的。现场大多是画在、记在笔记本或者草图纸上的,回去以后再整理成图纸。

龙 我猜当时甘孜、阿坝地区应该没有电灯吧?晚上天黑了恐怕也就没办法干活了吧?

邵 没有电灯,干不了什么活。

龙 这种到现场的调研,最后是什么时间结束的呢?

邵 我印象大概是在 1962、1963 年吧。

龙 您还记得当年"重庆分室"做过的川西康藏地区、成渝路沿线的民居、住宅调研有哪些成果发表吗?

邵 五六十年代没有正式发表的,只有关于成渝路沿线的民居研究论文在全国性的会议上宣读过。[24]会议论文前面是文字,后面有蓝图,用钉书钉钉上的单行本,主要内容是山地住宅建筑的特点,当时还是蛮有影响的。我参加了会议。

龙 是什么时候的会啊?

邵 1958 年,召开了中国民居调查第一次会议。全国的古建研究机构跟八大院校,以"老八校"中建史教研室的力量为主召开了这个会。这个会议上我们分室就提交了由叶启燊先生主笔的成渝路沿线民居调查报告,初步总结了山地建筑的特征,什么"拖、坡、梭""台、挑、吊"啊,就是根据民居这种朴素地对山地地形的利用方式、建造民居的这些方法对山地建筑设计手法的归纳与总结。

叶启燊著《四川藏族住宅》第一版封面

《四川成渝路上的民间住宅初步调查报告》
油印单行本封面

龙　原来这些手法其实早在 1958 年就有总结了！我印象中唐璞[25] 先生关于山地住宅建筑的书或者文章中总结有"山地建筑八法"什么的，后来李先逵老师的文章里也有一些，但其实重建工当年做了民居调查以后就已经有一些总结了，是吧？

　　邵　是的，这一点是肯定的。因为当时我参加了这个工作，参加了讨论，发表的论文后面的插图都是我画的。那个时候，就是通过这个全国的住宅建筑研究的会议来研究建筑史，里边有很多适应不同地区、不同气候的建筑，有北京四合院，有窑洞，全国各个地区的建筑是蛮多的。我们研究室出去交流的就是西南地区的。

龙　其他还有什么成果吗？

　　邵　叶启燊老师出版的《四川藏族住宅》就算是后来的一个成果。[26] 另外，辜其一发表过关于"崖墓"等结构的研究，[27] 我也发表过对重庆吊脚楼民居、四川藏族民居的研究文章，还参与过《中国建筑技术史》等书的篇章与条目编写。

龙　"重庆分室"是什么时候正式解散或停办的呢？具体情况您知道吗？

　　邵　因为我没有参与这个事情，所以不清楚具体的情况，好像也没有什么正式的文件说解散或不办了。辜其一当时大概也不太想管了，"文革"开始时他就去世了。

龙　也就是说"重庆分室"在"文革"开始时就不了了之了，是吧？

　　邵　是的。"文革"中间对研究室的一个诟病就是搞研究室费了好多钱，花了好多钱去搞苏州古典园林研究。其实，后来那本《苏州古典园林》在国外的影响很大。刚改革开放的时候，有外国人到中国来，就要拿一台好的相机换那本书（按：《苏州古典园林》一书是刘敦桢先生出版的专著，此节"研究室"应该主要指南京分室或北京总室）。

龙　我们以前真的是对自己历史的研究太不重视了。其实在 50 年代，甚至从更早的时候如营造学社时代开始，已经有这么好的基础，有这么一批人、很厉害的学者有意识在做了，但是后来各种折腾，浪费了好多时间与成果，太可惜了！您今天来看，觉得当年工作的意义主要在哪些方面呢？

　　邵　我觉得它对于四川地区民居的保存的意义是很大的。因为现在随着形势的发展这些民居都已经找不到了，或者很少了。那么有这些资料就是很珍贵的，对于研究整个四川地区建筑发展的脉络，很有意义。比如说我们调查的成渝路沿线、重庆建筑那些吊脚楼建筑，现在已经逐步被淘汰了，在重庆几乎是看不到了。但是它在很长的一个历史阶段里，用很简单、很经济的方式解决了大量的中下层人口的居住问题，是很有价值的。

龙　是的，这就是为什么我觉得当年的调研成果特别珍贵，其实就在这一点。改革开放以后，我们的建设当然是有很大成就，但是这些传统的、老的建筑可以说是毁灭殆尽了。现在就只有从这些图上，也许有些照片上还能看到一点了。

对历史理论研究方向后辈们的寄语

龙 难得有机会跟您聊了这么多往事！借此机会，您有什么话对从事建筑历史研究的后辈们说的吗？

邵 我想，搞建筑历史理论研究工作，有一个重要的内容就是调研——了解过去，了解现在，在这个基础上再进行分析、研究你的工作对象。这当中，有些东西是需要注意的，特别就是要能够吃苦，能够沉下心来，对你所研究的对象进行深入的调研跟了解，之后再提出自己的构想、分析和归纳。希望你们这个工作做出更大的成绩！

龙 我们一定努力！谢谢您！

致谢：感谢邵俊仪、许家珍老师接受采访并提供珍贵的一手资料；感谢重庆大学建筑城规学院历史理论研究所郭璇教授提供第一次采访邵先生的采访提纲；感谢东南大学建筑系单踊教授提供的资料与写作中与我的深入探讨；感谢重庆大学建筑城规学院建筑系卢峰教授和校友陶石先生提供的相关资料。

1 本访谈是关于南京工学院最早的研究生教育和原"建筑工程部建筑科学研究院理论及历史研究室重庆分室"与重建工历史理论教研室早期部分工作的回忆。

2 刘敦桢（1897—1968），字士能，湖南新宁人。1913年留学日本，1921年毕业于东京高等工业学校（今东京工业大学）建筑科。1922年回国后与友人共创我国第一个由华人自行经营的华海建筑师事务所。1923年任教于江苏公立苏州工业专门学校建筑科，其间曾于1925年夏赴长沙在湖南大学土木系任教一年。1927年苏州工专与东南大学等合并成为第四中山大学，次年改名中央大学，刘福泰、刘敦桢等在该校共同创建了中国第一所大学本科建筑系科。1930年刘敦桢应邀参加中国营造学社，1932年赴北平任该社文献部主任，与法式部主任梁思成共同负责中国古代建筑的研究工作，开展大量实物调查与文献研究，并在《中国营造学社汇刊》上发表了一大批论著。1943年返中央大学建筑系任教，此后20余年中曾二度任系主任，1945—1947年曾任工学院院长。1953年创办中国建筑研究室，开拓研究中国民居、苏州园林及南方古建筑，著有《中国住宅概说》《中国古代建筑史》《苏州古典园林》等专著，其中后两者分别获建设部优秀教材特等奖及全国科学大会奖。有《刘敦桢文集》（四卷）、《刘敦桢全集》（十卷）出版。刘敦桢1955年当选为中国科学院技术科学部委员；1964年当选为第三届全国人民代表大会代表。（东南大学成立70周年纪念专辑，北京：中国建筑工业出版社，1997年；东南大学建筑学院学科发展史料汇编1927—2017，北京：中国建筑工业出版社，2017年）

3 当时，国家规定只有中国科学院学部委员和苏联专家才有资格带研究生，没有学位制度，不授学位。

4 李国豪（1913—2005），广东梅州人，桥梁工程与力学专家、教育家、社会活动家。1936年毕业于同济大学土木系，1938年至1945年在德国达姆斯塔特工业大学专攻桥梁工程和结构力学，1940年和1942年先后获工学博士和特许教博士学位。1946年回国后，李国豪任上海市工务局工程师，同时担任同济大学教授。1952年院系调整后，被任命为同济大学教务长，1955年被选聘为首批中国科学院学部委员，1977年至1984年任同济大学校长，1994年当选为中国工程院首批院士。他专攻的桥梁工程学科达到中国领先水平并在国际上具有显著影响，是世界十大著名结构工程专家之一。发表论文有《悬索桥按二阶理论实用计算方法》（被誉为"悬索桥李"）、《钢构分析的几何方法》《桁架和类似体系的结构分析新方法》《桁梁桥侧倾稳定分析》《曲线梁桥荷载横向分布理论分析》《结构工程的发展》等，著作有《钢结构设计》《钢桥设计》《桁梁扭转理论——桁梁桥的扭转、稳定和振动》《公路桥梁荷载横向分布计算》《工程结构抗震动力学》《桥梁结构稳定与振动》《箱梁桁梁桥的分析》《工程结构抗爆动力学》等。（https://baike.baidu.com/item/李国豪/26863）

5　潘谷西，1928年生，上海南汇人。1947—1951年就读于中央大学（1950年改称南京大学）建筑系。毕业后留系执教，历任助教、讲师、副教授，1983年起任教授，1987年被国家学位委员会评为博士生导师。此外曾任系副主任、系学术委员会主任等职。曾讲授设计初步、建筑设计、毕业设计、中国建筑史、中国园林史、宋营造法式、清工程做法等课程。从50年代起从事中国建筑史、古建筑及古典园林的研究，共发表论著30余篇（本）。参加刘敦桢教授主持的苏州古典园林研究；主编了《中国建筑史》教学参考书，曾两次获得国家建设部优秀教材奖；所著《曲阜孔庙建筑》一书曾获全国优秀科技图书一等奖及国家教委科技进步二等奖；所著《中国美术全集·园林建筑》卷获建设部优秀建筑科技图书一等奖。出版了百万字的《元明时期建筑》一书。多年来主持规划设计的古典建筑与风景园林共30余项，其中有南京夫子庙、朝天宫、合肥包拯墓园、琅琊山碧霞宫、连云港三元宫、屏竹禅院、镇江北固山多景楼、焦山塔、滁州琅琊山风景名胜区规划等。（参见东南大学成立70周年纪念专辑，北京：中国建筑工业出版社，1997年）

6　傅抱石（1904—1965），原名长生、瑞麟，号抱石斋主人。生于江西南昌，祖籍江西新余。少年家贫，11岁在瓷器店学徒，自学书法、篆刻和绘画。1925年著《国画源流概述》，1926年毕业于省立第一师范艺术科，并留校任教。1929年著《中国绘画变迁史纲》，1933年在徐悲鸿帮助下赴日本留学。1934年在东京举办个人画展。1935年回国，在中央大学艺术系任教。抗日战争期间定居重庆，继续在中央大学任教。1949年后，1952年任南京师范学院美术系教授；1957年任江苏省中国画院院长。曾任中国美术家协会副主席、美协江苏分会主席、江苏省书法印章研究会副会长、中国美术家协会副主席、美协江苏分会主席、江苏省书法印章研究会副会长。并当选为第三届全国人民代表大会代表、第二届政协全国委员会委员。（https://baike.baidu.com/item/傅抱石/330087）

7　章明，女，1931年生，国家一级注册建筑师，享受国家特殊贡献津贴。1953年毕业于同济大学建筑系，1957年研究生毕业于南京工学院建筑系，师从刘敦桢先生。曾任上海建筑设计研究院总建筑师，上海现代建筑设计（集团）有限公司顾问总建筑师。2000年3月创办上海章明建筑设计事务所，是上海首批私人建筑设计事务所。主要设计作品有虹桥开发区规划与各工程建筑设计、康健新春、上海大剧院、安亭小学、浙江省玉环法院以及外滩12号、上海市百一店、外滩中国银行大楼、江西中路200号交通银行大楼、九江路邮政银行大楼、大光明电影院、上海音乐厅、怀恩堂、沐恩堂和摩西会堂旧址、马勒别墅、湖南别墅等一系列历史建筑的保护或改造工程等。（http://www.shobserver.com/news/detail?id=61271，http://blog.sina.com.cn/s/blog_652847de0102vmdo.html）

8　刘敦桢《苏州古典园林》，北京：中国建筑工业出版社，1979年。

9　胡思永，已故。1953年毕业于同济大学建筑系，1957年研究生毕业于南京工学院建筑系，长期在南京工学院（今东南大学）建筑研究所工作，后定居香港。（http://blog.sina.com.cn/s/blog_652847de0102vmdo.html）

10　乐卫忠，1933年生，上海人，1953年毕业于同济大学建筑系，1957年研究生毕业于南京工学院建筑系，国家一级注册建筑师，同济大学兼职教授，中国风景园林学会资深会员，上海风景园林学会高级会员，享受国务院政府特殊津贴，从事建筑与园林的规划、设计、研究、教学工作50年。历任上海市园林设计院院长、上海市园林管理局副总工程师，中国园林设计协会副理事长，中国风景园林学会理事，上海市勘测设计协会理事，上海市园林科学技术委员会常务副主任，上海基本建设优化研究会常务理事，中国建筑师学会正会员，上海城市建设学院兼职教授，上海园林建设咨询服务公司总工程师等。曾获得国际设计奖2项，国家级设计、科技进步奖3项，部级设计，科技进步奖6项，上海市级设计奖6项，一级学会系统优秀论文2项。有《仿古园林与建筑设计探讨》《美国国家公园巡礼》等论文与专著。（https://baike.baidu.com/item/乐卫忠/5406667）

11　许家珍，女，1935年生，上海人，1957年毕业于同济大学建筑系，分配到重庆建筑工程学院建筑系任教，1986年调动至苏州城建环保学院（现苏州科技大学）任教。邵俊仪先生的夫人。（http://blog.sina.com.cn/s/blog_652847de0102vmdo.html）

12　吕少怀（1903—?），曾用名"吕仙孙"，重庆巴县人，九三学社社员，1936年3月毕业于日本东京高等工业学校（今东京工业大学）建筑科。1930年3月至1932年1月曾任重庆大学建校工程主任，1939年8月至1940年12月任云南中山大学工学院教授，1950年8月至1952年8月任西南工业专科学校教授。1952年院系调整后，任重庆建筑工程学院建筑系建筑历史教研室教授。（重庆大学档案馆）

13　辜其一（1909—1966），四川荣县人，1927年8月至1932年7月就读于国立中央大学建筑科，1931年跟随刘敦桢赴曲阜、北平参观古建筑，1948年任四川省立艺术专科学校建筑科教授，1952年进入四川大学土木系任教，1955年调重庆建筑工程学院建筑系任教授。1958年辜其一负责领导组织了"中国建筑史"中"四川建筑"方面古代和近代史的编写工作。1959年11月成立"重庆分室"，辜其一是负责人。1959年起，辜其一任重庆建筑工程学院建筑系系主任。1960年后，辜其一经常与刘敦桢等在北京工作，参与中国建筑史教材的编写以及中国城市史资料的整理。

曾参与编撰《四川建筑史初稿》《中国古代建筑师初稿》，自编《中国建筑史讲义》《房屋构造学讲义》，发表过《麦积山石窟宋初窟檐纪略》《敦煌石窟宋初窟檐及北魏洞内斗述略》《四川唐代摩崖中反映的建筑形式》《四川成渝路祠庙会馆建筑调查》《重庆民居》《四川乐山、彭山、内江东汉崖墓建筑探讨》《东汉石阙类型及其演变》等论文。（参见杨宇振等，辜其一初步研究 [J]，《建筑师》，2017 年第 5 期）

14　叶启燊（1914—2006），1941 年毕业于重庆大学建筑系，1952 年全国院系调整后到重庆建筑工程学院建筑系任教。1954 年组建建筑历史教研室并一直任教研室主任到 1983 年，历任副系主任、副教授、教授，曾兼任建筑历史及理论研究室重庆分室副主任。1954 年发起成立重庆市建筑学会，任第一、二届理事和第一届副理事长，先后兼任中国建筑学会建筑历史学术委员会委员，中国科协建筑科学技术史学会会员，中国文物学会传统建筑园林研究会会员，中国建筑师协会会员，中国圆明园学会会员等。编著有《成渝路沿线居民调查报告》《重庆建筑十年》《四川古代建筑简史》《〈四川近代建筑史〉纲要》、《中国古代建筑技术史》第六章砖结构技术部分以及《四川藏族住宅》。（参见郭璇，"民间的意义"，《新建筑》，2013 年第 3 期；冯百权，"李先逵学术思想研究"，重庆大学建筑城规学院硕士论文，2012 年）

15　吕祖谦，已去世。原重庆建筑工程学院建筑系建筑历史教研室教师。其余信息待查。

16　白佐民，1935 年生，黑龙江哈尔滨人，锡伯族。1953 年考入东北工学院建筑系就读，1957 年毕业于西安冶金建筑学院，分配到重庆建筑工程学院建筑系任教，曾任建筑系副主任、主任。1988 年由学院派往海南省主持设计工作，1995 年成立白佐民建筑师事务所。1962 在辜其一指导下曾担任"中外城建史讲义"的编写工作，发表过《视觉分析在建筑创作中的应用》《合理利用山地坡地建设住宅》等论文。（参见杨宇振等，辜其一初步研究 [J]，《建筑师》，2017 年第 5 期）

17　尹培桐（1935—2012），河北赵县人。1951 年入读张家口建筑工程学校，1954 年保送到重庆建筑工程学院学习，1959 年毕业后留校任教。1966 年自学日语并自发开展翻译工作，1976 年接手"外国建筑史"的教学与研究任务。70 年代末起，与日本建筑界交流频繁，对日本建筑进行了系统介绍和研究工作。参与编写《中国古代建筑技术史》中《砖结构技术的发展》《石灰的产生及其胶泥的制作技术》两章的资料整理与部分执笔的工作，译有《中国建筑史年表》《外部空间设计》《街道的美学》《存在·空间·建筑（一）到（四）》《人类与建筑——设计备忘录》《建筑论——日本的空间》等，发表过《日本的地下街》《东京札记（上）、（下）》《黑川纪章与"新陈代谢"论》《日本新一代建筑师》《筑波中心乱弹》《建筑系学生中的"安藤热"》《日本古建筑的保护、利用和更新》《格式塔心理学在建筑创作中的应用》等论文。设计项目有重庆白市驿机场航站楼（1976）、成都峨眉制片厂综合技术楼（1986）、万县市（现重庆市万州区）商业大厦及重庆南坪商业中心等。（https://wenku.baidu.com/view/d3e46e00f78a6529647d532f.html；彭文峥，尹培桐学术贡献研究 [D]，重庆大学建筑城规学院硕士论文，2015 年）

18　叶仲玑（1915—1977），安徽黟县人。1938 年 11 月考取国立中央大学建筑系，1942 年毕业后留校任教，并先后在内政部营建司和中国营造学社刘敦桢、杨廷宝先生领导下从事中国建筑研究工作。1946 年在重庆大学建筑系任教，1947 年秋得到重庆大学公费资助留学美国，1949 年获堪萨斯州立大学建筑学院硕士学位，研究生毕业后曾在美国几家建筑师事务所实习工作，1950 年回国时叶先生本有条件留北京工作，也有同学建议他留北京，他为了回报重庆大学，仍毅然决定回到地处祖国西南的重庆大学，任重庆大学副教授、建筑系系主任。1952 年全国高校院系调整后到重庆土木建筑学院（后更名为重庆建筑工程学院）任教，1953 年 12 月重庆建筑工程学院成立建筑系，任首任系主任。1953 年当选中国建筑学会第一届理事，兼任重庆市土木建筑学会副理事长，民盟重庆市委委员，重庆市政协第二届委员。编写了《中国建筑营造法》《中国古建筑调研铅笔画册》等教材及参考资料，著有《建筑标准制式图集》，译著有《建筑结构设计》《建筑的美学与技术》《热带建筑》等。在《建筑学报》上发表《重庆几个大型民用建筑创作的分析》《扩大争鸣的队伍》等论文。1946 年主持设计建成了重庆大学图书馆，1954 年主持设计建成了重庆建筑工程学院实验大楼，1955 年主持的武汉长江大桥桥头堡建筑方案设计，1956 年主持建成了重庆和平电影院。（参见梁鼎森，一个建筑师的足迹与丰碑 [J]，《重庆建筑》，2016 年第 10 期）

19　此处"建筑设计研究所"应为 1955 年建工部建筑科学研究院与南京工学院合办的"公共建筑研究室"，杨廷宝任主任。该室于 1964 年与"中国建筑研究室"同时撤销。后来的南京工学院建筑研究所成立于 1979 年，杨廷宝任所长，与前二室有一定延续性。

20　李先逵，1944 年生，四川达县人（今四川省达州市）。1962—1966 年本科就读于重庆建筑工程学院建筑系，1979—1982 年就读重庆建筑工程学院建筑历史与理论专业硕士研究生，1982 年毕业获工学硕士学位并留校任教，历任讲师、副教授、教授、博士生导师。1984—1986 年公派旅欧留学进修并考察建筑及艺术。曾任重庆建筑工程学院建筑系副系主任、校研究生部主任、图书馆馆长、副校长、建设部人事教育劳动司副司长、科技司司长。并兼任建设部全国注册建筑师管理委员会副主任，中国建筑学会常务理事，中国建筑历史专业委员会学术委员，中国民居学术委员会副主任委员，中国传统建筑园林研究会理事，全国高校建筑学科指导委员会委员，中国建设教育协会副理事长。发表论著有《贵州的干栏式苗居》《中国园林阴阳观》《中国古代都城规划中的数理哲学与美学特征》《中国民居的院落精神》《中国文化语境下的诗境规划思想及其方法实践》《风水观念更新与山水城市创造》《中国山水城市的风水意蕴》《川西林盘园林艺术探析》等，编辑出版《意匠集——中国建筑家诗词选》并发表诗词数十篇。建成工业民用建筑工程项目数十项，培养硕士、博士十余名。《四川大足石刻保护研究》获四川省科技进步二等奖，"建筑学体系化改革"成果获国家级高校优秀教学成果奖。（参见冯百权，李先逵学术思想研究 [D]，重庆大学建筑城规学院硕士论文，2012）

21　余卓群，1926 年生，河南信阳人。1951 年毕业于重庆大学建筑系，分配至泸州川南工业专科学校任教，1952 年院系调整后至重庆建筑工程学院建筑系任教，历任讲师、副教授、教授，国家一级注册建筑师。曾先后在凉山大学、哈建大、北交大、西南交大兼任教授、客座教授。曾任重庆市人大代表、重庆市建筑师学会理事长、全国高等学校建筑学专业教育评估委员。余先生是国家教育系统劳动模范、中国建筑学会中国建筑教育奖特别奖以及政府特殊津贴获得者。著有《建筑视觉造型》《建筑设计理论》《现代博览建筑》《博览建筑设计手册》《信阳长台关余氏宗谱》《中国建筑创作概论》《建筑地理环境》《中国建筑文化纪元》《建筑理论与评论》《建筑视觉美学》等。发表有《山城重庆的临街住宅》《建筑空间环境的开拓》《城市文脉与建筑创作》《中国建筑阴阳思维》《民居隐形"六缘"探析》《论中国建筑环境观》《风水的科学释义》《中国建筑文化的深层理念》《建筑环境探讨》《论建筑文化品位》《建筑地理环境——＜建筑理论与评论＞（纲要）》《论和谐住居环境的构建》《四川藏羌传统住宅述略》等论文。参加工程项目建成的有庐定长征文物纪念馆、川陕革命根据地博物馆、刘伯坚革命烈士纪念碑、杨尚昆陵园等。（https://baike.baidu.com/item/ 余卓群 /15591359；杨宇振等，辜其一初步研究 [J]，《建筑师》，2017 年第 5 期）

22　关于由刘敦桢领导的中国建筑研究室的历史，可参见东南大学建筑历史与理论研究所编《中国建筑研究室口述史（1953—1965）》，南京：东南大学出版社，2013 年。

23　老八校是业内乃至学界对较早开设建筑学、城市规划相关专业，且在行业内拥有重大影响力的八所高校的概称，包括清华大学、东南大学、同济大学、天津大学、华南理工大学、重庆建筑大学（已并入重庆大学）、哈尔滨建筑大学（已并入哈尔滨工业大学）和西安建筑科技大学。

24　邵先生应该是指《四川成渝路上的民间住宅初步调查报告》，署名叶启桑，封面注明时间为 1958 年 9 月。

25　唐璞（1908—2005），山东益都（今青州）人，满族。1930 年进入东北大学建筑系，1931 年转入南京中央大学，1934 年毕业于中央大学建筑系。曾任四川泸州第二十三兵工厂建筑课课长，1941 年创办泸州天工事务所。1950 年在国营西南建筑公司设计院任建筑师，1952 在重庆建筑工程学院建筑系任教。1954 年调至西南工业建筑设计院副总建筑师，1959 年任四川省建筑学会副理事长。1977 年调入重庆建筑工程学院建筑系，1979 年任教授、系主任，1980 年任重庆建筑工程学院建筑设计研究所所长兼总工程师。发表过《普通医院设计》《西南住宅定型设计的新方案》《住宅建筑新体系的初探——工业化蜂窝元件的组合体》《功能·结构·造型——山城住宅建筑规划问题》《现代工业建筑创作发展趋势浅述》《建筑创作构思源（摘要）》等论文，译有《房屋声学》（刊载于《中国建筑》杂志）。主要作品有南京中山陵扩建方案、重庆建筑工程学院第一教学楼、行政办公楼、西南师范学院校舍工程设计、重庆人民大礼堂、成都火车站方案设计等。（参见杨宇振等，辜其一初步研究 [J]，《建筑师》，2017 年第 5 期；吴茵等，从唐璞的建筑实践探寻中国近代建筑师的设计理念 [J]，《西部人居环境学刊》，2013 年第 5 期）

26　叶启桑，《四川藏族住宅》，成都：四川民族出版社，1992 年。

27　辜其一，《四川唐代摩崖中反映的建筑形式》，《文物》，1961 年第 11 期。

汉宝德先生谈《明清建筑二论》

受访者简介

汉宝德（1934—2014）

男，1934 年 8 月 19 日生于山东日照市，2014 年 11 月 20 日逝于台湾。1949 年随父母迁台。1958 年毕业于成功大学建筑系，1966 年和 1967 年先后获得美国哈佛大学和普林斯顿大学建筑学和艺术硕士学位。1967 年回台湾后担任了东海大学建筑系主任，他同时翻译西方学术著作，出版杂志，开办事务所，为报纸开建筑评论专栏，开展古迹调查与保护工作，又先后担任了中兴大学工学院院长、自然科学博物馆筹备处主任及首任馆长、台南艺术学院（现台南艺术大学）筹备处主任及创校校长兼博物馆学研究所所长、文化艺术基金会董事长、台湾世界宗教博物馆馆长。著作等身、桃李满门，影响遍及台湾建筑教育、建筑设计、历史研究、古迹保护、建筑评论、美术教育与文化普及诸多领域。

采访者： 赖德霖

访谈时间： 2014 年 1 月 15 日（周三）15:30—16:40，19 日（周日）10:00—11:00

访谈地点： 台北鸿禧大厦大厅会客厅，与罗圣庄（羅聖莊）先生在鸿禧大厦汉先生家中

整理时间： 2014 年 11 月 26 日整理并注释，2018 年 3 月 2 日增补

访谈背景： 2014 年 11 月 21 日一早我刚打开电子邮件信箱，就看到一封罗圣庄教授转来的短信："汉宝德教授于台北时间 11 月 20 日夜去世。"短信是曾经担任过台湾《建筑师》杂志主编的黄健敏先生所发。很快，我又收到了黄先生的信，他说："汉先生的过世是台湾的重大事情，因为我们少了一位引航的智者。"2015 年 1 月 7 日至 6 月 5 日，我因学术休假得以到台湾访研，有幸接触到许多学界同仁并听到他们对汉先生的介绍，所以非常理解黄先生的话。的确，汉宝德先生在 1966 年和 1967 年先后获得美国哈佛大学和普林斯顿大学建筑学和艺术硕士学位，1967 年回台湾担任了东海大学建筑系主任，他同时翻译西方学术著作，出版杂志，开办事务所，为报纸开建筑评论专栏，开展古迹调查与保护工作，又先后担任了中兴大学工学院院长、自然科学博物馆筹备处主任及首任馆长、台南艺术学院（现台南艺术大学）筹备处主任及创校校长兼博物馆学研究所所长、文化艺术基金会董事长、台湾世界宗教博物馆馆长。他著作等身、桃李满门，影响遍及台湾建筑教育、建筑设计、历史研究、古迹保护、建筑评论、美术教育与文化普及诸多领域，是当之无愧的一代宗师，受到了社会极为广泛的尊重。

余生也晚，知道汉先生的高名是从拜读陈志华（笔名"窦武"）先生 1990 年 1 月在《世界建筑》杂志上发表的《海峡那边的同行们》一文开始。之后又通过陈先生在 1991 年 1 月的《读书》杂志上发表的书评知道了汉先生的重要著作《明清建筑二论》（台北：境与象出版社，1972 年）。我随后向正在清华大学留学的韩国学生韩东洙先生借阅并复印了该书。从大学本科到博士班，我一直都在清华学习，深受梁思成、林徽因两位宗师"结构理性主义"的中国建筑史叙述的影响，早已接受了他们以唐宋建筑为中国建筑发展的历史高峰，而以明清建筑为其余绪和衰退的观点，所以初次阅读汉先生的著作，便有如受到了"当头棒喝"。针对明清建筑不如唐宋建筑的成见，汉先生首先批评以往中国建筑史研究关注古代官式建筑，却忽略了中国建筑的地区差异。他认为明清时代以江南地区建筑为代表的中国文人建筑在环境、功能、空间和材料方面都有突出成就，真正体现了中国建筑在设计原理方面的发展。其次，他又批评了视"结构的真理"为"建筑的真理"的"清教徒"观点，而从建筑形式逻辑发展的角度，解释了明清官式建筑屋顶、斗栱、梁枋、雀替、侧脚、柱础、彩画等方面较之唐宋建筑在视觉造型方面的合理性。仅如斗栱，他就指出："（独乐寺观音阁）在形式上，这斗栱所造成的是枝牙交错的感觉，因缺乏结构的必然感，实难说是一个精心的艺术结构。部材的'雄壮'并非形式美的条件，秩序则较为重要。……（斗栱）只是一个柱与梁间的过渡部分，竟可占去二分之一的柱身高度，岂不是有些荒唐？由之，我们几乎可以说，明清建筑中之'由大而小'并不见得是一种大病。"

正如陈志华先生在书评中所指出，汉先生著作还有一项重要价值，就是提醒中国建筑史家们对于史学、史观和史法的自觉。我本人在这方面就深受启发。从 2001 年开始我陆续发表了若干篇论文，就是试图从这些方面反思中国建筑史学的形成历史，其中部分内容还是与汉先生本人观点的商榷[1]。所以这次到台湾，当面向汉先生请教他的中国建筑史思想就是我的一个心愿。感谢汉先生早年东海建筑的助教（高徒）夏铸九教授的介绍，以及汉先生在东海大学任教时的同事罗圣庄教授的引领，我在 2014 年 1 月 15 日和 19 日有两次机会到汉先生住所所在的台北仁爱路鸿禧大厦拜见了他。当然我更感谢汉先生不顾公事繁忙和体弱气短，专门安排时间回答我的提问。

以下是我对两次主要谈话内容的整理笔记。问题不算多，内容也不算长，这是因为，汉先生年事已高，且由于大学时期所患肺结核病一直未能痊愈，至晚年他近半肺功能都已经丧失，呼吸不畅，尽管他思维依旧清晰并每问必答，我仍不忍劳他长谈；又因为汉先生已在自传《筑人间》一书中详细回忆了自己的求学和工作经历，所以我请教的问题主要是关于《明清建筑二论》的写作缘由。我还曾希望在进一步了解台湾建筑和台湾建筑界，并参观过汉先生的主要作品之后再有机会向他请教。但终因我同时还需完成向赞助机构承诺的课题，5 个月时间匆匆而过，直到离台都没能与先生再见。不过对我来说，两次访谈最大的收获是，了解到汉先生在普林斯顿大学学习期间接触到美术史教育和后现代主义建筑思想。他从人文和视觉的角度批判中国早期建筑史研究的结构理性主义偏颇，并在日后的建筑评论中关心文化因素，都与这样的教育背景不无关联。进一步追踪 20 世纪 60 年代美国建筑教育对台湾建筑的影响无疑是值得深入研究的一个历史课题。

如今大师已经离去，我谨将这份求教的笔记整理并补充注释后公诸同道，一方面是表达自己作为一名大陆后学对他的敬意和纪念，另一方面是为两岸学界研究他的学术思想提供一份参考。

采访者与汉宝德（左）先生合影。2014年1月19日，赖德霖摄

汉宝德 以下简称汉
赖德霖 以下简称赖
罗圣庄 以下简称罗

赖 《明清建筑二论》批评了以梁思成和林徽因两位前辈为代表的早期中国建筑史叙述。您早年在台湾如何了解到他们的中国建筑史研究呢？

汉 在台南工学院（今"成功大学"）念建筑时，老师有教建筑史和中国营造史。老师是金长铭。[2] 当时台湾的中国建筑史老师把梁思成和刘敦桢先生当菩萨，用的材料是他们的著作或听他们课的笔记。所以那时我对梁思成先生的思想已经比较熟悉。

赖 我在美国学习美术史，感到《明清建筑二论》的第二论"明清建筑的形式主义精神"一文明显体现出沃尔夫林（Heinrich Wölfflin）式的形式分析方法。您是如何受到了美术史的教育和训练的呢？

汉 美术史不是在美国学的。出国之前在台湾念书，大学毕业后一直在东海大学教书，曾做三年助教和三年讲师。这期间对建筑史很感兴趣，读了许多材料。成大有美国杂志，台南美国新闻处也有一般建筑的书，虽然不深，但我很感激他们对我的帮助。毕业6年后到美国。因为东海当时在台湾是与美国关系最近的。开始想去美国读建筑史，但因训练不同，美国的学校不接收。而要补学分，奖学金有限，很穷，不可能，所以还是决定学建筑而不是建筑史。起先不能决定去哪所学校，后来朋友建议，还是去哈佛吧，就去了GSD（哈佛大学设计研究生院）。当时还有一个选择，是都市计划，Berkeley（伯克利）[3] 给了我全奖，包括路费。但朋友们说学都市计划时间会很长，劝我去读建筑。我在哈佛时听了一些美术史的课。后来到普林斯顿，也听了美术史课。通过听课的方式充实了自己。在普林斯顿也去听外国建筑史，听这些课感到西方与东方的思想方法不一样。美术史的学习我只是靠听讲和看书学习，并不系统。后来在美国做事时脑子里还是想这方面的事情。

赖 在美国学习，哪些老师对您的影响最大？

汉 到哈佛后感到很多同学知道的还不如我多——当时建筑学校没有中国学生，但有日本的。他们对我们完全没有了解。后来我去普林斯顿建筑学院。柯布（Le Corbusier）的学生拉巴特（Jean Labatut）[4]在那里，他站在批评美国文化的角度教学。李祖原正在那里学习，介绍我去认识拉巴特。拉巴特曾是柯布西耶的助手，教过文丘里（Robert Venturi）等人。他劝我来普林斯顿。他说美国没有文化，你们中国有文化，要利用中国文化。回到波士顿后我就辞职去了普林斯顿，但没有念成 Ph. D.（博士）。这是因为拉巴特的 Program（项目）小，[5] 他又到了退休年龄。他问学校，可否等我念完后他再退。通常教授可以等学生毕业再退休，但新的 Dean（院长）来自哈佛，对他有敌意，不许他延期。他也没想到。

赖 您在普林斯顿准备做哪个方向的博士论文？

汉 我在普林斯顿时还谈不上博士论文，但想法是作关于中国建筑的。那里的学者对中国的东西很生疏，只知道一些佛教文化，别的不知道。所以我想研究佛教建筑。[6]

赖 您的出版社名"境与象"，与佛教有关吗？

汉 没有。"境与象"是环境与形式的意思，也就是"environment and form"。

赖 您何时回到台湾的？又是怎样的契机促使您写作了《明清建筑二论》？

汉 拉巴特被迫退休的时候，东海大学的校长正好访问普林斯顿，他邀请我到东海当系主任。我请教拉巴特，是否还应该在普林斯顿读下去，拉巴特不满学校对他的待遇，就建议我回台湾。当时哈佛GSD 的 Master（硕士）很吃香，相当于别的学校的 Ph. D.。美国也有一些学校来找我去教书，我没答应。1967 年回到台湾。我的个性喜欢总结心得。当时台湾建筑界没有高学位，最高是 Master。我在东海做系主任，有压力，必须发表著作。写作《明清建筑二论》时所用的材料都是在美国读书时看到和搜集的。我没多久就写了《明清建筑二论》，很快出版了。

赖 1966 年国民党发起"文化复兴运动"，卢毓骏设计了台北"中国文化大学"，也想表现中国文化。您的写作赞扬江南文人系建筑，是否针对了当时的那种官式的中国风格设计？

汉 当时台湾建筑界有三派。一是政府主导的宫殿式；二是王大闳所代表的现代主义派，他们学Mies van der Rohe（密斯·凡·德·罗），后来试图与中国造型结合；三是受日本影响的现代主义派。

《明清建筑二论》没有有意识地去针对什么。因为在学校教书，影响很小。建筑师是别人利用的工具。王大闳不一样，因为他是王宠惠的儿子。我们是小老百姓。我当系主任，本想做设计，但一直没有机会。我对住宅感兴趣，现代主义也非常重视住宅。本来政府有兴趣搞社会住宅（Social Housing）[7]，联合国还派人来台湾，这边"亚太经社会"[8]顾问是外国人，来找我参加这个计划，可是我们的政策又变了。李国鼎[9]、孙运璿[10]赞成美国自由主义，而不赞成欧洲的社会主义，脑子里没有社会主义的概念，认为政府没有钱。要搞"十大建设"，修基础设施，哪里还有钱？这样这个计划就没有了，他们不需要了，从此住宅都交给民间公司了。所以我想离开台湾，回美国去做事。不知什么原因，"救国团"给了我一些机会，我才能在台湾做了一些事情。"救国团"作台中学苑，总干事到东海来找我："麻烦您来帮我们设计房子。"我问："你们怎么知道我的？"他们说是宋（时选）主任（罗：就是宋宏焘的爸爸，宏焘曾是汉先生的助教）介绍的。[11] 以后台中地区的"救国团"建筑都交给了我，我就不走了。担任系主任 10 年，中间只离开过 1 年。

赖 您如何在建筑设计中结合自己对建筑史的研究？喜欢哪些建筑师的作品？

罗 王大闳受密斯的影响很大，但别人夸他的是他建筑中的中国元素。

汉 我以为这是金长铭在台南工学院建筑系对他的宣传造成的。金接受的是古典的训练，但教中国建筑，设计课教密斯。他在那个时代强调中西结合，就把王大闳当作样板。其实客厅面对院子的做法在芝加哥的 Court House（法院大楼）中可以看到，其他外国也有，不见得是中国唯一的，但金解释王大闳采用的黑、红、金颜色搭配是中国的。[12] 谈历史与建筑的关系，从高的角度讲，可以说什么样的文化产生什么样的建筑。有观念很重要，但有观念如何盖出来是另一个问题。历史如何表现，也与对历史的理解有关。李祖原当过我的助教，与我原本很 close（接近）。他在性情上喜欢 form（形式），喜欢很形式的东西，如金字塔，很大、很有气魄，很有形式感。但我不喜欢。

赖 香港学者李允鉌的《华夏意匠》在写作时间上与您的著作比较近。您怎么看这本书？

汉 《华夏意匠》的想法不一样。

赖 《明清建筑二论》出版后台湾建筑界的反应怎样？

汉 我一直在东海大学大学教书，学生很少。这些思考对学生讲过，但理工学生没有什么兴趣，听了没有什么反应。《明清建筑二论》出版后在台湾没有反应。我升等职称，学校请评委审查我的著作。一位评委给我 70 几分，评语这样写："不好好念书，只知道标新立异。"我后来可以看到学校的档案，知道了这是黄宝瑜 [13] 先生写的（笑）。我当时很想知道评委认为哪里不对。10 多年前我去大陆，听到两位教授说看过我的书，大概是客气话。后来我离开了建筑系，当院长，跳出了建筑圈，又办博物馆。我没有什么机会盖房子。但我爱去看老房子，于是又介入了古迹保护。也是别人来找，有两次，因为我写过文章批评他们，他们知道我对古迹有兴趣。其中一次是台北县工务局长来找。因外国官员要参观（台北板桥）林家花园，可花园当时很破，很丢脸。于是蒋夫人让地方政府修。建筑师中没有人有能力，邵（恩新）县长打听到我。第二次是在鹿港，修复古市街和龙山寺。

赖 您在建筑评论方面做了很多工作。我觉得评论很难，因为不仅要有专业知识、历史知识，还要有现实关怀，而且还要能够与社会沟通。您怎么看这个工作？

汉 建筑师的影响很小，除非有能力让社会大众知道自己的想法。我后来勤写文章，又接受报纸邀请写专栏。我有点知名度与这些有关。我每次与年轻建筑师开会都对他们讲，要写，要有能力表现。我先给《中国时报》写专栏，后来给《联合报》盖房子，因二报打对台，所以转到《联合》，为"联合副刊"写专栏。一周两次。这些文章汇编起来，很快也出了书。那时是台湾的"威权时代"，如果批评政府太尖锐，马上就会有电话来警告。所以要做到既有观点，又要语气温和并不容易。2000 年代初专栏停办了，因为已经开放，谁都可以写了。我还用笔名"可凡"和"也行"给杂志、《中华日报》写过文章，有些后来收入书中，有些没有。

罗 汉先生通常都是早晨 5 点起床，6 点到 8 点写作 2 小时，之后去办公。每天写作的时间就这 2 小时。"可凡"也是汉先生女儿的名字。[14]

汉 我现在写的比较多的是谈美感和美感教育，还有休闲性的，如游记和文物。到了五六十岁后人变得比较传统。当时大陆有很多文物流散出来，我跟着搜集文物，还出版了两三本这方面的书。我的个性喜欢思考问题，不愿意接受 established（既定）的思想。我关心建筑中的观念因素和文化因素。现代的环境问题都与文化有关。作建筑时有困难，难以解决，只能从文化上去解释，非学文化不可。如我帮陈立夫盖房子。一位官员来看，总批评风水不对，所以我的兴趣后来越来越广，还写了《风水与环境》。

罗 汉先生的《风水与环境》一开始就写中国的地理形势，从喜马拉雅山一路写到台湾的中央山脉，文笔气势磅礴。

汉 我 2000 年离开南艺，是第一次退休。2008 年又从宗教博物馆退休，算是第二次。现在还在做灵鹫山，有事务所。如果让年轻人经营，赚算他们的，赔算我的，所以不得不亲自管。古建筑部分快结束了，新建筑部分还有一个尾巴，所以还不能放下。过去每年要演讲很多次，现在都尽量推掉。

汉太太 可你现在又负责了台湾地区艺术教育部门的"整合型视觉形式美感教育实验计划"，还在任台湾当局领导人办公室资政。

汉 这不是我找来的，是因为他们要推广美感教育。

1　参见拙文"梁思成、林徽因中国建筑史写作表微"，（香港）《21 世纪》，64 期，2001 年 4 月，90-99 页。

2　金长铭（1917－1985），察哈尔宣化人，生于沈阳，中国著名历史学家金毓黻之子。1936—1937 年留学于日本东京工业大学土木工程系；1942 年毕业于重庆大学土木系建筑组，曾任重庆大学和东北大学教师；1949 年到台湾，任教于台湾省立工学院和之后的成功大学建筑系。1959 年获美国弗吉尼亚理工学院（Virginia Polytechnic Institute）奖学金赴美攻读硕士学位。1961 年毕业后先后在赖特，琼斯与威尔克森（Wright, Jones & Wilkerson）、本·琼斯（Ben Jones）、威利与威尔森（Waily & Willson）等事务所任设计师；1983 年退休。著有"民主、极权与建筑""建筑造型的新意义"等文章，设计有台南国民党市党部、电信局等作品。女儿金安平为美国著名汉学家、耶鲁大学教授史景迁（Jonathan Spence）之妻。

3　即加州大学伯克利分校。

4　1986 年 11 月 29 日《纽约时报》发表讣告，标题为"曾任教于普林斯顿的让·拉巴特逝世"（Jean Labatut Is Dead; Taught at Princeton）。讣告介绍说："普林斯顿大学退休教授让·拉巴特长期患病，已在周三逝世，享年 87 岁。拉巴特是一位杰出的建筑师和教师。他从 1928 年开始在普林斯顿大学任教。众所公认，是他使建筑学院跻身于这个国家的名校之林。拉巴特教授曾担任建筑专业的研究生主任，他是美国建筑师学会（American Institute of Architects）和建筑院校联盟（Association of Collegiate Schools of Architecture）共同颁发的杰出教育奖的第一位获奖者。1914 年他创办了都市研究社（Bureau of Urban Research），这是一个为都市研究搜集资料的独立委员会，也是为将城市规划纳入学校课程所迈出的第一步。他还设计了普林斯顿大学的建筑实验室，从 1949 年开始，这里进行了多项有关气候与环境对于建筑材料之影响的研究。他生于法国上加龙省的马尔特雷托洛桑，1919 年入选巴黎美术学院举办的建筑竞赛。"据 William Barksdale Maynard，"让·拉巴特的观念折中，充满激情和热情又固执己见。从他那里，文丘里第一次听到了'后现代'这个大胆的词。"（*Princeton: America's Campus*, *University Park*, PA: The Pennsylvania State University Press, 2012. 203）据 http://www.encyclopedia.com/topic/Robert_Venturi.aspx："在普林斯顿，文丘里在受到过学院派教育的法国建筑师让·拉巴特的指导下，受到了一种传统的建筑教育。从拉巴特那里，文丘里学到的不仅有建筑是如何由建筑师的心智所创造，还有它们是如何被大街上的民众所感知。"又据 http://www.encyclopedia.com/topic/Robert_Venturi.aspx："普大著名的建筑历史老师唐纳德·埃格伯特（Donald Drew Egbert）也教过文丘里。日后文氏深厚的建筑史知识成为启发他思想的重要源泉。"汉先生在普大学习时，埃格伯特尚未退休，但汉先生在回忆中没有提到他。

5　即博士班。

6 《明清建筑二论》的第二论"明清建筑中的形式主义倾向"之中有关于佛教礼仪发展对佛寺空间影响的精彩讨论。这部分内容或许就是汉先生原本计划的博士论文的一部分。另外，据罗圣庄先生告知，汉先生在东海大学的建筑教学中强调空间行为和动线的理性。他在书中有关寺庙"中轴上的动线"的讨论当即是这一方法在历史研究中的运用。

7 2017年10月9日罗圣庄教授来函解释台湾"国民住宅、合宜住宅和社会住宅"概念，补注如下：台湾的国民住宅在70年代始建。政府为解决低收入人士落后破败的居住环境（多属迁台后安置退伍军人的眷村），在台北市中心多处铲平旧区建造新国宅。由于地点绝佳，资格审查松懈及住满五年可自由转让售卖，大批市民不分贫富均汹涌申请入住，效果漏洞百出。又因政商勾结、产品低劣，住户素质有待加强，环境依旧杂乱无序、肮脏碍眼。之后不了了之。合宜住宅是政府长期往新加坡考察后的"新"观念。一方面政府又是业主，用都市更新条例立法大刀阔斧，选择性发包施工；一方面鼓励中产婚后养儿育女增产报国。夫妻二人年收不超过140万元（新台币，下同），可贷款80%，九年后可过户：二卧27坪，三卧36坪，需扣除30%公共空间。售价15万元一坪，远低于市价，又令超额递表申请，八九万申请只有7000名额。民进党政客人人疾呼以为良策！社会住宅是三年前冒起的新口号。政府为业主，以比图方式选出建筑师，鼓励新进。只租不卖，月租在一至二万元之间，目的在让年轻人居者有其屋，以安定民心。政府目标宏观，产量微观！另有特殊型态合宜住宅，是军人眷村铲平改建高楼，退休士官至将官为对象。人人做官盖豪宅！

8 即联合国亚洲及太平洋经济社会委员会（U.N. Economic and Social Commission for Asia and the Pacific, ESCAP），简称"亚太经社会"。

9 李国鼎（1910—2001），曾任台湾经济部及财政部部长，在任时推动多项重要经济建设计划，为台湾的经济起飞起到重要推动作用。

10 孙运璿（1913—2006），曾任台湾电力公司总经理、台湾交通部部长、经济部部长与行政院院长。在部长与行政院长任内，积极推行十大建设，也是台湾经济发展的重要功臣。

11 宋时选（1922—2010），浙江奉化人，蒋氏父子同乡、亲戚。曾任蒋经国机要秘书。1960年代，负责主持带有国民党中央政府官方色彩的政治性组织"中国青年救国团"，1967年出任总部主任蒋经国的秘书，后升任至副主任并兼任执行官，1978年任主任。

12 罗圣庄先生曾受业于日本建筑大师筱原一男。他多次到王大闳先生家作客，对王的设计赞叹不已。他说，王宅的室内从地板、天花、月门洞，到餐桌、椅子、碗筷，甚至电源开关都无一不经过设计。每个处理都经过严密的思考，但做出来却又显得很自然而不经意。显然建筑师对于建筑的文法和句式都了然在胸，使用的材料不论是砖、木，还是漆和金银都恰到好处。不尚豪华，却极有品位。（另参见罗圣庄：《体验虹庐：王大闳逸品设计介绍》，《世界建筑》，2017年第8期）

13 黄宝瑜（字宿园，号白尊，1918—2000），江苏江阴人。1945年毕业于中央大学建筑工程系。大学期间，曾参加中国建筑师学会各大学建筑系毕业设计竞赛并获首奖。1946—1949年任中央大学建筑工程系助教；1949年到台湾，先后任省立工学院建筑系讲师、副教授，九联建筑师事务所建筑师，台南工学院建筑系教授，台湾电力公司工程师、建筑课课长，台湾地区行政管理机构国民住宅兴建委员会工程组组长等职。1961后任中原理工学院建筑系第二届系主任、中国文化大学建筑及都市计划系主任，自办大壮建筑师事务所。1965年与陈濯、陈其宽、杨卓成、王大闳、虞曰镇、郑定邦等被选为（台）国父纪念堂设计竞赛参赛建筑师（国父百年诞辰纪念实录编辑小组编《国父百年诞辰纪念实录》），后任复兴工业专科学校校长、成功大学、台湾大学、中兴大学都市计划研究所，师范大学美术学系兼任教授，私立复兴工业专科学校校长，以及美国明州大学、圣欧罗夫大学客座教授、中国文化大学实业计划研究所都市计划及中国建筑组主任。代表建筑作品有台北故宫博物院、国史馆、中原大学建筑系馆、台北阳明山中兴宾馆。主要著作有（部定大学用书）《中国建筑史》《中国营造法讲义》《建筑·造景·计划：宿园论学集（1949—1973）》等。

14 我还注意到，汉先生住所的门外所挂的书法镜框里就是草书的"也行"二字。

邹德侬教授谈 20 世纪 80 年代初中国现代建筑史调研中的口述访谈问题 [1]

受访者简介

邹德侬

男，1938 年出生于山东省福山县，1962 年毕业于天津大学建筑系，分配至铁道部四方机车车辆厂，做产品美工设计和建筑设计。1979 年返天津大学，先后在设计院和建筑系从事设计和教学。天津大学建筑学院教授，博士生导师。学术专著有《中国现代建筑史》等 14 种；英译译著有《西方现代艺术史》《西方现代建筑史》等 6 种；学术论文约 80 篇；建筑作品有青岛山东外贸大楼、南开大学经济学院、天津大学建筑系馆等 20 余项；主要获奖："中国现代建筑史研究"获教育部自然科学一等奖（2002）及国家自然科学奖一等奖提名奖等 10 项。

采访者： 张向炜、戴路

访谈时间： 2018 年 2 月 9 日

访谈地点： 因邹先生在珠海过春节，采用微信视频访谈

整理时间： 2018 年 2 月 10 日

审阅情况： 经邹德侬先生审阅，2018 年 2 月 22 日定稿

访谈背景： 沈阳建筑大学将在 2018 年 5 月举办第一次中国建筑口述史学术研讨会暨工作坊，因邹德侬教授曾在研究中国现代建筑史的过程中采访过许多前辈，主办者提议由戴路和张向炜这两名邹教授弟子对先生进行一次相关访谈，以追溯中国建筑口述史研究发展的历程。

邹德侬（左）与龚总谈工作，龚总家人摄

张向炜　以下简称张
戴　路　以下简称戴
邹德侬　以下简称邹

张，戴 邹先生，近来好吧！没想到，您在珠海过冬，我们还要打扰您。过去我们成天在一起，也没想到要采访您，这次因会议之故，还是得麻烦您，也算是填补一项空白吧。

｜邹 不麻烦！那些事已经过去 35 年啦，从前也没有机会跟你们聊聊，这次也是个机会。你们有啥话题，尽管提，我可能说得啰唆，你们得整理一下。

戴 什么原因使您开始研究中国现代建筑？

｜邹 有一天建筑系主任冯建逵[2]先生找我，说部里有位校友龚德顺[3]，来系里找人帮忙，搞《中国大百科全书》的条目"中国现代建筑"，问我愿意不。我对眼前的这些建筑实在没有什么兴趣，但我意识到，这任务有可能外出参观，就一口答应了，并按要求写了一份毕业后几乎没有任何建筑经历的简历。后来听说，龚总对我的资历不满意，要求换人，冯先生说再没有人了，龚总很勉强地接收了我。当时冯先生让我去，唯一可能的原因是，任课的教师都没有空儿，我在设计院做设计，可以抽调。

张 您是 1982 年接到任务，1983 年 4 月正式开始走访和调研的工作。工作之前您都做了哪些准备？

｜邹 我怕在工作中人家问我时"一问三不知"，那会很没有面子。我首先查阅《建筑学报》。由于学报出出停停，我请在学会工作的同学顾孟潮先生，理出学报出、停的明细，然后一期不落地翻阅，在列表中记录作品和事件的信息。我相信，有意义的实例大都在学报里。再就是查《年鉴》，那时的《年鉴》是可信的，没有"商业行为"。当时没有电脑，一切用原始的"手段"。我准备了整张或对开的拷贝纸（就是咱常用的不怕搓揉的、很薄的草图纸），划出历史分期，分别将实例填入各期格内，成为最原始的记录。带着它，展开调查。

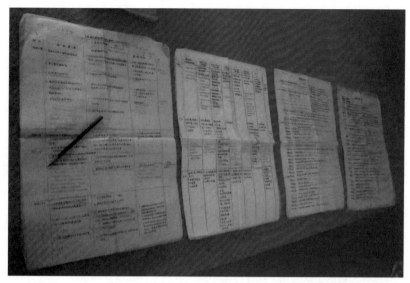

龚总布置任务时邹德侬的记录

戴 您的调研和走访的工作历时多久？工具是一台相机和一台录音机，那么具体的工作方法是什么？

| 邹 自 1983 年 4 月 15 日从南京第一站，转上海、杭州、武汉、广州、成都、重庆、西安、兰州和酒泉等地，7 月中旬回到天津，历时 3 个月。这是第一次。

这些地方都是我和窦以德先生两人一起去的，他当时是建设部设计局技术处处长，设计局主管全国的大设计院，所以，所到之处，都受到重视，一路绿灯。

我们有一台雅士卡相机，忘了是借的还是买的。还有一黑色砖头似的日本卡式录音机，好像是花200 块钱买的，那可是个大价钱，我们住旅馆一间客房一天才 5 块钱（现在要 400~500 块）。

主要工作方法是院方领导召集设计骨干开座谈会，我们答应录音用完消掉，人家才让录音。更重要的是看有代表性的建筑作品，很多作品是由设计者带着去看的，以及查阅相关文字资料，我们现场拍照片，同时也要求提供一些照片。

张 您对哪几座城市、哪些建筑、哪些人印象最深刻？

| 邹 老实说，我对哪座城市都有很高的兴趣，印象也都很深，像是刘姥姥进了大观园。一是因为，我毕业 17 年一直在建筑设计的圈外，一下子闯进了建筑设计的中心，兴奋之情难以言表。二是每个城市接触的人都不一样，每个城市都有新鲜事儿。南京、上海有重要的史实就不必说了，高校教师的访问更是亲切。如南京工学院的座谈会，还有对戴复东[4]先生的专访，他在我的记录本上画出作品的示意图。对齐康[5]先生在他住处的专访，说了许多杨廷宝先生的事情。可惜我们出发晚了，不久前，杨先生和童寯先生相继去世。上海的两大设计院（按：指华东院与民用院）和同济大学，收获也很大，在陈植先生家中，他说："我们华盖从来不做大屋顶"。在广州，不仅看到改革开放之初建筑之大玻璃、横线条，还有幸访问了 90 多岁的林克明[6]老先生。在兰州的访问，领略了那座带状城市的特色，还多次近距离聆听传奇式的市长建筑师任震英[7]的讲话，他的遭遇和起落，与他的作品同样值得宣扬……每座城市，每个受访人都令我感动，说也说不完。打开那个受访者的名单，年龄也就 50 出头，都已经做出那么多的作品，相比之下，自觉羞愧难当。

张 您认为访谈工作最大的意义是什么？您有什么感触？

邹 我觉得，准备和访谈是研究工作的先锋。做好准备，是访谈的必要前提，要阅读、笔记、列表等。即使对于话题和人物毫无了解，也应该想好问题。有准备还有一个好处，就是印证自己事先的设想与访谈答案的反差或矛盾有多大，这很重要。

访谈要低调，要当学生，特别不要话多，要让受访者多说。但是，一定要把最想知道的问题尽量弄清楚。例如当时我们最想知道中华人民共和国成立初期"摩登建筑"的情况。

再就是，要"趁热"整理资料。我的教训是，没有经过及时整理的资料，基本上是废料。最关键的步骤，是确立访谈资料的可信度，越是有趣或越是重要的资料，越是要多角度地去印证、确定。

不过，在我的工作中，除非有十足的把握，我是不敢把听来的资料写到正规的文章里。如果引用确认的资料，一般不注出处。例如杭州大会堂 1949 个座位的故事，是设计师唐葆亨 8 总建筑师带领我参观现场时讲的，我在书中引用过，但我没有加出处，因为没有征求过唐先生的意见。同时，引用时如果加出处，与行文的节奏不符。又如，建筑方针的确立，到底在哪年？许多很有影响的人讲，在 1950 年前后，甚至有重要人物的文章为凭。我在档案中也曾看到，东北的资料很早。但是，1955 年学习全苏建筑工作者2000 人大会上，周荣鑫报告的起草原稿中，曾几易其稿，最后的说法才出现如今的版本，所以我依然坚持，方针是在 1955 年"反浪费"之后确立。当然，访谈中还有一些有"可读性"的话题，因为不能证实，一律割爱。

戴 您的文章中提过，"许多建筑及其设计的故事发生在部队，遗憾的是不能照相"，您能讲一讲吗？

邹 不让照相的事儿，现在肯定也存在。我写生的时候，经常遭驱逐或被扣，最气人的是，民用的建筑也不让画。有一次我画济南火车站被扣，好说歹说，把画撕掉才放人。扯远了！中华人民共和国成

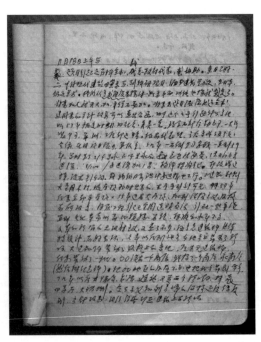

调研之前准备的部分提纲

立之初，有许多很"摩登"的建筑在部队，这是一个我们十分关注的现象。有一次在兰州军区，我们看到一个建筑的门头十分摩登、大胆，我们都很激动，窦以德先生远远地拍照，站岗的战士跑过来制止，一定要没收相机。

戴 您在工作进入室内阶段后，就是对调研和走访的资料进行整理吗？具体工作方法是怎样的？

| **邹** 你们也知道，调研的过程中比较匆忙，有些事情来不及落实。回到室内之后，在及时整理资料的同时，要落实那些当时来不及落实的事儿。主要的内容是，落实对建筑的介绍，要尽量细，如建筑面积、层数、坐落位置、功能、结构，起初有评价，改革开放之后注意了设计人的排名……这些要寄回原设计单位落实，等待他们的意见。因为见过面，这些事情落实得比较顺利。后来有了计算机，基本资料列表录入。在写作的时候，以其中的资料为依据。

张 在访谈中用了录音机，目前这百盘录音带的收藏和整理情况如何？

| **邹** 刚才说过，录音是很敏感的事儿，而整理录音则是一个庞大的工程。当时为了展开工作之急需，我选了自认为重要的几个人的录音进行整理，用最原始的笨方法：一字一句地听写。整理了大约130张400字的稿纸。座谈会的录音听了一遍，发言人多，全国各地口音不适应，更因为忙于手头工作，就没有勇气再听写下去。由于害怕录音带变质，我把大部分录音电子化，变成了音频，迫于设备的原因，还有10余盒没有完成，准备今年继续完成。带子经过30多年了，基本完好，这得益于天津比较干燥的气候。

张 您在1988年完成工作，包含两项任务：《中国大百科全书》"中国现代建筑"条目和《中国现代建筑史纲》。调研和访谈（尤其是访谈）对于这两项工作的意义是什么，这两项工作成果又对您日后开展对中国现代建筑研究的意义是什么？

| **邹** 我前面说过，准备和访谈，是研究工作的先锋；访谈是研究工作最活跃的环节，没有这一环节，其他的环节不可能开展。尤其是近现代历史的研究，要访问当事人和知情人。访谈在我的工作中，虽然十分重要，但也仅此而已。

这次任务完成后，我便开始了作为教师带领研究生和青年教师的独立工作。所谓"铁打的营盘流水的兵"。在做那两个项目所接触到的设计院及高校的朋友，继续支持我的工作，最后在国家自然科学基金、教育部博士点、建设部等多项基金的支持下，最终完成了《中国现代美术全集建筑卷》2、3、4、5和《中国现代建筑史》。没有前面的工作为基础，后面的成果难以想象。后面的工作你们也参加了，感谢向炜和戴路，如今还在坚持这项课题。

这次我们去参加会议，讨论的是"口述历史"问题，我觉得那是一门新学问，我没有接触过，虽然我们的研究工作从访谈开始，恐怕那远远谈不上"口述历史"问题，充其量不过是我对资料的搜集、使用的态度和方法罢了。这次抱着学习新事物的心情，在会上好好学习。

张，戴 我们一定珍惜这个机会。今天不早了，您早些休息吧。我们若有问题再另约时间向您请教。

| **邹** 好，就这样。对了，最后我要告诉你们我在访谈中最遗憾的事儿。我当年的拍照，拍物不拍人，这让我"后悔一辈子"。如果当年把座谈会的诸位拍下来，如果把受访者拍下来，甚至我和受访者再来个合影，今天看看，那会是多有意义，多有趣味，大家全都年轻了35岁。

张，戴 真是这样！但很遗憾这次我们不能与您合影了，待您回天津后我们再补吧。祝您春节快乐！

1　本文为天津市自然科学基金（16JCYBJC22000）、教育部留学回国人员科研启动基金资助项目。

2　冯建逵（1918—2012），生于天津。1942年毕业于北京大学建筑工程系。1942年任北京大学建筑工程系助教，（北京）大中工程司建筑师，（北京）基泰工程司建筑师；1946年任天津工商学院（津沽大学）建筑系教师（讲授建筑设计、水彩画、徒手画），兼任（天津）华信工程司建筑师；1944年参加北平故宫测绘；1952年始历任天津大学建筑系建筑设计教研室主任、副系主任、主任，兼基建处和设计院总建筑师。著有《承德古建筑》《清代内廷宫苑》《古建筑透视画辑》《中国建筑设计参考数据图说》《冯建逵绘画集》等。

3　龚德顺（1923—2007），生于北京。1945年毕业于天津私立工商学院建筑工程系。1945—1949年分别在天津粮食部、第八公路工程局任公务员；1949—1978年先后在华北公路运输总局建筑公司、中央设计公司、中央建筑工程部设计院、北京工业建筑设计院任职，历任技术员、建筑组长、副主任工程师，中国建筑科学研究院设计所副主任工程师、副总建筑师；1978—1981年任中国建筑工程总局副总建筑师；1982—1985年任中国城乡建筑环境保护部设计局局长；1983—1987年任中国建筑学会秘书长；1989—1993任中国建筑学会建筑师分会会长；1989年获中华人民共和国建设部授予的"全国勘察设计大师"称号。参照：邹德侬著，他为中国现代建筑史研究奠基——跟龚德顺大师学习中国现代建筑史的日子，引自邹德侬文集（中国建筑名家文库），武汉：华中科技大学出版社，2012：20-24，文中对龚德顺先生有十分详细的叙述。

4　戴复东（1928—2018），生于广州，1952年毕业于南京大学建筑系，同年至同济大学建筑系任教。1981—1984年任同济大学建筑系副教授。1983—1984年为美国哥伦比亚大学研究生院访问学者。1984年任同济大学建筑系主任。1986年始历任同济大学建筑与城市规划学院副院长、院长、名誉院长等职。1999年当选中国工程院院士。

5　齐康，1931年生于江苏南京。1952年毕业于南京大学建筑系。院系调整后历任南京工学院（今东南大学）讲师、副教授、教授、副院长，东南大学建筑研究所所长、教授，法国建筑科学院外籍院士，大连理工大学建筑系名誉系主任；1993年当选中国科学院院士；1995年始任中国国务院学位委员会委员；1997年当选法国建筑科学院外籍院士；2001年获首届中国建筑界"梁思成建筑奖"。

6　林克明（1900—1999），生于广东东莞。1922年考入里昂中法大学，由哲学专业转入里昂建筑工程学院修读建筑学。历任中国建筑学会副理事长，广州市基本建设委员会副主任，兼任华南理工大学教授及建筑设计研究院首任院长。林克明是新中国第一代建筑学家、建筑学教育家，是中国现代建筑的先驱。

7　任震英（1913—2005），生于黑龙江。1937年毕业于哈尔滨工业大学建筑系。1938年任甘肃省建设厅总工程师室副工程师，甘肃省营造厂副主任兼主任工程师；1945年获得国民政府经济部建筑技师执照；1948年成立任震英建筑师事务所，任主任兼主任技师；1949年任兰州市政府建设科科长、工程师；1973年任兰州市城市规划管理局局长、总工程师；1980年任兰州市副市长，市政府总建筑师。任震英被誉为兰州市城市建设的开拓者和奠基人。

8　唐葆亨，1927年生于浙江兰溪。1951年毕业于中国美术学院建筑学专业。后在浙江省建筑设计研究院工作，历任主任工程师、副总建筑师、总建筑师、顾问总建筑师。主要作品：杭州人民大会堂、杭州西子国宾馆一期工程、浙江体育馆、杭州剧院等。

陈伯超教授谈沈阳近代建筑史研究的体会

受访者简介 **陈伯超**

男，1948 年生，沈阳建筑大学教授、博士生导师；中国建筑学会常务理事、中国建筑学会寒地建筑专业委员会及工业建筑遗产专业委员会副理事长、辽宁省土木建筑学会副理事长及建筑师分会名誉理事长等。长期从事建筑设计、建筑历史和建筑理论方面的研究与实践。主持完成建筑设计、规划设计、景观工程设计项目共 98 项；获国际国内建筑设计奖多项；主持完成科（教）研项目 74 项；发表论文 170 余篇，出版著作 36 部。其中于 2015 年完成的国家自然科学基金资助项目"沈阳近代建筑史研究"和 2016 年完成的辽宁省社会科学规划重点项目"沈阳近代建筑文化研究"，以及在此基础上出版的学术专著《沈阳近代建筑史》，是他和他的学术团队经过 30 余年坚持不懈的努力所取得的一项重要成果。

采访者： 张勇，原砚龙

访谈时间： 2017 年 12 月进行了 3 次专访

访谈地点： 沈阳建筑大学建筑研究所

整理时间： 2018 年 2 月 20 日

审阅情况： 经陈伯超先生审阅

访谈背景： 自 20 世纪 80 年代至今，陈伯超教授主持沈阳建筑大学建筑研究所，对沈阳近代建筑史的研究已 30 余年，成果丰硕。我们邀请陈老师就自己的研究经历和心得进行介绍。希望有助于总结经验和进一步推进这项研究的开展。

陈伯超教授

张 勇 以下简称张
陈伯超 以下简称陈

关于资料采集

张 陈老师，您研究沈阳近代建筑已经有 30 余年了，您觉得这项研究最基本、最大量的工作是什么？

｜陈 我认为资料采集与史实考证是最为基本的工作，也最为重要。建筑历史的研究，不同于大多理工类科学是基于试验结果作为成果的依据，而需要经过大量的实地探查、资料积累、历史考证，以及在此基础上的科学分析，探寻其中的史实和规律。

资料采集是第一步。采集的渠道和方式林林总总，每个项目各不相同：建筑测绘、现场拍照、文字记录、档案查阅、志书询集、老地图老照片的征收……其中应用最广泛、最普遍的信息采集渠道，当属访谈调查——口述史的研究方法。访谈对象包括相关领域的专家、事件当事人、知情者、亲朋邻里等。从他们那里获取不同深度的历史信息或得以拓展线索的渠道。记得对沈阳近代建筑的系统性研究，就是当年从清华大学汪坦教授那里得到的几张老照片入手的。拿着这几张照片，跑遍了沈阳城，逐一对照、考证，并扩大线索，进而形成体系研究，为此后列入国家自然科学基金项目并形成沈阳近代建筑史的系统成果，打开了最初的研究局面。在由浅入深，由建筑个体到建筑系列，再由过程到规律的研究经历中，口述史的研究方式成为不可或缺的重要手段。

张 您讲到，大量的历史资料是通过对知情者的访谈得到的，这对您们的研究起到了重要的作用，能否举一个实际的例子？

｜陈 对沈阳近代诸多建筑师的调查，是研究沈阳近代建筑史的关节之一。沈阳本土设计师中的佼佼者，要数穆继多先生。穆继多生于 1899 年，从国立北洋大学毕业后留学美国，就读于哥伦比亚大学，1926 年毕业回国。他在沈阳成立了多小股份有限公司，并获得市政公所颁发的建筑技术人执业许可证。他利用自己的专业技术和作为当年热河都统、东边道镇守使阚朝玺妹夫的身份，获得了承担许多建筑工程设计与建设的机会，并完成了大量在当时沈阳城具有重要影响的建筑工程项目。穆继多先生辞世已久，从各种文献资料中能够寻觅到关于他建筑踪迹的记述仅为只言片语，据此则很难对他的诸多成果与历史作用做出准确的判断和评价。幸好，我们从茫茫人海之中，找到了他的已经闲赋在家的儿子，正是从他那里，我们利用口述史的研究方法，得以弄清了几个关键性的问题：①穆继多的生平经历、家庭状况、文化与经济背景，及其后来对他从事建筑设计所产生的内在影响；②他当年留学美国主修矿冶专业，为什么回国以后却将许多精力投入到建筑事业之中，二者相互之间又有怎样的影响；③专业并不对口的他，是怎样从事建筑设计工作的，又为什么他的设计理念、设计手法、营造技术能够独树一帜；④他在沈阳都做过哪些重要的工程项目，及其各自的建设背景……基于这些通过访谈获取到的难得的信息，再结合分析查询到的文献资料和现留存下来的诸多作品，才得以接近于真实地还原穆继多先生的历史面貌，较为准确地判断和评价他对沈阳近代建筑发展的影响及其历史地位。

口述史作为一种科学方法，特别对于近现代建筑史的研究具有重要价值。因为这一段历史距离我们最近，许多当事人、知情者还在，从他们那里往往可以采撷到第一手的、鲜活的史况资料，而这些恰是史学研究最为珍贵和重要的线索与见证。固然，在这一过程中，也需要将这些访谈资料与其他历史文献、现状遗存等多方依据进行分析和比对，去除其中源自推想和虚夸的水分，以及讲述者自身的主观片面性等因素，使结论更为深入、具体和接近于真实。

张 您认为在建筑史调查中，作为年轻学者，我们最应该注意什么问题？

｜陈 史实考证是建筑史研究最为重要的环节。历史文献的首要价值就在于它的真实性。被歪曲的历史往往产生于：主观上有失公正的立场、缺乏依据的推演猜测、道听途说的草率态度、不求甚解的以讹传讹，或由于知识不足所造成的张冠李戴——比如，在沈阳近代建成的建筑中，只要呈现为欧洲古典样式，就被一概武断地冠名为"罗马式"，甚至在许多"正式"的文献中都如是记载。因此，以实事求是、认真、科学的精神和态度，对写入"史"中的每一幢建筑、每一宗事件、每一个过程，都必须去伪存真，做出严谨而正确的判断，是至关重要的。

在对沈阳"张氏帅府"（国家级重点文物保护单位）西路建筑群进行考证时，发现在众多的历史资料以及至今尚作为对外参观的解说词中，错误频出：将作为"东北边防长官公廨"的建筑性质说成是张学良为其7个弟弟所建的7栋住宅；将建筑设计人杨廷宝换成"荷兰设计师"或来自上海的著名设计师某某某；将建造者美国建造商马力协说成是荷兰建筑公司；更对张学良为此经历的一场涉及国际关系的官司做了不同程度的歪曲……我们对此做了大量的调查与考证工作。寻找和走访知情人，查阅各类档案资料，翻阅当年奉天、北平、上海、南京的大报小报，查询法院有关的诉讼文件、通告、判决书等，对这组重要的建筑情况逐一甄别、核实，还历史以真相。通过对它历史和建造情况的科学分析，理清了它与沈阳近代建筑发展的关联及其历史作用。

我认为，建筑史学研究是一项责任重大、十分艰辛，又科学性很强的工作。只有以极强的责任心、扎实而厚实的专业素养和一丝不苟的学术精神，才能交出一份经得起历史检验的答卷。

关于研究方法

张 您认为，相对于欧洲，中国建筑的近代化有些什么不同？

 | **陈** 中国建筑的近代化不同于西方建筑的近代化，它主要包括三个方面的内容。一是，西洋建筑的进入及其本土化的过程，这一过程并不排除对西洋古典建筑和新古典建筑的引进和接纳；二是，本土建筑（主要指中国传统建筑）的变异和继续发展；三是，建筑的现代化转型。在内容上，它比欧洲建筑的近代化过程主要体现为现代化转型要更加丰富。欧洲进入近代的标志和前提条件是工业革命的发生和大机器生产的实现。由此形成的技术和经济基础，以及二战后对建筑的大量需求，使得建筑发生了革命性的转变，走上了现代化之路。用"建筑的现代转型"概括这一阶段欧洲建筑发展的特点虽然不是非常准确，但其内容不失完整。然而，若认为中国建筑的近代化类同于欧洲同一时期的发展过程，将忽略了如前所述的前两个方面的内容，而且是很重要的部分。其研究结果将会有所缺失和偏颇。

张 沈阳近代建筑经历了怎样的进化过程和发展阶段呢？

 | **陈** 作为历史研究，经常是依据进化论的方法，按照由落后到先进的次序将历史分成不同的阶段，进而归纳出各个阶段的发展情况、特点、成因及其发展规律。这是因为，自从达尔文进化论的横空出世，冲破了传统理念的束缚，让人们以科学的目光认识到世间生物发展的真实规律。正是达尔文的生物进化论，又引发了社会学家对历史发展规律的深入思考和探究，发现历史发展的基本规律竟然与生物的进化过程存在着一定的类同：由低级到高级，由简单到复杂，不断前行，不断进化。于是，一种全新的、科学的历史观得到确认：被植入生物进化论基因的"历史进化论"体系，开始成为世界以及中国历史学研究的主流。历史研究的方法，必然要体现和符合历史进化论的规律。正如梁启超在《新史学》中给历史立下的三个相互关联的界说："历史者，叙述进化之现象也"。于是，历史（也包括建筑历史）研究的方法大体上分为两类。一类是综合演进式研究：按照历史发展的时间顺序，根据事物发展阶段进行断代，展示不同阶段事物发展的状态、水平、特征、缘由和关联，进而找出并归纳历史发展的基本规律。另一类是专题演进式研究，就建筑历史研究而言，可以将建筑发展的过程分解为不同层面，从不同视角分别对它们的发展过程进行解析。比如：建筑空间演进史、建筑技术史、建筑营造史……当然，无论哪种研究方法，都是依托于历史进化论的基本理念。

以欧洲为代表的世界建筑的近代化进程，不可豁免地体现着进化式发展的规律。它以技术、材料、社会生活与观念的革命性转变与发展为基础，完成了西洋古典建筑的现代化转型。这一过程体现为由低级到高级、由雏形到发展到兴盛再到成熟、由尝试到推广再到规范化等一系列特点，属于明显的进化式演进。

然而，中国近代建筑史却与此不同，它所呈现的是一种非进化式的发展历程。中国近代是一个特殊的历史时期。外国列强的干涉力完全盖过了中国历史发展的内在动力，使得中国近代历史冲出了自身发展规律的控制。中国建筑的近代化体现为西洋建筑的传入及其植地过程中的本土化结果，它从根本上打破了中国传统建筑几千年的独统地位，将这块曾经创造了建筑奇迹的东方建筑圣坛让位于西洋建筑。反客为主的西洋建筑成为中国近代建筑的主角。在这种外来政治、经济与文化力量的共同作用之下，中国近代建筑呈现为非线性的和非进化式的发展势态，既不同于中国古代与现代建筑的发展情况，也不同于欧洲近代建筑的发展路径。

西洋建筑在进入中国之前就已经踏上了近代化的进程，并经历了反叛、提高、完善和成熟的阶段，最终完成了现代化的转型。然而，中国建筑的近代化恰如在超市买东西：在已经经历了发展全过程并展示着不同发展阶段建筑成果的欧洲"建筑市场上"，挑选合意的"商品"——"购物者"也许并不关心商品生产的先后次序，是第几代，第几版，而更在乎自己的口味。这种在"西洋建筑超市"中，经外国人的引介或中国人的选择拿过来的舶来品，再经过为适应当地条件的本土化加工过程，恰恰是中国近代建筑发展的切实写照。

建筑的引进并不需要遵循当初它们在发展过程中的先后顺序，而是根据具体的需求和中国的实际条件所进行选择的结果。前期引进的建筑比后来引进的建筑更为先进的现象是普遍存在的。引进的顺序完全可能与发展顺序形成"倒插笔"式的结果。

因此，面对这种历史的特殊性，面对这种"选择—加工"式的发展特征，用历史研究中普遍采用的进化论方法来探索中国和沈阳近代建筑的发展规律是不恰当的，其结论也必将有所偏颇。这就需要我们打破常规，而采取一种具有针对性和科学性的研究逻辑。

因此，我们对沈阳近代建筑的研究，调整了通常所采用的将其发展过程分成若干阶段，再按照循序渐进的发展规律展开研究的路径。我们在研究之初也曾经按照惯例对沈阳近代建筑的发展分成初始阶段、成长阶段、繁盛阶段、成熟阶段和萧条阶段，再试图归纳出每一阶段的发展程度与特点。但发现在如此所得出的结论中，有许多问题解释不通，因为这不符合沈阳近代建筑发展的实际情况。因此，针对不同的研究对象，应该采取有针对性的、适合其具体情况的科学方法。

沈阳近代建筑发展的时代性与地域性特色

张　为什么要把中国的近代建筑划分出来作为一个单独的研究单元呢？

｜陈　近代建筑的英文表达"Modern Architecture"并不能将它与现代建筑明确地区别开来。事实上，现代建筑作为近代建筑的延续，没有发生质的变化。在这一点上，它不同于古代传统的石构或木构技术，在进入近代以后，由于受到工业革命浪潮的巨大冲击，建筑发生了根本性的嬗变与跨越。尽管中国的历史断代更多地受制于本国政治的影响，但是，由于近代中国处于一种任由西方列强摆布的特殊历史时期，西方影响成为左右中国近代历史断代，以至社会生活各个层面的发展与转变的决定性因素。世界上延续时间最长的建筑体系，莫过于中国传统的木构建筑。几千年的历史使它得以充分的成熟，甚至长期傲居东方之首。然而，在这种背景下的中国近代建筑也必然开始从根本上动摇了传统文化的根基，偏离了亘古以来的发展轨道，打破了中国传统几千年的独统地位。反客为主的西洋文化从上层建筑到物质基础的不同层面上，成为当时中国文化的主流与时尚。这样背景下的中国建筑，不能例外地脱离开它长期一贯且独树一帜的建筑发展路径，进入到洋化轨道之中，西洋化成为中国和沈阳近代建筑发展的时代大潮。这也使得原本在世界上独树一帜的中国传统建筑完成了一次相对于西方近代建筑演变跨度更大、转化更为彻底的变革。

因此，中国的近代建筑与古代的传统建筑发生了质的变化，它也与中国建筑在当代的发展条件有所不同。中国近代必然成为中国建筑发展过程中一段具有特殊性的历史历程。

张 沈阳近代建筑有哪些地域性的发展背景？在此背景下的沈阳建筑又有怎样的表现呢？

　|陈 近代，虽然西洋风几乎覆盖了中国全境，但不同地区的本土势力与传统文化又在不同方面和不同的程度上对西洋建筑进行着适应性的接受、融合、改造与抗争。近代的沈阳是一个极具地域性特色的城市，相对于中国的其他地区，它又具有两大特殊的背景环境。因此，沈阳的近代建筑在普遍性西洋化的同时，又呈现出某种与众不同的地域性特征。

　　第一，清末及民国时期，面对外国列强的贪婪豪夺，中国政局却呈现为军阀混战、一片散沙。对外屈辱懦弱，对内则为争得一杯残羹而不遗余力。鹬蚌之争更使得西洋势力长驱直入。沈阳则是奉系势力的大本营，"绿林"出身的张作霖将沈阳牢固地掌控在自己手中，作为进而向各派系争夺全国大权的根据地。因此，外来势力在进入沈阳的过程中，受到本土奉系势力的强势阻击。二者互不服软，又互有妥协，形成一种对抗与制衡。于是外来的近代建筑文化在进入沈阳的过程中，并非能够如同在其他地区那样呈现出居高临下、独往独来的势态，而是更多地体现为不断地受到本土文化抗争、被本土文化改造、与本土文化相互融合的运作与结果。这种背景下生成的建筑形态，既体现着"西洋风"又渗透着"东北风"；既改变着人们头脑中的固有建筑样式，又在新奇的洋式建筑中不断地流露出为人们所熟悉的传统信息。沈阳的洋式建筑谈不上"正统""经典"，甚至有些"不伦不类"，但它们并非源于"克隆"和"移植"，而是一种具有再创造性质的设计结晶。沈阳近代建筑中被叫作"洋门脸"和"中华巴洛克"的两种建筑最具代表性。

　　"洋门脸"——建筑的影响总是先外后内。人们接受一种建筑形式也总是最先注意到它表层的、直观的外部形象。所以沈阳洋风建筑传入的早期，除少数直接由西洋建筑师亲手完成者外，相当部分只是注重在外观上的模仿，甚至只是在建筑的正立面上做门脸式的西洋装饰。而在建筑的其他部分，在建筑的内部结构和空间组合方式等方面仍旧采用传统做法。老百姓把这一类建筑称作"洋门脸建筑"。即使是外部形象，也常常是在原来砖墙木构的外墙表面，以石材或混凝土做一层洋式表皮。这种表面装饰的西洋化程度又有所不同，有的搬用得"地道"些，有的仅用一些符号；有的用在建筑的某一立面，更有的仅仅是将西洋装饰点缀在院墙、院门上。对设计者和建造者来说，传统的做法更为得心应手；对使用者来说，也更符合本地长期以来的生活习惯。当然，这类建筑也不乏优秀者，它们对于引进外来信息与文化，对于后人了解当时的历史、了解当时的建筑与生活，都有其独特的意义和价值。

　　"中华巴洛克"——日本人对沈阳近代具有西洋建筑形象的折中主义建筑类型所赋予的专有称谓。这是源于巴洛克思潮对学院派经典、规范做法的反叛，追求热烈、新奇与躁动效果所形成的一类建筑内涵的重塑。沈阳近代的一些建筑，特别是许多出自本土建筑师之手的设计作品，在引进和学习西洋建筑的过程中，没有严格地遵循西洋古典建筑的规定形制，而是将西洋建筑中那些最为热烈、最具洋风特色、最有视觉冲击力的典型片段拼凑在一起，又毫无顾忌地将他们平时最为喜爱的中国传统因素加入其中，所形成的别开生面的"洋风建筑"。有些书上称它们为罗马式，也有的称其为巴洛克，其实，它们与哪种流派、哪类风格也搭不上边，只是一碟拼盘，最多称其为折中主义思潮之产物。这是因为沈阳人所关注的只是是否符合自己的"时尚口味"，是否满足具体的使用需要，是否具有技术保障的可操作性。中西方不同的思维、不同的手段、不同的技术与不同的艺术搅在一起，出现在建筑的空间组合、结构系统、内部装饰，以至建筑的外观形象之中。有人贬之为"不伦不类"，却也有人说这是"洋为中用""尽为我用"。当然，在这种建筑中再创造与设计的水平不尽相同，有的使二者在一栋建筑之中结合得体，甚至比完全照搬更为合理；也有的较为生硬，给人以拼凑之感，并不成功。但这只是设计者水平的一种体现。

尽管在一座城市中适当地搬来少量经典之洋风建筑也是可以的，但从总体上和本质上说，创造性的引进与设计应属于建筑创作更高的一个层次。

第二，中国东北地区的两个强势邻国——俄国和日本历来对东北的黑土地、丰富的资源与物产垂涎三尺，借助鸦片战争之后各国列强联手侵华的机会，加大了争夺各自在华利益的步伐和力度。由此而爆发的日俄战争最终将东北纳入日本独家侵占和抢掠的势力范围。日本一方面"理所当然"地进入奉天，另一方面又极力阻挠其他西方国家势力的渗透与进入，形成日本在沈阳独霸、独统的局面，以至于1931年之后，东北完全地沦为日本的殖民地。因此，日本在沈阳留下了数量众多的建筑和痕迹至深的文化影响。

这时的日本，正值明治维新之后的崛起时期。大批留欧建筑师学成归来，沈阳成为他们展示专业才能与学习成果的大舞台。当时由外国人设计的西洋建筑绝大比例都是经日本建筑师之手的间接性引进。他们将当时欧洲最为流行的建筑思潮带到沈阳，其中也不乏他们自己对西洋建筑的理解和体会，与此同时他们又将日本的建筑文化与传统做法融于其中。为了适应沈阳的寒冷气候、适应本地的建筑技术和建筑材料，他们又对洋风建筑进行地域适应性的调整与完善。因此，近代在沈阳出现的即使是由外国建筑师设计的洋风建筑也与其他地区的西洋建筑有所不同。

基于以上两方面的原因，沈阳的近代建筑发展在总体上体现为西洋化的同时，又在很大程度上注入了本土化的因素。因此"具有鲜明地域性特点的西洋化建筑"成为沈阳近代建筑发展在文化层面上的标志性特征。

张 设计师在推动中国和沈阳建筑近代化的过程中起到了怎样的作用呢？

|陈 在中国建筑近代化的过程中，设计师作为西洋建筑引进过程中的直接推手，所发挥的作用是十分重要的。包括对建筑形态的遴选，对建筑空间、功能内容、建筑技术、结构与设备技术、建筑材料、建筑施工等具体问题的解决，他们是建筑西洋化的诠释者与导入人；也是令西洋建筑在诸多条件与其原生地皆存差异情况下落地中国的主要运作者与实现人。因此，出自不同设计师之手的西洋风建筑，大都体现出他们的个人癖好、见解、审美观、技术专长、手法特点和设计品位。从中国和沈阳近代建筑作品中所体现出来的设计师的作用往往比其他时期更为直接与明显。

近代沈阳，按照设计师的国别大致分为两大类：西洋人和东方人。来自西洋国家的设计师在中国所提交的作品大多具有这样的共性特点。

首先，由于中国建筑的近代化主要体现为建筑西洋化的过程，而他们对西洋建筑了解透彻，娴熟掌握西洋建筑的设计要领与手法。他们的作品在较大程度上属于对西洋建筑文化直接搬用和移植的范畴，只是当建筑材料和建造技术因地域条件无法解决时，而局部地采取以地方性的材料和技术对原型做法的替代办法。在西洋人眼中，这类建筑似乎更为"正统"和"地道"。

其次，来自不同国家设计师的作品也有细微差别，在许多人眼中更真切地看到的是它们与传统中式建筑的巨大反差，而它们之间的差别往往被忽视，然而，对于中国近代建筑的专业研究，这却是不容忽略的部分。

再次，由于来自东方国家设计师是在学习别人的东西，在这个过程中必然会加入他们自己的理解和某些习惯做法。因此，他们的设计作品不可避免地会与原生地的西洋建筑有所区别和反映出设计师个人或来自国家的文化印迹，其结果就常常被人们批评为"不伦不类"和"不地道"。其实，这种对西洋建筑的改良，恰恰孕育了一种再创造因素。

　　根据对沈阳近代建筑的影响，来自东方国家的设计师又可以分为日本设计师、中国学院派设计师和非学院派设计师。

　　第一，日本的明治维新给许多日本青年带来了赴欧留学的机会，其中不乏一批接受西方建筑教育和西洋文化洗礼的青年建筑师。这批喝西洋墨水成长起来的设计师回到日本，却面临日本国内十分有限的建筑市场，大有英雄无从用武之感受。恰恰是日本在中国的利益索求成就了这些青年建筑师们的深造之旅。随着日本的侵华步伐，中国广袤的疆域成为日本国土的延展，在日本建筑师的眼前呈现出一片得以施展专业才华的广阔空间与天地。一时间，中国大地，尤其是由日本势力独霸的"南满洲"，成为日本海归建筑师们的试验场。他们留洋的学习成果在这里得到展示；他们从欧洲学来的建筑理论和设计手段，在这里转化为建筑实践和建设成果；他们对西洋建筑的认识，在这里得到升华。

　　他们的设计作品流淌着西洋建筑与东方文化相互融合的"血脉"，呈现为有别于出自"纯西洋建筑师"之手的"西洋式建筑风格"。

　　第二，近代也正是中国第一代留洋建筑师初露头角的时期。他们努力学习、解读和把握西洋建筑文化和建筑技术之真谛，贯彻着由海外导入的建筑设计理念。也正是这种理念所倡导的"紧密结合当地当时条件进行建筑设计"的思想，以及这一代设计师群体所具备的深厚的东方文化底蕴和中国人普遍的价值观，使得他们一直探索着将西洋建筑与中国实况相互结合之路。这种追求展示在他们从初始到后期一系列作品的发展与进化过程之中。他们是中国近代学院派建筑师的代表。训练有素的专业素养，使得他们的设计作品不失偏颇地体现着西洋建筑的经典与精华，追逐着西洋建筑发展的潮流。他们在外来势力当道的中国近代建筑舞台上，毫不逊色地占据着一席之地。

　　第三，论数量，由中国设计师设计的作品中更多的出自非学院派设计师之手。当时，能够出国从事建筑学专业学习并回国工作的仅是凤毛麟角。国内的建筑学专业教育又刚刚起步，每年培养毕业的学生相对于从事建筑设计工作的技术人员数量也是微不足道。也有少数留洋归来从事建筑设计且颇有成就者，他们在国外所学习的专业却并非建筑学，而是凭着他们在国外对西洋建筑的认真观察，凭着他们对建筑的挚爱和过人的聪敏，成为中国近代建筑设计队伍中的重要力量（如原留洋意大利学水利后改做建筑设计的天津的沈理源、原在美国学矿冶回国兼作建筑师的沈阳的穆继多）。大多数在沈阳从事建筑设计的中国设计师并没有受过建筑学专业高等教育，而是出自土木、测绘等专业的专科学校，或是由原建筑绘图员转身设计工作，或是在工程实践中摸索成长起来的设计师。

　　这类"非学院派设计师"对西洋建筑中严谨的秩序、规制并不了解，也无从深究，他们的目光往往聚焦于对西洋建筑样式中最华丽、热烈、抓人眼球的部位与片段的模仿，将这些符号拼合在一起，具有十分典型的"折中主义"特征。

　　也许，从西洋建筑的角度来看，他们的作品并非经典，但绝对不失西洋风范，反而其西洋建筑的形态气氛往往十分浓烈，且以繁杂的细部令建筑更具装饰性。为追求洋风样式，不但会毫不犹豫地略掉学院派的种种清规戒律，甚至不顾建筑形式与功能的一致性、内部空间与外形的一致性，建筑形态与结构关系的一致性。这种不按规矩出牌的成果，往往更接近社会审美情趣，更符合大众口味，成为近代建筑艺术中的"波普"成分。

　　设计师在近代所担当的重要角色及其作用，成为中国建筑在不同地域形成风格差异的一个重要原因。特别是某一类设计师的作品相对集中于某一地区时，则成为构成不同的地域性建筑特色的重要原因。如上海的近代建筑大多由西洋设计师所为；大连聚集了大量日本设计师的作品；而广东、福建较多地汇聚着中国本土设计师的设计成果。因此，这些地区的洋风建筑又呈现出鲜明的地域性差异和各自的风格。

沈阳的这种现象也十分典型，主要体现在近代城市呈不同"板块结构"的各个城市区域之间。

"满铁附属地域市板块"作为日本人独统的领地，无论是中国人或西洋人都受到严格排斥。那里的建筑完全是按照日本人的需求和口味由日本建筑师引进与设计的。其作品大多呈现为具有东洋特点的新古典主义风格；"商埠地域市板块"则是多元势力的地盘，由欧美设计师和使用者按照他们的习惯与需求而直接从本国引进的建筑类型与技术在该地界之内开花结果，更接近于欧洲本土的味道，不乏甚是"地道"的欧式经典之作；位于"老城区城市板块"之内的洋风建筑大多出自中国非学院派建筑师之手，是以中国人眼中的"欧式标准"进行设计与建造的，"洋门脸""中华巴洛克"、繁琐装饰类建筑居多，折中主义味道甚浓；而于 20 世纪 40 年代突击建成的铁西工业区所体现出来的设计理念，则源自日本建筑师对"现代主义"思想的接纳与应用，从规划到单体建筑设计都是纯粹功能主义理念与现代技术的赤裸展示。因此，同处沈阳城内不同板块之中的建筑，虽然都源自欧美，都可以归结为西洋样式，但却呈现为迥异的建筑风范。这是由于建筑引入人的眼光与设计手法的区别，以及使用人的需求与价值观的不同所致。

这种地域性的差异并非仅仅表现在建筑样式方面，也体现在建筑材料与技术、建筑的发展进程等各个方面。沦陷前的近代沈阳以奉系为代表的地方势力和以日本为主体的外来势力呈势均力敌之势，各自占据自己的板块疆域，在政治、经济和行政管理方面都有其各自的独立性和自主性，互不相让又互不交往，故而导致各城市板块之间在一定程度上的封闭性和相对闭锁。正是由于它们之间的文化与技术交流受到约束与限制，更加剧了由不同的设计师所带来的地域性差异。比如 20 世纪初即由日本设计师在满铁附属地应用的红砖、混凝土、三角形屋架、框架结构等，甚至几十年后在老城区还未得到应用和推广……不同城市板块之间的建筑存在着鲜明的区别和发展顺序与跨度的差异。

所以，若笼统地将近代建筑作为一个固化的整体，去研究它的发展过程和特点，势必存在许多无法厘清的问题与矛盾，也难于找出它真正的发展规律。这也正是对沈阳近代建筑研究采取了按城市板块为单元，而非断代分期、按不同发展阶段进行研究的原因之一。

张　在技术层面上，沈阳近代建筑的发展有些什么特征吗？

|陈　中国传统的木构建筑经过长期的发展，建立起一套十分成熟、完备的技术体系。愈是成熟亦就愈是固步。正值中国建筑难于再有所突破，西洋风暴刮了进来。近代建筑以全新的形态另辟新路。于是，古老的体系受到前所未有的冲击，发生了质的变化。而这种转变，又是以建筑技术跨越性的进步作为前提和依托。近代建筑技术的发展步幅是巨大的，正是这个时期的技术成就，为现代建筑的发展奠定了直接而坚实的基础。

沈阳建筑近代化的初期，从建筑技术层面上，属于一种用传统技术对西洋建筑形态适应性的应用阶段。西方近代建筑是在石结构的基础上过渡到混凝土结构，由于混凝土与石头具有类似的坚固、敦实、大体量和可雕塑性，由石头向混凝土的转变不但使建筑的基本性格和形态能够得以保留，又为建造带来了巨大的便利与灵活。当西洋建筑样式传到沈阳，而石头和混凝土的材料与建造技术未能及时跟进的情况下，充满智慧的前辈们尝试着用当地现有的材料和技术对完全陌生的建筑形式与空间进行着适应性的尝试，并塑造出许多令人惊叹的优秀作品。其中奉天省谘议局即其中的一个典型代表，它以精湛的青砖砌筑技术和砖雕艺术将本属混凝土或石材特有的技术美演绎得淋漓尽致，其绝世的"替代技术"至今令人惊叹不已。

　　不过，沈阳建筑全面近代化的进程，还应从"新材料、新技术支持下的洋风建筑的设计与建造"算起。那么，沈阳近代建筑发展的技术性标志，主要包括以下五方面的内容：力学在建筑中的具体应用、钢筋混凝土材料与技术的引进、建筑设施与设备的近代化、建筑功能的专一性与多样性，以及工业建筑的出现与发展。

　　所谓力学在建筑中的具体应用，是说原来中国传统建筑在许多方面都体现出对力学的感性理解和应用，但从不需要进行具体的结构计算。只是从大的方面进行控制，而具体部位的构造采用大材大料，确保建筑的安全与坚固。随着洋风建筑的进入，建筑中所蕴含的建筑力学就一起被带到近代建筑之中。这是建筑发展过程中最为重要的一步跨越。

　　在沈阳近代建筑中最早的力学计算应用在屋顶部分。三角形木屋架的出现，标志着近代建筑的实质性开端。用三角形屋架取代抬梁式屋架使得木材用料大大地节省、建筑跨度可以更大、屋架受力更合理，并有效地减轻了屋面的重量。在沈阳近代早期的建筑中就已经有三角形木屋架的应用，一开始是出现在由外国人在本地设计的建筑之中，逐渐地被中国设计师所学习和接受。

　　本地近代建筑的发展顺序是由表及里，力学计算也是由外至内：最初只是将外维护部分的形式塑造成西洋样式，而结构系统仍以中国传统的木构框架作为承重体系；此后，首先在屋顶的结构部分发生了变化，经过力学计算的三角形木屋架成为近代建筑走向科学化的第一步；进而，外墙变成了承重体，由外围护部分变成了外围护结构，这时楼房各层内部的承重系统仍为木构框架；以承重墙和梁柱系统构成的砖混结构、钢筋混凝土框架结构，以及多种高层建筑结构标志着建筑技术近代化的真正实现与完成。

　　说到钢筋混凝土材料与技术的引进，要了解青砖、木材是长期以来构建沈阳传统建筑最主要的材料。洋风建筑的进入，首先体现在建筑的样式上，材料和技术仍是传统的延续，这一点在前面已经谈到。尽管这种状态打破了传统建筑材料和技术长期以来与建筑形式之间所形成的牢固、稳定与平衡关系，并推动和刺激着它们的适应性革新与提高，但是，毕竟传统材料和技术与一种全新的建筑体系并不能实现全面的对接，它们对近代建筑的空间、结构和理念的实现与表达往往很牵强，甚至力不从心。新型建筑材料和建筑技术的跟进与发展就成为必然。

　　红砖技术借日本人之手被带入沈阳。红砖的引进并不完全出自建筑样式的需要，由于红砖具有更好的受力性能，随着砖混结构形式的出现，红砖也自然地出现在建筑之中。由太田毅和吉田宗太郎于1908年设计的特大型火车站——奉天驿，以"辰野式"的建筑形象令人耳目一新。红色砖墙、白色线脚、绿色穹顶形成的色彩构图打破了沈阳城的单一色调，成为城中红砖建筑的典型代表，以及大型砖混结构具有综合性服务功能公共建筑类型的开端。而在由中国人设计的建筑中，红砖的使用则首先体现在它的装饰方面，再逐渐地被用作承重材料显示出它的受力优势。早期建造的奉天东关模范小学堂教学楼和奉天省谘议局大楼都是仅用红砖作为青砖的点缀，而此后红砖建筑则越来越多并替代了青砖的主体地位。

　　建筑材料历来是激发建筑革命性变革的重要因素之一。沈阳近代建筑发展迈出的最大一步，莫过于钢筋混凝土的引进与应用。钢筋混凝土技术进入沈阳并不很早，但发展很快。虽然1906年由日本人设计建成的七福屋百货店已是城内一座钢筋混凝土结构的多层公共建筑，但直到1910年前后的公共建筑大多仍采用砖木形式。因为，一方面在于混凝土技术的普及需要时日，另一方面当时认为"钢筋以欧美者为合格"，舶来品的价格自然昂贵，也成为早期难于普及的重要原因。即使是实力雄厚的张作霖于1922年建造的帅府大青楼，也仅是在建筑的前脸露台部位使用了钢筋混凝土结构，其他部分仍采用砖木结构，这与同期天津大多小洋楼建筑在结构形式发展的进度上有所滞后。然而，至20年代中后期，混凝土建筑迅速普及，特别是大量出现在公共建筑和工业建筑之中，这与近代社会生活对建筑功能和建筑空间的特殊需求，以及政府和日本人对该项技术的强力推进密不可分，从而造就了近代建筑的突破和快速发展。

在建筑设施与设备的近代化方面，今天我们所谓的建筑设备——水、暖、电等及其相关设施，恰恰也是在近代才与建筑形成直接的联系。无疑，这使沈阳人的城市生活发生了质的改变。这一步巨大的跨越却来得十分迅速。曾几何时，令今天沈阳人难以置信、甚至觉得可笑的"马拉铁道"正式营运，竟在当时成为引起全城轰动的重大事件。然而，仅仅时隔两年（1909），在沈阳建立起的电灯厂就开始正式发电、送电。随后电话、电报、自来水等设施都在沈阳城陆续出现。城市亮了，家庭亮了，自来水进屋了，严寒的冬季不再靠生炉子房间里依然暖洋洋，在这些可能令今人不以为然的变化之中，体现着巨大的社会进步与建筑业里程碑式的发展。

国外的设备与技术被引进的同时，也在按照当地的具体情况和要求被改进着、完善着。由日本人设计的满铁社宅为了适应沈阳寒冷的气候，创造性地采用了一种叫作"撒拉杳"的供热方式——在几个相邻房间共同的屋角处设一个圆柱形的锅炉，可以同时为几个房间供暖。电梯出现在公共建筑之中、有轨电车代替了马拉铁道、沈阳也成为国内最早广泛应用煤气的城市之一。特别重要的，又在于建筑设备与技术成为沈阳现代工业及工业建筑产生和发展的前提与必备条件。

说到建筑功能的专一性与多样性，需要先了解中国传统建筑虽有殿、堂、轩、亭等称谓之分，但其空间形式大同小异。若用以居住，规模大、装修豪华者可作宫殿或神殿，反之就为民居。四周以墙壁实围者称为"堂"，以门窗虚围之则为"轩"。单侧不设墙可作"廊"，双面无墙者为"门道"，三侧不设墙可用作"戏台"，四面皆无墙乃"亭"也。几乎可以说，中国建筑是以不变之空间应对万变之功用。这也是基于中国古代社会生活内容相对单一，对建筑空间特点的要求不高，而以梁柱作为主要承重构件的木构框架体系，基本可以满足不同的生活方式，而不必在增加建筑类型方面花费心思了。

近代，伴随着洋风建筑进来的也包括了丰富多彩且前所未见的生活方式。单一类型的空间形式逐渐不能满足相互差别巨大的行为模式和人们对具有个性空间品质要求的不断提高。于是，有声电影院、百货商店、电报电话局、西式医院、洋学堂、广播放送局、体育场等多种多样的新的建筑类型应运而生。建筑功能专一化、多样化成为沈阳乃至中国近代建筑发展过程中的显著标志之一。不同的建筑功能不仅令建筑空间的形态丰富起来，也为建筑技术的发展注入了极大的推动力。对大跨度、灵活分隔、高层、专业工艺等需求，使得建筑的科技含量迅速提升。原本以手工劳动作为特征的建筑业开始与科学技术接上了轨，并进入到同步发展期。

于20世纪20年代兴建的银行建筑成为沈阳近代数量为众的一类新型公共建筑。由日本人设计修建的朝鲜银行奉天支店（1919）、东洋拓殖银行奉天支店（1922）、横滨正金银行奉天支店（1925）；美国人设计的花旗银行（1921）、英国人设计的汇丰银行（1932）；中国人自行设计的东三省官银号（1929）、边业银行（1930）、志诚银行（1932）等西式金融建筑改变了中式钱庄、票号的四合院式传统格局。另外，如满铁大连医院奉天分院本馆（1909）、耶稣圣心堂（1912）、满铁奉天图书馆（1921）、东北大学理工楼（1925）、奉天邮务管理局（1927）、吉顺丝房（1928）、奉天大和宾馆（1929）、奉天国际运动场（1930）、同泽俱乐部（1930）、平安座电影院（1940）……内容丰富的新建筑类型如雨后春笋般出现在近代沈阳城中，显著地改变着沈阳的城市形态，记载着沈阳建筑近代化所取得的成就。

再说工业建筑的出现与发展。进入近代之前，沈阳的工业基础十分薄弱。清末在洋务运动、戊戌变法的刺激下，盛京（沈阳）地方当局开始考虑修建铁路、开设矿山、开设工厂等事务。1895年盛京将军依柯唐阿奏请清政府批准，成立了"盛京机器局"（后改名奉天机器局）——沈阳第一次出现了官办的机械厂，成为沈阳现代工业的开端。特别是进入民国时期，张作霖为发展奉系实力，大力发展工业和铁路。军事工业、炼铁业、机械工业、机车制造、飞机修理等成为沈阳近代工业的主体产业。沈阳被迫开埠以后，沈阳的民族工业在与外来资本工业竞争的过程中，得到了更加迅速的发展，很快在中国成为举足轻重的工业之城。1931年沈阳沦陷，成为日本的殖民地，沈阳工业全部落入日本人之手。鉴于沈阳的工业基础，日本人操纵的伪满洲国为其侵华战争需要，将沈阳作为工业中心加速进行建设。在继续发展原有工业的基础上，又倾全力开发和建设沈阳铁西工业区，一大批规模、设备、产品皆为一流的工厂建成投产。重工业城市从此成为沈阳城市性质的基本定位。尽管日本战败投降前对沈阳工业进行了摧毁和破坏，但1949年以后国家的大规模投入与建设，使沈阳成为国家重要的工业基地和闻名遐迩的工业之都。

工业的需要促动着工业建筑的进步，也为其发展提供了优越的条件和保障。进入近代之前，沈阳发达的传统手工业对建筑并没有过多的要求。然而，现代的大机器生产完全改变了小作坊式的生产方式。不同的生产线、不同的生产工艺对工业建筑提出了与其他建筑类型完全不同的要求。特别是在巨大的内部空间、良好均匀的采光和通风条件、能够运行生产的起吊设备、耐热耐腐蚀的工作环境、必须严格遵守的生产流程、不同设施设备的安装与使用要求等多方面都对建筑提出了特殊的要求。正是新技术和新材料的出现为工业建筑的发展提供了必备的条件。最初，以三角形木屋架有效地加大了建筑的跨度。位于城内北中街的仓库即为采用了三角形木屋架的木结构体系，并装有简易电动提升梯。以钢材代替木材的三角形屋架使得建筑的跨度、受力与耐腐条件都得到更大的改善。位于沈阳北市场东侧的原英美烟草公司的生产车间即属采用了三角形钢屋架的混合结构建筑。钢筋混凝土的普遍使用，令工业建筑的发展迈出了重大的一步。各种单层厂房、多层厂房、承担吊车运行工作的柱梁结构、锯齿形天窗、各种冷却设施、高大的烟囱、形形色色的传送装置……复杂的生产要求随着建筑技术的进步逐一得到了保证。沈阳相对先进的工业条件又对近代建筑的工业化以及建筑技术、建筑设备的发展与提高，给予了重要的支持和推动。沈阳近代的工业建筑与沈阳的近代工业同步，走在发展的前列，也成为沈阳建筑近代化的重要标志之一。

近代是建筑发生着巨大变化和质的跨越的时代。沈阳建筑近代化的标志性特征既展示着沈阳建筑在近代的发展足迹，又体现了其在中国近代建筑史上的特殊地位。

张 非常感谢您与我们分享沈阳近代建筑研究的成果，并感谢您在建筑史研究上提出的观点与方法。我们收获很大。

丨陈 不要客气。希望这点经验之谈对你们了解沈阳建筑和建筑史研究能有帮助。也希望你们今后能做得更好！

遗产调查与保护实践

- "台湾古迹修复之父"李乾朗先生的故事（赖德霖）
- 范清净先生谈晋江中心城区更新（王翊加、齐晓瑾）

"台湾古迹修复之父" 李乾朗先生的故事

受访者
简介

李乾朗

男，1949 年 9 月生，台湾台北市人，杰出建筑史家，任教于台北 "中国文化大学" 建筑及都市设计学系，担任台湾古迹审查委员、古迹维护志工、古迹修护研究者。被誉为 "台湾古迹修复之父" [1]。出版《金门民居建筑》（台北，1978 年）、《台湾建筑史》（台北，1979 年）、《台湾近代建筑》（台北，1980 年）、《传统建筑入门》（台北，1984 年）、《传统营建匠师派别之调查研究》（台北，1988 年）、《宜兰昭应宫调查研究》（台北，1988 年）、《艋舺龙山寺调查研究》（台北，1992 年）、《台湾近代建筑风格》（台北，1994 年）、《台湾建筑百年》（台北，1995 年）、《台湾建筑阅览》（台北，1996 年）、《台湾建筑问题》（台北，1996 年）、《大龙峒保安宫建筑与装饰艺术》（台北，1997 年）、《台湾近代建筑》（台北，1998 年）、《台湾建筑百年》（增订）（台北，1999 年）、《20 世纪台湾建筑》（台北，2001 年）、《台湾古建筑图解事典》（台北，远流，2003 年）、《19 世纪台湾建筑》（台北，2005 年）、《台湾寺庙建筑大师陈应彬传》（台北，2005 年）、《巨匠神工》（台北，2008 年）、《台湾建筑史》（台北，2008 年）、《百年古迹沧桑：台湾建筑保存纪事》（台北，2014 年）等诸多著作。

采访者： 赖德霖（记录整理并注释）

访谈时间： 2014 年 4 月 2 日、5 月 4 日

访谈地点： 台北敦化南路一段 161 巷李乾朗古建筑研究室，并结合李先生于 "古迹仙林衡道教授 99 冥诞演讲座谈会" 上的发言整理

整理时间： 2014 年 5 月

审阅情况： 本文经过李先生本人审阅。2018 年 1 月更新注释

访谈背景： 2014 年 1 月至 6 月，我利用学术休假到台湾访研，同时参观台湾建筑并拜访建筑界贤哲。经宋立文博士介绍和引领两次拜访了李先生，并有幸受邀旁听台北书院 2014 年 5 月 27 日在中山堂举办的 "古迹仙林衡道教授 99 冥诞演讲座谈会"。

李乾朗先生

我老家在淡水。1978 年至 1988 年在淡江大学任教。我 1968 年上台北"中国文化大学"建筑及都市计划学系。开始知道中国建筑的浩瀚无边是从听卢毓骏先生 [2] 的课开始。卢先生是福州人,讲话有福州口音(福州话与闽南话不通)。通过耳濡目染,他了解一些福州地方建筑。他早年去法国勤工俭学,学习了 3 年公共工程。回国后在考试院工作。院长戴季陶很赏识他。戴去河南,为提拔卢,请他调查白马寺。卢后来还去过西安。他设计考试院时采用了中国风格。他对中国建筑的了解就来自于福州的生活经历,以及在西安和白马寺的考察经验。这一点与梁思成不一样。营造学社的学者当时走过的地方最多。后来大多数人谈中国建筑都是根据书本,而不是根据实地经验。

我刚学中国建筑时以为中国建筑没什么好的,对它评价不高。但卢先生讲唐宋元明清建筑构造,说用 20 几个小构件而不是简单的两三个构件,这些小构件如同人的关节,可以起到抗震的作用。他的课使学生开了眼界。他上课时还讲"天人合一"等建筑哲学。但我那时还不太懂,以为不过是口号。这些道理到很多年后才理解。

卢先生上课通常将有关中国建筑构造的内容编成讲义发给学生,而自己不讲。他上课像哲学家,天南地北地说。他倾向于抽象的思维,和研究大尺度的城市。他著作中有关中国建筑的细节可能是引自《清式营造则例》。他也认识著名甲骨学家、古史学家董作宾,可能通过董知道王国维对明堂的研究。

从 1960 年到 1980 年,台湾吸引了不少高级知识分子。如林语堂是漳州(龙溪)人。(龙溪的话我懂)他年轻时去过欧美,晚年来台。台湾这种人很多。还有如著名的"渡海三家"——张大千、溥心畬和黄君璧,他们对台湾当代艺术影响深远。

我后来帮助卢先生的儿子卢伟民(都市计划师)出版了《卢毓骏教授文集》(1988)。我感到遗憾的是没有采访过张昌华先生 [3]。他的太太是朱启钤的孙女。他本人活了 101 岁。我在大学时代就认识了他。当时我有朋友在张的事务所工作,因我喜欢画画,就让我来帮忙设计竞赛的透视图。张接见了我,告诉我他想如何画。我很尽力。20 多年后与张见面他还能马上叫出我的名字。台北南海路的教师会馆与民生北路台北大学大门左侧的建筑就是张的作品,有路易·康(Louis Kahn)的影响。

　　我读书时所能见的古建筑资料有黄宝瑜[4]的《中国建筑史》（他在大陆时是刘敦桢先生的学生）、张绍载的《中国的建筑艺术》[5]、卢毓骏的《中国建筑营造法》、乐嘉藻的《中国建筑史》，还有画报《大好河山》（上、下）。20世纪60年代托人从香港买《中国建筑简史》，进海关时还要把版权页用笔涂黑。

　　林衡道先生被誉为台湾的"古迹仙"。他的祖母是陈宝琛的妹妹，父亲是林熊祥。一幅20世纪30年代的福州的地图上曾标有"林熊祥宅"，在杨桥巷。可见他们家的势力之大。林衡道本人生在日本，很小时被抱回福州，所以熟悉福州的三坊七巷，喜欢福州建筑白墙黑瓦和木本色的风格。他是二战后最早注意台湾古迹的学者。他学的是经济学，但却是从文化人类学的角度研究台湾古迹。他以大量的田野调查为基础，走遍了台湾大大小小的城镇。他曾学日本的古文，所以日文比很多日本人还好。但他坚持用中文写作。曾出版过30多本（有人更正为近60本）著作，并钻小巷弄，拿着麦克风给公众讲古迹，最早树立了古迹导游的风范。1972年他在淡江举办踏勘淡水古迹的活动。因为我是淡水人，所以就跟着他看。那也是我第一次见到他。他晚年很寂寞。如一起坐车出去看古迹，别人抽空睡觉，只有他和司机不睡。他坐在前排，回头看见谁睁了眼睛，就会走过来聊天，以至于大家有了默契，估计他要回头了，就赶紧闭眼。但我爱陪他聊。1997年他景行（丧礼）之时用的明器建筑采用了福州样式和台湾样式马背（按：即山墙），就是我和邱秀堂设计的。

　　大学毕业后，我从1973年至1974年在金门服兵役。当时解放军每隔一天就打宣传弹。我曾在传单中看到过关于南京长江大桥竣工通车的宣传。通常弹头会钻入泥土。弹头是钢的。我们第二天把它们挖出来，卖到店里去打制菜刀。我们还养狗，因为有时对岸的橡皮艇会悄悄过来，有狗就可以报信。我们与狗很有感情。但退伍时不能将狗带回台湾，结果被老兵杀了吃掉，很令人伤心。

　　1978年出版的《金门民居建筑》是我的第一本著作，调查工作就是在服兵役期间作的。当时我利用每周一天的休息日调查当地建筑。当兵期间只有一次得到了一周长假。事情是这样的：当时端午节和农历新年部队里搞壁报比赛，别人画壁报，而我搞剪纸，长官认为中国传统过节就搞剪纸，我的作品唤起了他年轻时的记忆。结果我的壁报设计出奇制胜，两次获得第一。于是长官奖励我，让我休息一周。我利用这段时间去调查建筑，收获特大。

　　我退役后没有与长官再联系。20年后在报纸上看到他晋升少将的消息。又过了一些年，有一次我为古迹解说员们上课，长官也在其中。他退休后担任了观光局的业余导游员，所以来听我讲课。下课后他主动过来问："李老师，你还认识我吗？"我一眼就认出他，马上叫"黄长官！"并向他敬礼。这是后话。

　　那时我拍照用的相机是从当地照相馆借的。而反转片则是请家人在台湾买再寄过去的。照完后要寄回台湾冲印，再寄回金门给我看效果，最后我退役时又带回台湾，所以可以说每一卷胶卷都经过了4次金门与台湾之间的旅行。当时还没有谈恋爱，自己的薪水都用在了研究之上。同袍们知道我作古建筑研究，也支持我，他们看到有特色的建筑回来就告诉我，建议我也去看。

　　我自己测绘，有时就靠步测和脚量。测绘图画在部队中所用的纸上。我在自己画的地图上标注了考查过的地方。当时回台湾时是要经过保防官的临时检查（临检）的。这些图如果被查到，他们就可能把我看作间谍。

　　我研究台湾建筑是20世纪70年代开始。但如果再早20年就更好了，因为那时匠师更多些。我起初没有注意到匠作流派。修林家花园时去找营造厂商，问他们是否认识会修的老木匠。通过介绍我认识了一位鹿港老木匠，并向他请教了许多技术问题。

　　研究陈应彬[6]，我先找到了他的孙子，他也是一位木匠，对祖辈有继承，一脉相传，非常难得。更宝贵的是，还有设计图留下来。这样的人今天在福建、广东应该还有，但不知是否来得及。如潮州的吴国智是位木匠，年纪有 60 岁左右。他写过潮州"驸马府"研究。我问他的师傅是谁，他答都已经过世。所以我也就无法再多了解。[7] 我曾在 2001 年的"中国传统民居营造与技术研讨会"上呼吁，全面调查并记录口述历史刻不容缓。

中国科技大学的阎亚宁[8]先生研究过另一位匠师王益顺的家族渊源。最近还有一位匠师——庄武男——的建筑彩绘被提报文化遗产。还出版了《台湾古建筑彩绘——庄武男画师作品研究》。柴泽俊先生写《山西琉璃》。他根据琉璃瓦背后的题记发现乔家工匠。可惜木工匠师就没有留下记录。

梁思成先生向工匠请教古建筑的做法。如他书中记录的彩画画法细部有一处写作"狗死咬"，工匠的意思可能是"钩丝咬"，他是按发音记录。他请教过许多清宫留下来的老匠师，不过他也没有追踪工匠的师承，也没有搜集他们的工具。我看古建筑喜欢与工匠们交谈。最喜欢看施工过程中的房子，因为这样才能看到榫头等节点。我还收藏木工的墨斗，大概已搜集了 200 多个。采访工匠要多听他们讲，不要用自己知道的名词术语去解释他们的工作，这样才能了解到他们世代相传的术语。

清代的样式雷家早先是从江西北迁的。这样的迁徙促进了南北意匠的交流。如清代建筑中的"雀替"本是南方做法，山西佛光寺和蓟县独乐寺都没有用雀替。北方建筑用柱头斗，所以不需要雀替，后者是穿斗式建筑的传统。这就像京剧的"徽班进京"。

对于工匠都应该留下记录，这样才有脉络可寻。可是中国在这方面做得很差，远不如西方。如意大利 Brunelleschi（布鲁内列斯基）和 Michelangelo（米开朗琪罗）的图纸今天都能看到。日本也比我们做得好。有人说"君子不党"，但是艺术中必须有派，如吴派、岭南派。又如茶道在唐代传入日本，日本人又对它进行发展。如千利休，茶碗都要自己设计，有所谓"利休灰"。后来黑川纪章又把这个词用到建筑，讲"灰空间"。这就是日本人理论的建构过程。中国的教育在这方面还有欠缺，需要改革。

说起来乾隆皇帝很了不起。我曾写过文章称赞他的建筑有想象力。如故宫禊赏亭，下面有流杯渠。千秋亭取"天圆地方"之意，但平面不是正方，是白塔基座那样的"曼陀罗"形，很有创意。

我看过中央电视台拍摄的关于梁思成和林徽因的八集电视纪录片。拍得很好。2009 年林洙女士访问过台湾。我陪她去参观了台中雾峰林家的五桂楼。那是当年梁启超来台湾时住过的地方。2005 年梁再冰也来过台湾。我陪她去台大。她要看傅斯年墓，在那里沉思许久。抗战中梁家人在李庄贫病交加，傅斯年曾帮助过他们。

顺便说，我前几天还收到林洙老师寄来的书《梁思成西南建筑图说》。这本书表明梁先生做过西南建筑的调查，包括民居、地方小庙，还有寺街。后来有人批评梁先生眼里只有宫殿建筑，这是不公平的。其实每个人眼里都有自己的重点，工作要分先后和轻重缓急。梁先生当时要找中国建筑的源头。这在当时还不清楚，当然就必须去关注。1955 年刘敦桢先生批判梁思成先生。当时迫于政治压力，这是历史的悲剧。

梁先生在那个时代搞研究，谈样式分类，可能故意避免谈民俗和风水等所谓迷信的东西。福建、广东、江西人重视风水应与南方的地理条件有关，因为地形崎岖不平，建房要考虑地形。我去大陆开会，认识了华南理工大学的程建军、吴庆洲老师。他们在 1980 年代研究中国建筑，不必再担心被批判，所以敢想敢说。我和他们有很多话可谈。我曾经写过一篇文章"台湾民居的人体意象"，指出台湾民居很多地方是对人体的比拟。其实中国人对名词一直很重视，所谓"必也正名之"。所以我们可以看出建筑设计与身体的关系。吴庆洲老师曾有文章谈中国城市规划的"法地象天"问题。

　　我研究金门建筑时注意到当地建筑中的象征性，感到建筑造型的背后有意义。我曾经访问过鹿港的匠师施水龙。但对他的一些讲法有怀疑。我在1984年的书《传统建筑入门》中投石问路，指出马背的不同造型有五行的象征含义。当时并不是百分之百的肯定。但在1990年出版的《广东民居》中，作者陆元鼎教授通过调查也有与我不谋而合的解释，而且有两个造型的意义我不确定，而《广东民居》解答了。这使我（对风水及象征性问题的研究）更有信心。

　　我去过很多次大陆，走过很多地方。不了解我的人会问我去过哪里，但了解我的人则会问我还没有去过哪里。

1　参见"规划设计者李乾朗：不可思议"，《自由时报》，2008年10月24日，http://news.ltn.com.tw/news/life/paper/252870。

2　卢毓骏（字于正，1904—1975），福建福州人。1920年代留学于法国巴黎国立公共工程大学，并曾任巴黎大学都市计划学院研究员。1928年后先后任南京特别市市政府工务局技正科员、建筑课课长，市政府技术专员，中央大学建筑工程系兼职教授。1933后任职于考试院典试委员会及试务处。1944年后考试院考选委员会处长。1945年8月日本投降后，受考试院指定为队长，代表考试院随同政府接收人员到京接收考试院。后曾任天津（直辖）市政府工务局长，考试院考选委员会委员，制宪国民大会代表，南京建筑技师工会监事。1949年赴台，先后任台湾大学教授，第一至第四届考试委员。1962年创办台湾中国文化大学建筑与都市设计学系，任第一届系主任。1965年担任各界纪念国父百年诞辰筹备委员会国父纪念堂建筑委员兼设计组组长。因历年办理考试院各种人员考试著有成绩，曾受三等景星勋章。建筑作品包括南京考试院、考选委员会、大考场及铨叙部、汤山望云别墅、五台山孝园、高等法院，南京鸡鸣山考试院办公房，台湾科学馆，交通大学电子研究所、校舍、图书馆、实习工场、电子实验馆、教职员宿舍，中国文化大学华冈校舍规划、大仁馆、大义馆、大伦馆、菲华楼、大恩塔，司法行政部大法庭及法官训练所，台中日月潭玄奘寺及慈恩塔，考试院及两部办公大厦。译作包括柯布西耶著《建筑的新曙光，科学——诗境》和《明日之城市》，著作包括"三十年来中国之建筑工程"、《防空建筑工程学》《防空都市计划学》《新时代都市计划学》《现代建筑》（1953）、《中国建筑史与营造法》（台北，1971年）、《卢毓骏教授文集》（台北，1988年）。

3　张昌华（1908—2009？），江苏吴县人。1929年毕业于清华大学土木工程系，获学士学位。1932年毕业于美国康奈尔大学土木工程系，获硕士学位（M.S.）。曾任清华大学助教，经济委员会公路处副工程师、荐任技士，汉西公路测量队工程师兼队长，中缅运输总局、交通部及全国经济委员会公路处工程司，督察工程司、技士、技正，测量队队长、工程事务所所长，西北国营公路管理局工务组主任，昆明西南联合大学土木工程系教授，昆明、上海、台湾华泰营造厂经理，台北华泰建筑师事务所主持人。作品有台北南海路教师会馆（1967）、新竹清华大学体育馆（1969）等。

4　见本书"汉宝德先生与《明清建筑二论》——一份访谈笔记"。

5　张绍载（字建侯，1910—？），山西安义人，复旦大学土木工程毕业（1935），台湾开业建筑师，（台北）印石珍赏会会员，著有《中国的建筑艺术》（台北：东大图书有限公司，1979年）。

6　陈应彬（1864—1944），台湾台北中和积穗人，台湾著名大木匠师，继承了漳派的大木作技术。主要作品有北港朝天宫、澳底仁和宫、桃园寿山严朴子配天宫、台北大龙峒保安宫、木栅指南宫、台中林氏宗祠等。李乾朗先生关于陈的著作是《台湾寺庙建筑大师——陈应彬传》（台北，2005），李先生的这项研究本身就是一个口述史研究的范例。他在自序中说："早在1979年我写《台湾建筑史》一书时，即发现这位在台湾建筑史上占有重要一页的大木匠师，当时只知其名，未知其身世背景。1980年春节我与几位好友同去台中林氏宗祠勘察古迹，偶然在正殿墙壁上见到一帧发黄的照片，照片中坐了两排人，是庆祝祠堂落成的纪念照片。坐在中央者墨字题为林献堂，其左侧题为陈应彬。我终于见到了彬司的相貌……在板桥接云寺的老人机缘指引下，介绍我去拜访陈应彬的后人，彬司孙子陈显信与曾孙陈宗辉极为热心，为我提供了族谱。后来又认识了陈永昌、陈次武、陈胡洋与陈士树诸位先生，他们提供了许多关于彬司的点点滴滴，补充了我许多不知道的事情。在建筑方面，彬司高徒廖石成与陈专琳谈到技术方面的问题，80年代初，我常常到廖石成先生家，请他回忆50年前跟随着彬司建庙之尘封往事。"

7 香港大学龙炳颐教授指导的研究生吴鼎航在 2017 年答辩通过的有关潮州乡土建筑的博士论文就是在采访吴国智先生的基础上完成的。见 Ding Hang Wu, *Heaven, Earth and Man: Aesthetic Beauty in Chinese Traditional Vernacular Architecture – An Inquiry in the Master Builders' Oral Tradition and the Vernacular Built-form in Chaozhou*（Ph.D. dissertation of the University of Hong Kong, 2017）

8 阎亚宁，南京东南大学博士，台北中国科技大学建筑系暨研究所副教授兼文化资产保存中心主任。

范清净先生谈晋江中心城区更新

受访者简介　**范清净**

福建省晋江市政府公务人员，退休后在晋江市城市更新项目"五店市建设工作小组"担任办公室主任。

采访者： 王翊加，齐晓瑾

访谈时间： 福建晋江五店市传统街区范先生办公室

访谈地点： 2016 年 7 月 29 日

整理时间： 2017 年 12 月

审阅情况： 经范清净先生审阅修改。2018 年 3 月 5 日定稿

访谈背景： 晋江是闽南地区经济发达的县级市。20 世纪上半叶，晋江与港、澳、东南亚互动频繁，由海外源源不断流入的资金支持了数以千计的传统式闽南大厝与新式"番仔楼"的建设。这些建设为晋江带来了遍布每个乡镇的"建筑遗产"。90 年代以来，晋江逐渐成为以民营为主导的经济强县。

全域性的建筑遗产给经济强县的城市改造实践带来多种可能性。2010 年开始，晋江快速铺开多个片区的城市改造，累计拆迁超过 1 000 万平方米，中心城区建成区拓展到 105 平方公里，城镇化率提高到 63%。青阳街道的"梅岭组团"是其中第一个重点片区改造，政府在该片区引入万达集团，是第一个县级市"万达广场"项目。这片待改造片区有丰富的人文历史渊源，多处庙宇和宗祠坐落其中，为改造带来了复杂挑战。

范清净先生是晋江政府的公务人员。2010 年晋江市政府成立"五店市建设工作小组"，负责梅岭组团改造中的传统街区保护与建设工作，范先生 2015 年开始参与街区改造的具体组织工作。

庄荣耀摄即将消失的晋江，庄荣耀摄

王翊加　以下简称王
范清净　以下简称范

王　五店市改造在整个泉州地区都挺特殊的，为什么最后会做成这个样子？五店市这种开发的方式，在整个泉州地区都没有先例。我们想了解下整个建设过程的前因后果。

　范　五店市是晋江历史上比较大的县城改造[1]，可以说是动作最大的改造，之前小规模的改造也进行过。在这之前（其他地方）改造的时候，拆掉一部分标志性的建筑物、构筑物，这些东西牵动着海外华侨、在国内其他地方生活工作的晋江人的心：你要是一回来，感受到故乡就是一下子火柴盒一样的，干巴巴的、冷冰冰的、钢筋水泥的建筑，这个感情就不一样啦。

　　我还在文化部门工作的时候，曾组织一大帮搞文化、搞保护的人，成立了一个小组，对晋江拆除范围内的建筑进行一个考察评估，当然最后还是都拆掉。

王　考察评估之后还是拆掉了？

　范　都拆掉了，当时感到很无奈。但是积累了一些经验，也会造成一些社会影响。在这次五店市改造的过程中，海内海外的、各行各业的有识之士有两个感想：一个感觉到很惊讶、很惊奇，市委市政府下这么大力气不容易，要人民币六七个亿，项目这么大；第二个呢，感觉到很欣慰，之前我们的工作没有白做。

　　当然了，我们讲的是自己人，保护土地是民族的情怀，族谱上的。实际上"五店市"[2]这个名字从唐朝的时候就叫了，有一千多年了。当地人、外地人都在叫，当然外地人叫得比较少，知道得少。所以是唐朝以来一千多年一直在叫，这个名字能叫上一千多年，本身就要好好保护啦。

改造中的五店市内景，庄荣耀摄

王　之前看到您是退休后又到这边来参加五店市改造管理工作的，您肯定觉得这边的工作特别重要，那您过来当时怎么想的？

|范　想过到这边来？

王　对呀。

|范　我在宣传部那边退二线时候，刚刚退下来不太习惯，之前天天上班，现在天天躺在家里面看书、看电视，不懂得怎么办才好。一个星期总要上班几天呀，这个不好掌握。当时我们的黄部长，也调去搞征迁，让我过去帮忙。同时这"五店市"改造工作也让我过来帮忙。我纯粹从自身考虑，这边离家比较近，工作较单纯，那边要到乡下，又在太阳底下工作。

王　不，您肯定是开玩笑。您肯定是觉得这边工作比较有意义才过来的。

|范　不不不。

王　那您跟这个项目也差不多五年了，有没有印象特别深的事情？

|范　那肯定是有的。现在这些东西非常珍贵。

五店市在市中心的黄金地段，有明朝、清朝、民国、当代的，有祠堂、寺庙，有官宦人家也有平头百姓的。因为晋江在康熙年间，为了封锁台湾郑氏的政权搞了一个迁界，拆掉多少建筑？所以能留存下来的明代建筑就弥足珍贵。另外，要保护好这些最能体现老祖宗的聪明智慧的东西，只能恢复它的原样。

这些工匠是一代一代口口相传，怎么做，他都懂，但是没有形成文字、图案。

泉州地面上有好几家公司有古建设计资质，但好多都是空壳子，设计人员少，这个行业活不多，没办法容纳那么多人，养不了那么多人。还有，搞古建设计的大多是年轻的大学生，在学校里本科阶段没

贾玥摄改造后的五店市

有专门的古建课程，据说要到研究生的阶段才有这个选择。所以你让一个设计师做出一个非常地道的闽南建筑也是不可能的，要求太高啦。

这群小年轻人都是出生在套房里面、成长在套房里面，他不像我们呱呱坠地的时候，眼睛一睁开看见的就是古建筑，少年、青年时代都是在古建筑中成长的，而这些年轻人都是在套房里面生长的，没有这个概念。

又因为现在我们福建省内没有一个规范，所以这个东西做一平方米要多少钱，很难定。古建筑本身比较繁杂，现在的建筑规范都是针对钢筋水泥建筑的现代建筑。它不像古建筑用材那么讲究，工艺上那么复杂那么讲究。所以如果你要找到好的师傅，你才能干。找好的工匠尤为重要。现在定额是把熟练的师傅当作技术工人，一天才算几十块钱，而熟练师傅一天实际上要 300 元左右，相差是很大的。

王　那确实不够。

┃范　另外一个呢，闽南建筑一些工艺已经失传了。我们闽南建筑有几大典型的雕塑，一个是石雕、一个是木雕、一个是砖雕、一个是灰塑。雕刻是减法，一块材料他敲掉一个、又敲掉一个采用减法；灰塑用加法，堆上去、堆上去的加法。这个灰塑现在可以说几乎失传了。

┃范　像人物、动物这些灰塑题材，我们要花点钱做一个比较好的都找不到师傅。

那是真不行，我们晋江一些老房子的灰塑，做的非常漂亮。现在要修复，拿着照片到处找都没有人做，就说我们想做这个，能不能带我们介绍工匠，还没有谈到价钱上，就是找不到。

如果要保护这个建筑，要准备一个系列的动作，要打一个组合拳。传统工艺这事，我给你资金还不行，还有一个一个问题。比如说，愿意花钱，但是这个工艺已经失传了，怎么办？肯定是个问题，你从头再起，有没有人指导，怎么办？

这个社会发展大浪淘沙，有时候很多手艺都湮没掉了。

贾玥摄改造后的五店市

王 那如果建筑保护意识都有了之后，这些建筑工艺还会不会恢复呢？

范 很难。保护古建筑的意识起来，但这些工艺已经失传了，勉强做出这个模样出来，但是那个神态，那个神韵，已经没有了。

王 咱们古建筑修复的时候还沿用着最传统的建房方式，师傅也都是找的传统工艺的师傅？

范 对。修复过程中找的这个工匠队肯定是熟悉的。不管你构思怎么样，设计得再好，最后要通过这些工匠的双手来实现，所以他们才是主力。

王 我在楼下翻资料时候发现还有一本特别厚的、老建筑构件的记录册，每个构件都编号了，这个也是您当时的一个工作，是吗？

范 没有，我是 2015 年才来到这边的，这是之前做的。还没有拆的时候，我们的晋江博物馆组织一班专业人员考察登记，把重要的建筑整理成文本。

王 您觉得这个项目到现在，最成功的地方在哪呢？

范 最成功的地方，是我们把目光盯在晋江本地的材料上。因为现在很多农村都在新农村建设，城市、乡村都在进行改造，拆掉好多旧房子，我们就收集利用这些老旧的材料来建，毕竟他经过了上百年呐，岁月会在它上面留下痕迹。就好像我们人一样，额头上出现了很多褶子。这些老材料是货真价实的，你再怎么做旧，做出来的都没有沧桑感。那时候我们买了好多的旧建材，把它重新利用起来。这个建筑不管是仿古建筑还是我们新的建筑，看起来都是旧的。

外行的人根本看不出来，这个是我们干的比较成功的一件事。但是这个旧材料不比新材料便宜。一块新砖一块旧砖，当然是新砖贵旧砖便宜。但是旧砖买回来不能一下子就用，那里面有带灰渣的。你要把它洗掉，清洗掉之后才能用上去。还有旧材料那个破损率高，导致它的成本更高。需要清洗，洗刷掉那些灰渣后才能用上去。没有什么大感想，我就是做一些实用事而已。

王 您这些都是实际经验了，实际才做得出来的经验。

| **范** 对，我们做事实实在在的。

王 如果现在再让您做一遍这个事情，您觉得现在这么做还有哪些可以改进的地方？或者说有哪些遗憾下次做可能会做的更好？

| **范** 这是体制的问题了。比如说我们公开招投标，一般建筑公司它都没有养施工班组，它中标以后才到社会上招聘这些班组。比如说张三班组，他做得好，工艺好，底下有几个工匠，技术很过硬，他的报价就高。而李四班组呢，他一般般，他没有报高价的资本，没有那个底气，他报价就偏低啊。你说中标企业愿意选择哪一家？是吧？

可能公司会选择李四的班组，不会选择张三这个技术过硬的报价高的班组，这是一大障碍。如果从甲方，从我个人来说，我宁可多花几个钱请张三这个工艺过硬的班组，你一栋房子住上去就是上百年，要用上百年的你哪里差那万把块钱？

一栋房子几百万，两三百万，哪里差两三万块钱，这还是政府组织的，更不差那些钱。但是没办法，这种机制让我们没办法干预这个中标的东西。中标公司从利益最大化考虑，它肯定是招聘技术一般般的班组，所以我们永远也请不到好班组，作为甲方永远请不到。

1 1949 年以前，晋江县的范围包今泉州城区、晋江、石狮等地。1951 年，从晋江县析出城区和近郊设泉州市区，新设晋江县政府治所于青阳。这里提到"县城改造"，指的是 1951 年以来的"晋江县城"，不是古代晋江治所在的泉州。

2 五店市的名称自唐朝传下来的说法，来自当地民间材料。

附 录

附录一

中国建筑口述史研究大事记
（20 世纪 20 年代 –2017 年）

沈阳建筑大学 王晶莹（整理）
（文中的浅灰底部分为文史界及国外部分口述史研究背景情况）

• 20 世纪 20 年代

苏州工业专门学校建筑科主任柳士英寻访到"香山帮"匠师姚承祖，延聘他开设中国营造法课程。后教授刘敦桢受姚之托，整理姚著《营造法源》。（见赖德霖、伍江、徐苏斌主编《中国近代建筑史》，第二卷，北京：中国建筑工业出版社，2016 年，370 页）

• 20 世纪 30 年代

梁思成通过采访大木作匠师杨文起、彩画作匠师祖鹤洲，对清工部《工程做法则例》进行整理和研究，1934 年出版《清式营造则例》。（见：《清式营造则例》"序"）

• 20 世纪 40 年代

1948 年，美国史学家艾伦·耐威斯（Allan Nevins）在哥伦比亚大学建立口述历史研究室，一些中国近现代历史名人的口述传记，如《顾维钧回忆录》《何廉回忆录》《蒋廷黻回忆录》，以及对张学良的访谈，均由该室完成。

• 20 世纪 50 年代

1959 年 10 月，陈从周、王其明、王世仁和王绍周采访朱启钤，了解北京近代建筑情况。（见张复合："20 世纪初在京活动的外国建筑师及其作品"，《建筑史论文集》，第 12 辑，北京：清华大学出版社，2000 年，106 页，注释 3）

• 20 世纪 60 年代

侯幼彬协助刘敦桢编写《中国建筑史》，负责近代部分。受刘支持和介绍，采访了赵深、陈植、董大酉等前辈。（见侯幼彬："缘分——我与中国近代建筑"，《建筑师》，第 189 期，2017 年 10 月，8—15 页）

• 20 世纪 70 年代

唐德刚整理完成《顾维钧回忆录》（*The Memoires of V. K. Wellington Koo*）（1977），《胡适回忆录》（*The Memoir of Hu Shih*）（1977），《李宗仁回忆录》（*The Memoir of Li Tsung-jen*）（1979）。

• 20 世纪 80 年代

邹德侬、窦以德为撰写《中国大百科全书：建筑、园林、城市规划》，到各地的大区、省、市建筑设计院和高校与建筑师、教师举行座谈会或进行专访，计数十次，录下 100 多盘录音带。（见"邹德侬"，杨永生、王莉慧编《建筑史解码人》，北京：中国建筑工业出版社，2006 年，271-276 页）该项工作为中国现代建筑史研究中所进行的首次系统性口述史调查和记录。

东南大学研究生方拥在撰写硕士论文"童寯先生与中国近代建筑"的过程中采访了诸多童的同学、同事、学生，以及亲属和友人，并通过书信向陆谦受前辈做了请教。（见"方拥"，杨永生、王莉慧编《建筑史解码人》，北京：中国建筑工业出版社，2006 年，335-341 页）

李乾朗通过采访台湾著名大木匠师陈应彬（1864-1944）的后人并结合实物，对陈展开研究。2005 年出版著作《台湾寺庙建筑大师——陈应彬传》（台北：燕楼古建筑出版社，2005 年）。

1988 年上海市建筑工程管理局成立《上海建筑施工志》办公室，承担这部上海市地方志专志系列书之一的编撰工作。《志》办成员在广泛搜集图书档案资料的同时，也走访熟悉上海建筑施工行业历史的人物搜集口述资料。成果见《上海建筑施工志》编纂委员会编《东方"巴黎"——近代上海建筑史话》（上海：上海文化出版社，1991 年）、《上海建筑施工志》（上海：上海社会科学院出版社，1997 年）。

在中国近代建筑史研究中，赖德霖、伍江、徐苏斌等采访了陈植、谭垣、唐璞、张镈、赵冬日、黄廷爵、汪坦、刘光华等第一、二代建筑家，或他们的亲属和学生，还通过书信向更多前辈做了请教。成果见于他们各自的著作或论文。

• 20 世纪 90 年代

在口述史调查的基础上，李辉出版《摇荡的秋千——是是非非说周扬》（海天出版社，1998 年）；贺黎、杨健出版《无罪流放——66 位知识分子"五七"干校告白》（光明日报出版社，1998 年）；邢小群出版《凝望夕阳》（青岛出版社，1999 年）。

1999 年北京大学出版社策划"口述传记"丛书，出版了《风雨平生——萧乾口述自传》《小书生大时代——朱正口述自传》等。

美国学者 John Peter 出版 *The Oral History of Modern Architecture: Interview With the Greatest Architects of the Twentieth Century*（New York : H.N. Abrams, 1994）。

林洙女士在研究中国营造学社历史的过程中采访了诸多当事人和当事人亲属。成果见《叩开鲁班的大门——中国营造学社史略》（北京：中国建筑工业出版社，1995 年）。

1997 年陈喆发表"天工建筑师事务所——访唐璞先生"。（见《当代中国建筑师——唐璞》，北京：中国建筑工业出版社，1997 年，9—11 页）

同济大学研究生崔勇在撰写有关中国营造学社的博士论文过程中采访了许多当事人或当事人的亲友、学生、同事、知情人。访谈记录收入崔著《中国营造学社研究》（南京：东南大学出版社，2000 年）。

• 2000 年—2009 年

在口述史调查的基础上，陈徒手出版《人有病，天知否——一九四九年后中国文坛纪实》（人民文学出版社，2000 年）。

美国学者格罗·冯·伯姆 C（Gero von Boehm）访谈贝聿铭，出版 *Conversations with I.M. Pei: Light is the Key*（Prestel Publishing, 2000）。

天津大学研究生沈振森在撰写有关沈理源的硕士论文过程中采访了许多沈的亲属和学生。成果见 2002 年天津大学硕士论文"中国近代建筑的先驱者——建筑师沈理源研究"。

原新华社记者王军发表《城记》（北京：三联书店，2003 年），在为此书收集史料的十年间，采访了陈占祥先生本人及其亲属，以及梁思成先生的亲友、学生和同事等。

华中科技大学研究生郑德撰写硕士论文，通过现场调研获得口述资料的方式，对汉正街自建区住宅进行了考察和研究。成果见"汉正街自建住宅研究"（华中科技大学，2007 年）。

同济大学研究生钱锋在撰写有关中国近现代建筑教育的博士学位论文过程中采访了国内各高校建筑学科的一些老师，以了解各校现代建筑教育发展的历史情况。成果见钱锋、伍江《中国现代建筑教育史（1920—1980）》（北京：中国建筑工业出版社，2008 年）。

东南大学研究生刘怡在撰写有关杨廷宝的博士论文过程中采访了许多杨的学生。访谈记录收入刘和黎志涛著《中国当代杰出的建筑师、建筑教育家杨廷宝》（北京：中国建筑工业出版社，2006 年）。

香港大学研究生王浩娱在撰写博士论文的过程中采访了范文照、陆谦受等中国近代著名建筑家的后人，以及郭敦礼等 1949 年以前在大陆接受建筑教育，之后到海外发展的建筑师。成果见 Haoyu Wang, *Mainland Architects in Hong Kong after 1949: A Bifurcated History of Modern Chinese Architecture*, Ph.D. Thesis, University of Hong Kong, 2008。

原广州市设计院副总建筑师蔡德道在访谈中回顾了在 20 世纪 60—80 年代在中国建筑界作出杰出贡献的"旅游旅馆设计组"之始末，探讨了从岭南现代建筑的一代宗师夏昌世先生身上所获得的教益与经验，并阐述了现代建筑在中国的若干轶闻。见蔡德道："往事如烟——建筑口述史三则"，《新建筑》，2008 年第 5 期。

上海交通大学副教授王媛总结了建筑史研究的一般方法，并通过实例说明在建筑史尤其是民居研究中采用口述史方法的重要性，还对如何将这种方法纳入更为规范和学术化的轨道进行了探讨。（见"对建筑史研究中'口述史'方法应用的探讨——以浙西南民居考察为例"，《同济大学学报》，2009 年）

• 2010 年至今

同济大学博士段建强通过访谈大量当事人，梳理了 20 世纪 50 年代以来，尤其是 80 年代以后上海豫园修复的过程，在此基础上研究了陈从周的造园思想与保护理念、实践意义和学术贡献。成果见"陈从周先生与豫园修复研究：口述史方法的实践"，《南方建筑》，2011 年，第 4 期。

同济大学教授卢永毅在回忆资料和访谈基础上发表论文"谭垣的建筑设计教学以及对'布扎'体系的再认识"。（见《南方建筑》，2011，第 4 期）

同济大学建筑城规学院常青借助历史文字、图像和口述史资料的分析，从渊源和修复两个方面，探讨了桑珠孜宗堡的变迁真相及复原再现的特殊意义。成果见"桑珠孜宗堡历史变迁及修复工程辑要"，《建筑学报》，2011 年，第 5 期。

胡德川、宋倩通过对五位与怀化相关民众的采访，撰写论文"怀化价值及未来——五个人的怀化口述史"。（见《建筑与文化》，2011年，第10期）

同济大学建筑与城市规划学院出版《谭垣纪念文集》《吴景祥纪念文集》《黄作燊纪念文集》（北京：中国建筑工业出版社，2012年），其中汇集了诸多谭、吴、黄前辈的同事、学生、亲友的回忆文章。《黄作燊纪念文集》中还有钱锋对多位黄的学生的访谈记录。

2012年，建筑出版界前辈杨永生先生的口述自传《缅述》由李鸽、王莉慧记录、整理和编辑，由北京中国建筑工业出版社出版。

段建强发表"口述史学方法与中国近现代建筑史研究"，《2013第五届世界建筑史教学与研究国际研讨会》论文，重庆大学，2013年。

上海大学图书情报档案系连志英以档案部门城市记忆工程建设作为研究对象撰写论文"基于后保管模式及口述史方法构建城市记忆"。（见《中国档案》，2013年，第4期）

上海济光职业技术学院副教授蒲仪军将"口述史"研究方法用于微观研究和保护设计中，发表论文"陕西伊斯兰建筑鹿龄寺及周边环境再生研究——从口述史开始"。（见《华中建筑》，2013年，第5期）

东南大学建筑历史与理论研究所通过采访当事人，编辑出版了《中国建筑研究室口述史（1953-1965）》（南京：东南大学出版社，2013年）。

2013年，中国建筑工业出版社推出"建筑名家口述史丛书"，已出版刘先觉《建筑轶事见闻录》（杨晓龙整理，2013年）、潘谷西《一隅之耕》（李海清、单踊整理，2016年）、侯幼彬《寻觅建筑之道》（李婉贞整理，2017年）。

天津大学张倩楠撰写硕士论文，探讨口述史方法在江南古典园林营造技艺研究、园林修缮研究和记录，以及园林研究学者个案研究方面的意义和价值。成果见"江南古典园林及其学术史研究中的口述史方法初探"（天津大学建筑学院，2014年）。

北京建筑大学教授黄元炤出版《当代建筑师访谈录》（北京，中国建筑工业出版社，2014年）。

清华同衡规划院历史文化名城所在福州上下杭历史街区针对1949年之前街区生活的记忆进行了口述史记录工作，成果见齐晓瑾、霍晓卫、张晶晶"城市历史街区空间形成解读——基于口述史等方法的福州上下杭历史街区研究"，2014年《中国建筑史学会年会暨学术研讨会论文集》。

清华大学副教授程晓喜受中国科协的委托于2014年7月启动清华大学建筑学院教授关肇邺院士学术成长资料采集工程并担任项目负责人。采集内容包括口述文字资料、证书、证件、信件、手稿、著作、论文、报道、评论、照片、图纸、档案，以及视频影像和音频资料，其中对关本人的直接访谈1 786分钟，对多位中国工程院院士的访谈录音229分钟。

清华大学教师刘亦师在文献研究的基础上结合对13名健在的中国建筑学会重要成员和历届领导班子成员的口述访谈，撰写了"中国建筑学会60年史略——从机构史视角看中国现代建筑的发展"。（见《新建筑》，2015年，第2期）

河北工程大学建筑学院副教授武晶以关键人物的口述访谈和相关文献为基础，撰写博士论文"关于《外国建筑史》史学的抢救性研究"（天津：天津大学建筑学院，2016年）

中国城市规划设计研究院邹德慈工作室教授级高级城市规划师李浩博士在大量访谈的基础上完成并出版了《八大重点城市规划——新中国成立初期的城市规划历史研究》（上、下卷）（北京：中国建筑工业出版社，2016年）和《城·事·人——城市规划前辈访谈录》（1～5辑）（北京：中国建筑工业出版社，2017年）。

　　2016年，清华同衡规划院齐晓瑾、王翊加、张若冰与北京大学历史学系研究生杨园章、社会学系研究生周颖等在福建省晋江市五店市历史街区就宗祠重建、地方文书传承、建筑修缮和大木技艺传承等问题进行系列口述史记录与历史材料解读。调研成果与访谈记录参加《第七届深圳香港城市／建筑双年展》（2017），其他成果待发表。

　　清华大学教师刘亦师结合文献研究和口述史料，对北京市建筑设计研究院有限公司的前身公营永茂建筑公司的创设背景、发展轨迹、领导成员、职员名单及内部的各种管理制度等内容进行梳理。成果见"永茂建筑公司若干史料拾纂（一）：机构之创设及其演替（1949～1952）、（二）：制度建设（1949～1952）、（三）：国民塑造与国家建构"，《建筑创作》，2017年，第4、5期。

　　2017年，中国高校第一部以口述史方式完成的院史记录《东南大学建筑学院教师访谈录》由东南大学建筑学院教师访谈录编写组采访和编辑整理，由南京东南大学出版社出版。其中有对不同时期23位老教师的访谈记录。

　　香港大学吴鼎航通过采访大木匠师吴国智完成有关潮州乡土建筑的博士论文。成果见 Ding Hang Wu, *Heaven, Earth and Man: Aesthetic Beauty in Chinese Traditional Vernacular Architecture – An Inquiry in the Master Builders' Oral Tradition and the Vernacular Built-form in Chaozhou*, Ph.D. Dissertation, University of Hong Kong, 2017。

附录二

赖德霖致马国馨院士信（节录）

马老师：您好！

……

　　2012 年与金磊、李沉先生等在一起时，我曾建议《建筑创作》开辟"中国建筑一甲子"专栏，每年都登一些 60 年前的故事。2015 年年底我又建议一些学界朋友，把每年的校庆当作新生聆听和记录老毕业生故事的机会，发动每班学生与 30 年、40 年，甚至 50 年前的学长建立联系，让学校师生和业界校友有更多联系和互动。希望能够实现。

　　您提到北京院几位前辈老总去世的消息，更使我感到加紧口述史工作的必要。杨永生先生生前曾一再动员老前辈们写自传，但回应者寥寥。我想这是因为那些老前辈经历太丰富，工作又太忙，且他们惯于设计而不惯于写作，所以难免会感到无从下笔。甚至杨总自己，也是已经到了癌症晚期，才借助几位年轻编辑的录音记录，完成了自己的口述回忆。您建议张（开济）总、周（治良）总和胡（庆章）总而没有结果，我想也是同样原因。像您一样重视学术、关心历史、理论联系实际、笔耕不辍的中国建筑师无疑太少。所以当务之急，我想应该建立一种可以使口述史记录大众化和常态化的机制。我想到的具体做法就是发动各校研究生，特别是建筑史专业研究生，每人都把采访一位建筑前辈（如老师、建筑师、工程师、学者、编辑、官员、建筑商）当作研究生学习一项必修的训练和毕业论文的一份不可缺少的附录，并由建筑学会要求各专业杂志都开设相关专栏，不断发表。各学会分会可以在年会上组织专门研讨，协调这项工作的内容（如与中国建筑史相关的人物、事件、实物、文献）和方法（如采访技巧），再进一步督促高校去记录和整理。各设计院也不能只关心创造历史而不关心记录历史，都应该把总结和整理自己的过去当作一项常规业务，成立专门基金，与高校合作，鼓励研究生去写。试想中国高校建筑研究生每年都有数百甚至上千人，但多数论文答辩后就束之高阁，少有实际社会功用，这不只是学术资源的浪费，更是历史财富的浪费。如果能够善加利用，无论对业界还是对学界都是福音。

　　……

德霖 拜上

2016 年 3 月 16 日

附录三

编者与采访人简介

（按姓氏拼音排序）

陈伯超 男，原沈阳建筑工程学院院长，现任沈阳建筑大学教授、博导，中国建筑学会常务理事、中国建筑学会工业建筑遗产委员会副会长、辽宁省土木建筑学会副理事长。主要研究领域为建筑地域性理论、中国近现代建筑，参与五卷本《中国近代建筑史》（2016）的编写工作。

戴　路 女，天津大学博士，现为天津大学建筑学院教授。主要研究方向：中国现代建筑的动态跟踪、20世纪中国建筑遗产保护、地域性建筑、建筑设计与可持续发展研究。代表著作：《印度现代建筑》（与邹德侬合著，2002），译著2部（《当代世界建筑》2003，《街道与形态》2011）；参与编写《中国现代建筑史》（2001），国家级教材2部（《中国现代建筑史》2010，《外国园林史》2011），《建筑设计资料集》（第八分册，2017）；在国内外核心期刊发表学术论文40余篇。主持完成国家自然科学基金项目"中国现代建筑史继续研究（2000—2010）"，参与完成 "中国建筑理论学者及其主要建筑创作理论的系统性研究（1980—2010）"等三项国家自然科学基金项目课题。

董苏华 女，中国建筑工业出版社首席策划，张钦楠著译图书《20世纪世界建筑精品集锦》(中文版、英文版，各10卷)，《20世纪建筑学的演变：一个概要陈述》（中文版、英文版、德文版），《人文主义建筑学——情趣史的研究》，以及专著《槛外人言——学习建筑理论的一些浅识》《阅读建筑》等的责任编辑之一。

侯　丽 女，同济大学建筑与城市规划学院副教授。1997年获同济大学城市规划与设计硕士学位后留校任教，2004—2009年在哈佛大学设计研究生院就读，先后获设计硕士及博士学位。2014— 2015年曾任哈佛燕京学社高级研究学者。研究专注于规划历史与理论领域，包括规划教育、学科发展、苏联模式影响和中国特色规划体系的发展与变革等。近期发表著作有《鲍立克在上海：近代中国大都市的战后规划与重建》（同济大学出版社，2016），*Urban Planning Education: Beginnings, Global Movement and Future Prospects*（Springer, 2017）和 *Building for Oil: Daqing and the Formation of the Chinese Socialist State*(Harvard Asia Center & Harvard University Press, 2018)。

华霞虹 女，同济大学建筑历史与理论博士，耶鲁大学访问学者，现为同济大学建筑系副教授，国家一级注册建筑师，中国建筑学会建筑评论分会学术委员会委员，《时代建筑》兼职编辑，阿科米星建筑设计事务所文化顾问。主要学术兴趣：中国现当代建筑史、日常城市研究与普通建筑更新、消费文化中的当代建筑。合著《上海邬达克建筑地图》（2013）、《绿房子》（2015）、《中国传统建筑解析与传承（上海卷）》（2017，传承篇负责人）等，并参与五卷本《中国近代建筑史》（2016）的编写工作。2018年10月即将合作出版《同济大学建筑设计院60年史》和《同济设计60年口述史》。

赖德霖　男，北京清华大学建筑历史与理论专业和美国芝加哥大学中国美术史专业博士，现为美国路易维尔大学美术系教授、美术史教研室主任。主要研究领域为中国近代建筑与城市。曾与王浩娱等合编《近代哲匠录：中国近代重要建筑师、建筑事务所名录》（2006），与伍江、徐苏斌等合编五卷本《中国近代建筑史》（2016）。主要著作有：《中国近代建筑史研究》（2007）、《民国礼制建筑与中山纪念》（2012）、《走进建筑 走进建筑史——赖德霖自选集》（2012）、《中国近代思想史与建筑史学史》（2016）。

李　浩　男，城市规划博士，中国城市规划设计研究院邹德慈院士工作室主任研究员，教授级高级城市规划师，注册城市规划师。主持国家自然科学基金项目2项，中国博士后科学基金项目2项。曾获华夏建设科学技术奖一等奖、重庆市优秀博士学位论文奖等多项奖励。已出版《八大重点城市规划》《城·事·人》（访谈录）等十余本著作，发表学术论文100余篇。主攻学术方向：中国当代城市规划科学史。

李　华　女，重庆建筑工程学院建筑学硕士，英国建筑联盟学院（AA）博士，现为东南大学建筑学院建筑历史与理论研究所副教授、博士生导师。主要研究方向：建筑与现代性、现当代建筑理论、中国现当代建筑史、跨语境建筑实践与传播。自2008年起，合作策划并组织了"AS当代建筑理论论坛系列"（AS Forum），包括已举办的"AS国际研讨会"（AS Symposium）4次，已出版中英文双语系列文集《建筑研究》（AS Studies）2册，及《AS当代建筑理论论坛系列读本》（AS Readings）第一辑（4本）。

刘思铎　女，博士，沈阳建筑大学副教授，中国建筑学会近代史学术委员会委员。主要研究领域为建筑地域性理论、中国近现代建筑。参与五卷本《中国近代建筑史》（2016）的编写工作，并发表"沈阳近现代建筑的地域性特征"（2005）、"奉天省咨议局建筑特点研究"（2013）、"从《盛京时报》看沈阳20世纪20年代的建筑发展"（2013）、"沈阳近代小南天主教堂建筑技术探讨"（2014）、"沈阳近代建筑技术的传播与发展研究"（2015）等近20篇论文。

龙　灏　男，博士，重庆大学建筑城规学院教授，博士生导师，建筑系副系主任；重庆大学医疗与住居建筑研究所所长。中国建筑学会建筑评论学术委员会理事、建筑师分会医疗建筑专业委员会副主任委员、建筑策划专业委员会副主任委员、中国城市规划学会居住区规划学术委员会委员、国家标准《住宅设计规范》编委、地方标准《重庆市保障性住房装修设计标准》主编；《住区》《中国医院建筑与装备》《住宅科技》《医养环境设计》等杂志编委；主要研究方向为医疗建筑、居住建筑和城市更新设计及其理论。已发表论文80余篇，出版专著、编著及译著10本，主持完成"十二五"国家科技支撑计划、国家自然科学基金等科研20多项，设计项目获省部级以上奖励9项。

卢永毅 女，同济大学建筑与城市规划学院建筑系教授，博士生导师，外国建筑历史与理论论学科组责任教授。1990 年毕业于同济大学建筑与城市规划学院，获建筑历史与理论博士学位。长期从事建筑学本科与研究生的西方建筑历史与理论教学，同时开展有关西方建筑史、上海近现代建筑与城市历史及其遗产保护的研究工作。曾参编建设部全国重点教材《外国近现代建筑史》，主编出版《建筑理论的多维视野》《地方遗产的保护与复兴》以及《谭垣纪念文集》和《黄作燊纪念文集》等，参写《中国近代建筑史》（第二、第四卷），译著《建筑与现代性》，发表相关学术论文数十篇。主持建设的同济大学"建筑理论与历史"课程于 2008 获全国高校精品课程。主持国家自然科学基金两项，完成上海市优秀历史建筑和历史街区保护，以及相关保护管理制度建设等多个研究。

齐晓瑾 女，清华同衡规划设计院人文与创意城市研究所副所长，毕业于北京大学社会学系。2015—2017 年参与组织对五店市区域历史与改造变迁的系列研究，采用口述史与文献研究、实地踏勘结合的多学科方法。参与者有清华同衡规划设计院研究专员张若冰、吴奇霖，香港大学建筑学博士王翊加，北京大学历史学系研究生杨园章、社会学系研究生周颖，泉州文史研究者王刚，北京电影学院教师贾玥等。

钱　锋 女，同济大学博士，现为同济大学建筑与城市规划学院建筑系副教授，主要教学和研究方向为西方建筑史和中国近现代建筑史。代表著作有：《中国现代建筑教育史（1920～1980）》（与伍江合著，2008），以及论文"'现代'还是'古典'？——文远楼建筑语言的重新解读""从一组早期校舍作品解读圣约翰大学建筑系的设计思想"等。承担有国家自然科学基金项目"近代美国宾夕法尼亚大学建筑设计教育及其对中国的影响""中国早期建筑教育体系的西方溯源及其在中国的转化"等课题，并参与五卷本《中国近代建筑史》（2016）的编写工作。

单　踊 男，博士，东南大学建筑学院建筑系教授、副系主任。任教以来长期担任建筑制图、建筑设计基础、建筑设计、快速建筑设计等课程的教学及其研究；科研方面对建筑教育史、教育建筑设计等曾有过较多涉及；同时，主持或参与多项文体类建筑的方案及施工图设计实践。2000 年获江苏省城乡建设系统优秀设计二等奖、江苏省级第九届优秀工程设计二等奖。发表"关于苏州工专与中央大学建筑科：中国建筑教育史散论之一"（2001），"西方学院派建筑教育史述评"（2003）、"西方学院派建筑教育史研究"（2005）等多篇论文。与李海清合作整理潘谷西教授的口述史自传《一隅之耕》（2016）、主编《东南大学建筑学院教师访谈录》（2017）。

王浩娱 女，东南大学建筑历史与理论硕士，香港大学建筑历史博士，2009 年受聘于香港大学图书馆特藏部，筹建"陆谦受建筑资料库"。2010 年受聘于香港大学地理系，参与"中国 / 上海文化遗产保护管理"研究。2011 年至今任上海交通大学建筑系讲师，主要研究领域为中国近代建筑史。曾与赖德霖等合编《近代哲匠录——中国近代重要建筑师、建筑事务所名录》（2006），并参与五卷本《中国近代建筑史》（2016）的编写工作。主要论文有："从工匠到建筑师：中国建筑创作主体的现代化转变"（2004），"陆谦受后人香港访谈录——中国近代建筑师个案研究"（2007），"1949 年后移居香港的华人建筑师"（2009）等。

王晶莹 女，沈阳建筑大学硕士研究生在读，主要研究方向：建筑遗产保护与东北地方建筑研究。

王 军 男，故宫博物院研究馆员、故宫学研究所副所长。1991 年毕业于中国人民大学新闻系，曾任新华通讯社记者、《瞭望》新闻周刊副总编辑。长期致力于北京城市史、梁思成学术思想、城市规划与文化遗产保护研究，著有《城记》《采访本上的城市》《拾年》《历史的峡口》。其中，《城记》被译为英文、日文出版。2016 年，完成北京城市总体规划专题研究"北京历史文化名城保护与文化价值研究"。获文津图书奖、中国建筑图书奖、全国优秀畅销书奖等。

王翊加 女，清华同衡规划设计院遗产中心研究专员，毕业于香港大学建筑学院，获博士学位。2016 年参与五店市区域历史与改造变迁的系列研究，对晋江地区的传统建筑技艺传承进行了深入调研。

原砚龙 男，沈阳建筑大学副教授，研究方向为地域性建筑设计研究。主创设计项目有康平博物馆、长白博物馆、喜来登旗寨酒店、长白行政与公共活动中心等。

张向炜 女，天津大学博士，现为天津大学建筑学院副教授。主要研究方向：中国近现代建筑，中西方现代建筑比较等。代表著作：《中国建筑 60 年（1949—2009）：历史纵览》（邹德侬，王明贤，张向炜，2009），《中国现代建筑史》（普通高等教育"十一五"国家级规划教材）（邹德侬，戴路，张向炜，2010）。代表论文："谈基本建筑理论体系的建构——以五位中国现代建筑师的探索为例""建筑理论家贡献之管窥""文化趋同背景下建筑民族性的现代转型"等。主持并完成国家自然科学基金项目"中国建筑理论学者及其主要建筑创作理论的系统性研究（1980—2010）"。

张 勇 男，沈阳建筑大学副教授。出版专著《沈阳故宫建筑装饰研究》，研究方向：现代装配式建筑研究。

图书在版编目（CIP）数据

抢救记忆中的历史 . 第一辑 / 陈伯超 , 刘思铎主编 .
-- 上海 : 同济大学出版社 , 2018.5
（中国建筑口述史文库）
ISBN 978-7-5608-7821-8

Ⅰ . ①抢… Ⅱ . ①陈… ②刘… Ⅲ . ①建筑史—史料
—中国 Ⅳ . ① TU-092

中国版本图书馆 CIP 数据核字 (2018) 第 076286 号

中国建筑口述史文库　第一辑

抢救记忆中的历史

主　　编　陈伯超　刘思铎

出 品 人　华春荣

特邀编辑　赖德霖　责任编辑　江 岱　助理编辑　苏 勃　责任校对　徐春连　装帧设计　钱如潺

出版发行　同济大学出版社
　　　　　（地址：上海市四平路 1239 号　邮编：200092　电话：021-65982473）
经　　销　全国各地新华书店
印　　刷　上海安兴汇东纸业有限公司
开　　本　787mm×1 092mm　1/16
印　　张　15
字　　数　374 000
版　　次　2018 年 5 月第 1 版　　2018 年 5 月第 1 次印刷
书　　号　ISBN 978-7-5608-7821-8
定　　价　69.00 元